소화설비론

Theory of Fire Extinguishing System

Yes Media Group
예스미디어
www.ymg.kr

공동저자

※ 더 좋은 책을 만들기 위한 노력이 지금도 계속되어지고 있습니다. 이 책에 대하여 개정 또는 증보시 공동저자로 참여해주실 훌륭한 교수님을 모십니다.

문의전화 : **070-7636-9115, 010-3184-0691(예스미디어)**

고객서비스

책 내용에 관한 궁금한 사항이나 건의 사항 및 편집과정에서 혹시라도 발생 될 수 있는 오탈자 등에 대한 의견을 주시면 적극 반영하도록 하겠으며, 채택된 의견에 대해서는 소정의 선물을 증정하여 드립니다.

앞으로도 저희 출판사는 고객의 입장에 서서 부단히 노력하여 더 좋은 책으로 보답하겠습니다.

※ 오타신고 및 건의사항 : ymgbook@hanmail.net

머리말

우리 경제의 비약적인 발전과 현대 산업사회의 발달로 도시화, 공업화 현상이 급속히 진전됨에 따라 건축물의 대형화, 밀집화, 지하화, 복잡화 등의 현상과 위험물질의 사용증가에 따라 각종 위험요소가 증대되고 있으며, 이로 인한 재난발생시 그 피해범위와 사회에 미치는 영향력이 점차 확대되어 가고 있습니다.

선진국에서는 화재의 위험에 대한 많은 연구와 교육이 체계적으로 이루어지고 있으나 국내에서는 교육의 부재와 소방기술의 현대화가 늦어 화재로 인한 인명손실과 경제적 손실을 과학적으로 보호하지 못하고 외국에서 소방에 대한 기술을 도입하여 적용하고 있는 실정입니다. 이에 국내소방에 적합한 소방시설의 개발과 지속적인 교육이 필요하다 하겠습니다.

제1장에서 제11장까지의 구성은 한 학기 15주 3시간 수업을 기준으로 강의가 진행되도록 하였습니다. 하지만 교수자에 따라 두 학기용으로 강의 진행도 가능합니다.

주 차	내 용
1주	오리엔테이션 및 교과목 개요설명
2주	Chapter 1 소화기구
3~4주	Chapter 2 옥내소화전설비
5주	Chapter 3 옥외소화전설비
6~7주	Chapter 4 스프링클러설비
8주	중간고사
9주	Chapter 4 스프링클러설비
10주	Chapter 5 물분무소화설비 Chapter 6 미분무소화설비
11~12주	Chapter 7 포소화설비
13주	Chapter 8 이산화탄소 소화설비
14주	Chapter 9 할로겐화합물 소화설비 Chapter 10 청정소화약제 소화설비 Chapter 11 분말소화설비
15주	기말고사

또한, 내용의 이해를 돕고 응용력을 기를 수 있도록 연습문제를 두었습니다.

법 개정 및 잘못된 부분에 대하여는 계속 수정·보완해 나갈 것을 약속드리며, 끝으로 예스미디어의 관계직원 여러분의 노고에 감사드립니다.

저자 대표

CONTENTS

차 례

CONTENTS

소화설비론

소화설비론

CHAPTER

01 소화기구

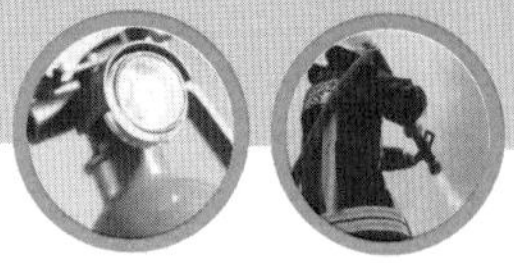

Key Point

※ 특수인화물
① 디에틸에테르
② 이황화탄소
③ 콜로디온

※ 제1석유류
① 아세톤
② 휘발유

※ 제2석유류
① 등유
② 경유

※ 제3석유류
① 중유
② 클레오소트유

※ 제4석유류
① 기어유
② 실린더유

※ 누전
전기가 도선 이외에 다른 곳으로 유출되는 것

1 화재의 종류

▌화재의 구분▐

구분 \ 등급	A급	B급	C급	D급
화재종류	일반화재	유류ㆍ가스 화재	전기화재	금속화재
표시색	백색	황색	청색	무색
화재 예	• 목재창고화재	• 주유취급소화재 • 가스저장탱크 화재	• 전기실 화재	• 금속나트륨창고 화재

1 일반화재

목재・종이・섬유류・합성수지 등의 일반가연물에 의한 화재

2 유류화재

제4류 위험물(특수인화물, **석유류**, 알콜류, 동・식물유류)에 의한 화재

구 분	설 명
특수인화물	**디에틸에테르ㆍ이황화탄소ㆍ콜로디온** 등으로서 인화점이 -20℃ 이하일 것
제1석유류	**아세톤ㆍ휘발유** 등으로서 인화점이 21℃ 미만인 것
제2석유류	**등유ㆍ경유** 등으로서 인화점이 21~70℃ 미만인 것
제3석유류	**중유ㆍ클레오소트유** 등으로서 인화점이 70~200℃ 미만인 것
제4석유류	**기어유ㆍ실린더유** 등으로서 인화점이 200~250℃ 미만인 것
알코올류	포화1가 알코올(변성알코올 포함)

3 전기화재

전기화재의 발생원인은 다음과 같다.

① 단락(합선)에 의한 발화
② 과부하(과전류)에 의한 발화
③ 절연저항 감소(누전)로 의한 발화
④ 전열기기 과열에 의한 발화
⑤ 전기불꽃에 의한 발화

Key Point

⑥ 용접불꽃에 의한 발화
⑦ 낙뢰에 의한 발화

4 금속화재

(1) 금속화재를 일으킬 수 있는 위험물

① 제1류 위험물 : 무기과산화물
② 제2류 위험물 : 금속분(알루미늄(Al), 마그네슘(Mg))
③ 제3류 위험물 : 황(P_4), 칼슘(Ca), 칼륨(K), 나트륨(Na)

(2) 금속화재의 특성 및 적응소화제

① 물과 반응하면 주로 **수소**(H_2), **아세틸렌**(C_2H_2) 등 가연성 가스를 발생하는 **금수성 물질**이다.
② 금속화재를 일으키는 분진의 양은 30~80mg/m^3이다.
③ **알킬알루미늄**에 적당한 소화제는 **팽창질석, 팽창진주암**이다.

5 가스화재

① **가연성 가스** : 폭발하한계가 10% 이하 또는 폭발상한계와 하한계의 차이가 20% 이상인 것
② **압축가스** : 산소(O_2), 수소(H_2)
③ **용해가스** : **아세틸렌**(C_2H_2)
④ **액화가스** : 액화석유가스(LPG), 액화천연가스(LNG)

❋ LPG
액화석유가스로서 주성분은 프로판(C_3H_8)과 부탄(C_4H_{10})이다.

❋ LNG
액화천연가스로서 주성분은 메탄(CH_4)이다.

2 소화의 형태

1 냉각소화

다량의 물로 **점화원**을 냉각하여 소화하는 방법

※ 물의 소화효과를 크게 하기 위한 방법 : **무상주수**(분무상 방사)

❋ 무상주수
물을 안개모양으로 분사하는 것

2 질식소화

공기중의 **산소농도**를 **16%**(10~15%) 이하로 희박하게 하여 소화하는 방법

❋ 공기중의 산소농도
약 21%

3 제거소화

가연물을 제거하여 소화하는 방법

Key Point

4 화학소화(부촉매효과)

연쇄반응을 억제하여 소화하는 방법으로 **억제작용**이라고도 한다.

※ **화학소화** : 할로겐화 탄화수소는 원자수의 비율이 클수록 소화효과가 좋다.

※ 희석소화
아세톤, 알콜, 에테르, 에스테르, 케톤류

5 희석소화

고체 · 기체 · 액체에서 나오는 **분해가스**나 **증기**의 **농도**를 낮추어 연소를 중지시키는 방법

※ 유화소화
중유

6 유화소화

물을 무상으로 방사하여 유류 표면에 **유화층**의 막을 형성시켜 공기의 접촉을 막아 소화하는 방법

※ 피복소화
이산화탄소 소화약제

7 피복소화

비중이 공기의 **1.5배** 정도로 무거운 소화약제를 방사하여 가연물의 구석구석까지 침투 · 피복하여 소화하는 방법

중요 주된 소화효과

소화약제	소화효과
• 포 • 분말 • 이산화탄소	질식소화
• 물	냉각소화
• 할로겐화합물	화학소화(부촉매효과)

3 소화기의 분류

※ 소화능력단위
소방기구의 소화능력을 나타내는 수치

※ 소화기의 설치거리
1. 소형소화기:20m 이내
2. 대형소화기:30m 이내

1 소화능력단위에 의한 분류(소화기 형식 4)

① 소형소화기 : **1단위** 이상

② 대형소화기 ─┬─ A급 : **10단위** 이상
　　　　　　　└─ B급 : **20단위** 이상

| 대형소화기의 소화약제 충전량(소화기 형식 10) |

종 별	충 전 량
공기포	20l 이상
분말	20kg 이상
할로겐화합물	30kg 이상
이산화탄소	50kg 이상
강화액	60l 이상
물	80l 이상

중요 간이소화용구의 능력단위

간이소화용구		능력단위
마른모래	삽을 상비한 50l 이상의 것 1포	0.5단위
팽창질석 또는 진주암	삽을 상비한 160l 이상의 것 1포	1단위

2 가압방식에 의한 분류

축압식 소화기	가압식 소화기
소화기의 용기 내부에 소화약제와 함께 압축공기 또는 불연성가스(N_2, CO_2)를 축압시켜 그 압력에 의해 방출되는 방식으로 소화기 상부에 **압력계**가 **부착**되어 있다.	소화약제의 방출원이 되는 압축가스를 압력 봄베 등의 별도의 용기에 저장했다가 가스의 압력에 의해 방출시키는 방식으로 **수동펌프식, 화학반응식, 가스가압식**으로 분류된다.

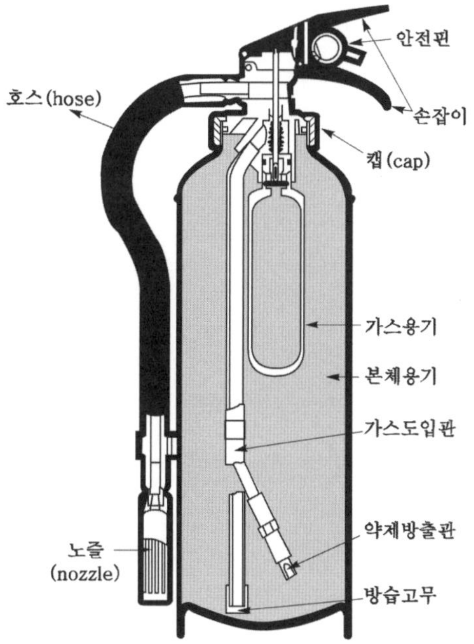

| 가압식 소화기의 내부구조(분말) |

Key Point

* 소화기 추가설치 개수
  1. 전기실비 $\frac{\text{당해 바닥면적}}{50m^2}$
  2. 보일러·음식점·의료시설·업무시설 등 $\frac{\text{당해 바닥면적}}{25m^2}$

* 축압식 소화기
압력원이 봄베 내에 있음

* 가압식 소화기
압력원이 내부 또는 외부의 별도 용기에 있음
① 가스가압식
② 수동펌프식
③ 화학반응식

* 봄베
고압의 기체를 저장하는데 사용하는 강철로 만든 원통용기

Key Point

※ 압력원

소화기	압력원 (충전가스)
① 강화액 ② 산·알칼리 ③ 화학포 ④ 분말 (가스가압식)	이산화탄소
① 할로겐화합물 ② 분말(축압식)	질소

※ 소화기의 종류

① 분말소화기
② 강화액소화기
③ 물소화기
④ 할로겐화합물소화기
⑤ 산·알칼리소화기
⑥ 포소화기
⑦ 이산화탄소 소화기

※ 이산화탄소 소화기

고압·액상의 상태로 저장한다.

※ 제1종분말

비누화 현상에 의해 식용류 및 지방질유의 화재에 적합하다.

※ 제3종분말

차고·주차장에 적합하다.

※ 제4종분말

소화성능이 가장 우수하다.

소화약제별 가압방식	
소화기	방 식
분말	• 축압식 • 가스가압식
강화액	• 축압식 • 가스가압식 • 화학반응식
물	• 축압식 • 가스가압식 • 수동펌프식
할로겐 화합물	• 축압식 • 수동펌프식 • 자기 증기압식
산·알칼리	• 파병식 • 전도식
포	• 보통전도식 • 내통밀폐식 • 내통밀봉식
이산화탄소	• 고압가스용기

중요

분말 소화기 : 질식효과

종별	소화약제	약제의 착색	화학반응식	적응 화재
제1종	중탄산나트륨 ($NaHCO_3$)	백색	$2NaHCO_3 \rightarrow Na2CO_3 + CO_2 + H_2O$	BC급
제2종	중탄산칼륨 ($KHCO_3$)	담자색 (담회색)	$2KHCO_3 \rightarrow K_2CO_3 + CO_2 + H_2O$	BC급
제3종	인산암모늄 ($NH_4H_2PO_4$)	담홍색	$NH_4H_2PO_4 \rightarrow HPO_3 + NH_3 + H_2O$	ABC급
제4종	중탄산칼륨+요소 ($KHCO_3+(NH_2)_2CO$)	회(백색)	$2KHCO_3 + (NH_2)_2CO \rightarrow K_2CO_3 + 2NH_3 + 2CO_2$	BC급

※ **비누화현상(saponification phenomenon)** : 에스테르가 알칼리의 작용으로 가수분해되어 식용유입자를 둘러싸게 하여 질식소화효과를 나타내게 하는 현상

4 소화기의 유지관리

1 소화기의 점검

① 외관점검
② 작동기능점검
③ 종합정밀점검

중요 물을 사용하는 소화설비의 수원 검사 착안사항

(1) **수위계** 및 **압력계** : 변형 · 손상 등이 없고 지시치의 적정여부 확인
(2) **물탱크** : 파손, 누수, 동결 등의 우려는 없는가?
(3) **수량** : 수원은 정량 확보되어 있는가?
(4) **수질** : 토사, 쓰레기 등의 이물질은 없는가?
(5) **급수장치** : 급수장치는 사용에 지장이 없는가?

2 소화기의 정밀 검사

① 수압시험
- 분말소화기
- 강화액소화기
- 포소화기
- 물소화기
- 산 · 알칼리소화기

② 기밀시험
- 분말소화기
- 강화액소화기
- 할로겐화합물소화기

3 소화기의 유지관리

① 소화기는 바닥에서 1.5 m 이하의 높이에 설치
② 소화기는 소화제의 동결, 변질 또는 불출할 우려가 적은 곳에 설치
③ 소화기는 통행 및 피난에 지장이 없고, 사용하기 쉬운 곳에 설치
④ 설치한 곳에 「소화기」 표시를 잘 보이도록 하여야 한다.
⑤ 습기가 많지 않은 곳에 설치
⑥ 사람의 눈에 잘 띄는 곳에 설치

Key Point

✻ 작동기능점검
소방시설 등을 인위적으로 조작하여 화재안전기준에서 정하는 성능이 있는지를 점검하는 것

✻ 종합정밀점검
소방시설 등의 작동기능 점검을 포함하여 설비별 주요구성부품의 구조기준이 화재안전기준에 적합한지 여부를 점검하는 것

✻ 물을 사용하는 소화설비
① 옥내소화전설비
② 옥외소화전설비
③ 스프링클러설비
④ 물분무소화설비

✻ 물의 동결방지제
① 에틸렌글리콜
② 프로필렌글리콜
③ 글리세린

✻ 물소화약제
무상(안개모양) 분무시 가장 큰 효과

Key Point

※ 강화액 소화약제
응고점:−20℃ 이하

‖소화기의 사용온도(소화기 형식 36)‖

소화기의 종류	사용온도
• 분말 • 강화액	−20~40℃ 이하
• 그 밖의 소화기	0~40℃ 이하

5 소화기구의 설치대상(설치유지령 [별표 4])

종 류	설치대상
• 수동식소화기 • 간이소화용구	① 연면적 $33m^2$ 이상 ② 지정문화재 ③ 가스 시설 ④ 터널
• 자동식소화기	① 아파트 ② **30층** 이상 오피스텔(전층)

6 소화기의 형식승인 및 제품검사기술기준(2012.2.9)

1 A급 화재용 소화기의 소화능력시험(별표2)

※ 소화능력시험 대상
1. A급 : 목재
2. B급 : 휘발유

① **목재**를 대상으로 실시한다.

② 소화는 최초의 모형에 불을 붙인 다음 **3분** 후에 시작하되, 불을 붙인 순으로 한다. 이 경우 그 모형에 잔염이 있다고 인정될 경우에는 다음 모형에 대한 소화를 계속할 수 없다.

③ 소화기를 조작하는 자는 적합한 **작업복**(안전모, 내열성의 얼굴가리개, 장갑 등)을 착용할 수 있다.

④ 소화는 **무풍상태**와 **사용상태**에서 실시한다.

⑤ 소화약제의 방사가 완료될 때 잔염이 없어야 하며, 방사완료후 **2분** 이내에 다시 불타지 아니한 경우 그 모형은 완전히 소화된 것으로 본다.

2 B급 화재용 소화기의 소화능력시험(별표3)

① **휘발유**를 대상으로 실시한다.

② 소화는 모형에 불을 붙인 다음 **1분** 후에 시작한다.

③ 소화기를 조작하는 자는 적합한 **작업복**(안전모, 내열성의 얼굴가리개, 장갑 등)을 착용할 수 있다.

④ 소화는 **무풍상태**와 **사용상태**에서 실시한다.

⑤ 소화약제의 방사 완료후 **1분** 이내에 다시 불타지 아니한 경우 그 모형은 완전히 소화된 것으로 본다.

Key Point

※ 무풍상태
풍속 0.5m/s 이하인 상태

3 합성수지의 노화시험(제5조)

노화시험	설 명
공기가열노화시험	100℃에서 180일 동안 가열노화시킨다. 다만, 100℃에서 견딜 수 없는 재료는 87℃에서 430일동안 시험한다.
소화약제노출시험	소화약제와 접촉된 상태로 87℃에서 210일 동안 방치한다.
내후성시험	자외선에 17분간을 노출하고 물에 3분간 노출하는 것을 1사이클로 하여 720시간 노화시킨다.

4 자동차용 소화기(제9조)

① 강화액소화기(**안개모양**으로 방사되는 것에 한한다.)

② 할로겐화합물소화기

③ 이산화탄소 소화기

④ 포소화기

⑤ 분말소화기

※ 자동차용 소화기
★꼭 기억하세요★

5 호스의 부착이 제외되는 소화기(제15조)

① 소화약제의 중량이 4kg 미만인 **할로겐화합물소화기**

② 소화약제의 중량이 3kg 미만인 **이산화탄소 소화기**

③ 소화약제의 중량이 2kg 미만인 **분말소화기**

※ 호스의 부착이 제외되는 소화기
① 분말소화기(2kg 미만)
② CO_2소화기(3kg 미만)
③ 할로겐화합물소화기(4kg 미만)

6 소화기의 노즐(제16조)

① 내면은 매끈하게 다듬어진 것이어야 한다.

② 개폐식 또는 전환식의 노즐에 있어서는 개폐나 전환의 조작이 원활하게 이루어져야 하고, 방사할 때 소화약제의 누설, 그밖의 장해가 생기지 아니하여야 한다.

③ 개폐식의 노즐에 있어서는 **0.3MPa**의 압력을 **5분**간 가하는 시험을 하는 경우 물이 새지 아니하여야 한다.

④ 개방식의 노즐에 마개를 장치한 것은 다음에 적합하여야 한다. 다만, 소화약제 방출관에 소화약제 역류방지장치가 부착된 경우에는 소화약제 역류방지장치의 부착상태를 확인한 후 이상이 없으면 시험을 생략할 수 있다.

(가) 사용 상한온도의 온도중에 **5분**간 담그는 경우 기체가 새지 아니하여야 한다.

(나) 사용 하한온도에서 **24시간** 보존하는 경우 노즐 마개의 뒤틀림, 이탈 또는 소화약제의 누출 등의 장해가 생기지 아니하여야 한다.

※ 노즐
호스의 끝부분에 설치하는 원통형의 금속제로서 '관창'이라고도 부른다.

Key Point

※ 여과망
이물질을 걸러내는 망

※ 방사시간
20℃에서 8초 이상

※ 사용온도범위
★꼭 기억하세요★

7 여과망 설치 소화기(제17조)

① 물소화기
② 산알칼리 소화기
③ 강화액 소화기
④ 포소화기

8 소화기의 방사성능(제19조)

① 방사조작완료 즉시 소화약제를 유효하게 방사할 수 있어야 한다
② $20_{\pm 2}$℃에서의 방사시간은 **8초** 이상이어야 한다.
③ 방사거리가 소화에 지장없을 만큼 길어야 한다.
④ 충전된 소화약제의 용량 또는 중량의 **90%** 이상의 양이 방사되어야 한다.

9 사용온도 범위(제36조)

① 강화액소화기, ② 분말소화기: -20～40℃ 이하
③ 그밖의 소화기 : 0～40℃ 이하

10 소화기의 표시사항(제38조)

① 종별 및 형식
② 형식승인번호
③ 제조년월 및 제조번호
④ 제조업체명 또는 상호
⑤ 사용온도범위
⑥ 소화능력단위
⑦ 충전된 소화약제의 주성분 및 중(용)량
⑧ 총중량
⑨ 소화약제 형식번호
⑩ 취급상의 주의사항
⑪ 사용방법

연습문제

문제 01

기름화재시 물을 봉상으로 방사시에는 소화효과가 없으나 물분무로서는 소화가 가능하다. 이때 기대되는 소화효과를 2가지만 설명하시오.

해답 ① 질식소화 : 다량의 수증기 발생으로 공기중의 산소농도를 16% 이하로 희박하게 하여 소화하는 방법
② 유화소화 : 유류표면에 유화층의 막을 형성시켜 공기의 접촉을 막아 소화하는 방법

문제 02

다음에 주어진 소화약제의 주된 소화효과를 쓰시오.

(가) 물소화약제
(나) 포소화약제
(다) 할로겐화합물 소화약제
(라) 분말소화약제

해답 (가) 냉각소화 (나) 질식소화
(다) 화학소화(부촉매효과) (라) 질식소화

문제 03

수동식 소화기는 대형 및 소형 소화기로 구분하는데 이중 대형소화기에 충전하는 소화약제의 양을 각각 기재하시오.

(가) 물소화기 (나) 강화액소화기
(다) 할로겐화합물소화기 (라) 이산화탄소 소화기
(마) 분말소화기 (바) 포소화기

해답 (가) 80l 이상 (나) 60l 이상
(다) 30kg 이상 (라) 50kg 이상
(마) 20kg 이상 (바) 20l 이상

문제 04

간이소화용구의 능력단위에 대하여 간단히 설명하시오.

해답

간이소화용구		능력단위
마른 모래	삽을 상비한 50l 이상의 것 1포	0.5단위
팽창질석 또는 팽창진주암	삽을 상비한 160l 이상의 것 1포	1단위

문제 05

소화기의 종류 중 축압식 소화기와 가압식 소화기의 차이점을 쓰시오.

○ 축압식 소화기 : ○ 가압식 소화기 :

해답 ① 축압식 소화기 : 소화기의 용기내부에 소화약제와 함께 압축공기 또는 불연성가스를 축압시켜 그 압력에 의해 방출되는 방식
② 가압식 소화기 : 소화약제의 방출원이 되는 압축가스를 압력봄베 등의 별도의 용기에 저장했다가 가스의 압력에 의해 방출되는 방식

문제 06

소화기는 소화약제를 방출시키는 방법에 따라 화학반응식, 가스가압식, 축압식이 있다. 이중 축압식 소화기의 내부압력 점검방법에 대하여 기술하시오.

해답 소화기 상부에 부착되어 있는 압력계의 지침이 녹색부분을 가리키고 있으면 정상, 그 외의 부분을 가리키고 있으면 비정상이다.

문제 07

소화설비 중 물을 사용하는 소화설비에 있어서 수원의 검사착안사항 5가지를 설명하시오.

해답 ① 수위계 및 압력계 : 변형 · 손상 등이 없고 지시치의 적정여부 확인
② 물탱크 : 파손, 누수, 동결 등의 우려는 없는가?
③ 수량 : 수원은 정량 확보되어 있는가?
④ 수질 : 토사, 쓰레기 등의 이물질은 없는가?
⑤ 급수장치 : 급수장치는 사용에 지장이 없는가?

문제 08

소화기의 밸브, 밸브부품 및 용기에 사용되는 합성수지는 3가지 시험을 실시하여 변형 또는 균열 등이 없어야 한다. 3가지 시험종류를 쓰시오. (단, 형식승인 및 제품검사기술기준에 한함)

해답 ① 공기가열노화시험
② 소화약제노출시험
③ 내후성 시험

문제 09

자동차에 설치할 수 있는 소화기의 종류를 5가지 쓰시오.

해답 ① 강화액소화기(안개모양으로 방사되는 것)
② 할로겐화합물소화기
③ 이산화탄소 소화기
④ 포소화기
⑤ 분말소화기

문제 10

여과망을 설치하여야 하는 소화기를 3가지만 쓰시오.

해답 ① 물소화기
② 산알칼리소화기
③ 강화액소화기

CHAPTER

02 옥내소화전설비

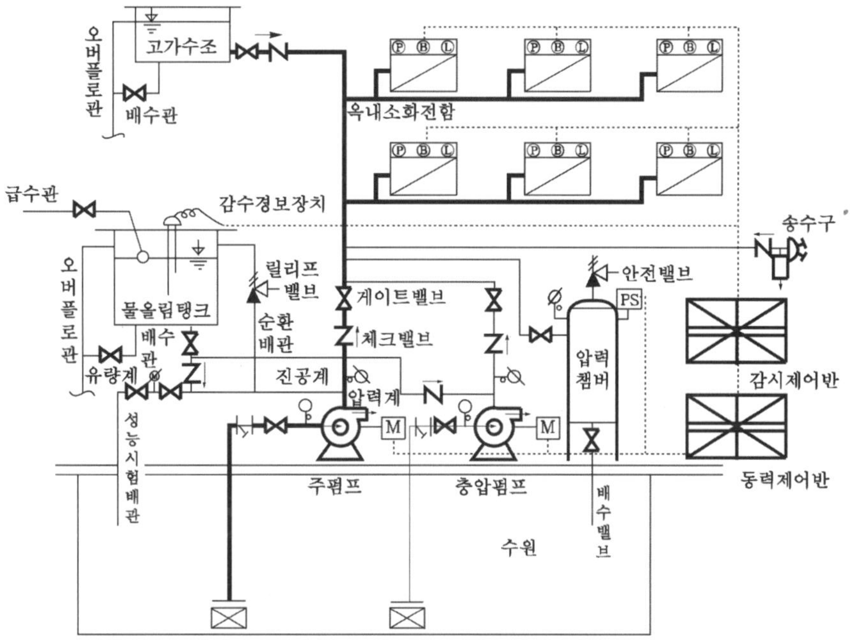

옥내소화전설비의 계통도

1 주요구성

① 수원 ② 가압송수장치 ③ 배관(성능시험배관 포함)
④ 제어반 ⑤ 비상전원 ⑥ 동력장치 ⑦ 옥내소화전함

2 수원(NFSC 102④)

1 수원의 저수량

$$Q \geq 2.6N$$

여기서, Q : 수원의 저수량$[m^3]$
N : 가장 많은 층의 소화전 개수(최대 5개)

Key Point

※ 옥내소화전의 설치 위치
① 가압송수장치
② 압력수조
③ 지하수조(평수조)

※ 옥내소화전의 규정방수량
$130l/min \times 20min = 2600l = 2.6m^3$

※ 사용자
① 옥내소화전
: 소방대상물의 관계인
② 연결송수관
: 소방대원

※ 자동배수밸브
배관 내에 고인 물을 자동으로 배수시켜 배관의 동파 및 부식 방지

※ 옥내소화전설비 토출량

$$Q = N \times 130l/\min$$

여기서,
Q : 토출량$[l/min]$
N : 가장 많은 층의 소화전 개수(최대 5개)

Key Point

2 옥상수원의 저수량

$$Q' \geq 2.6N \times \frac{1}{3}$$

여기서, Q' : 옥상수원의 저수량[m^3]
N : 가장 많은 층의 소화전 개수(최대 5개)

중요 유효수량의 $\frac{1}{3}$ 이상을 옥상에 설치하지 않아도 되는 경우

- 옥상이 없는 건축물 또는 공작물
- 지하층만 있는 건축물
- 고가수조를 가압송수장치로 설치한 옥내소화전설비
- 수원이 건축물의 지붕보다 높은 위치에 설치된 경우
- 지표면으로부터 당해 건축물의 상단까지의 높이가 10m 이하인 경우
- **주펌프**와 동등 이상의 성능이 있는 별도의 펌프로서 **내연기관**의 기동과 연동하여 작동되거나 **비상전원**을 연결하여 설치한 경우

※ 옥내소화전설비
① 규정 방수압력 : 0.17MPa 이상
② 규정 방수량 : 130l/min 이상

※ 펌프의 연결
1. 직렬연결
① 양수량 : Q
② 양정 : $2H$

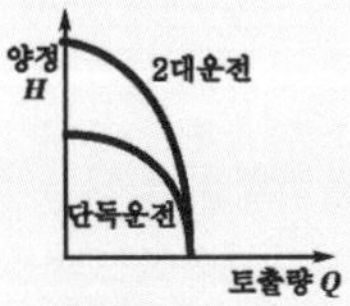

2. 병렬연결
① 양수량 : $2Q$
② 양정 : H

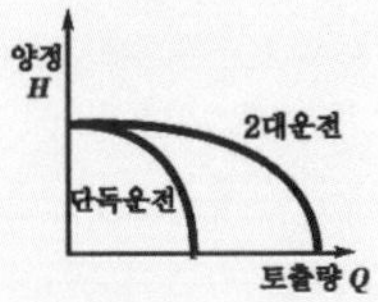

3 옥내소화전설비의 가압송수장치(NFSC 102⑤)

1 고가수조방식

건물의 옥상이나 높은 지점에 물탱크를 설치하여 필요 부분의 방수구에서 규정 방수압력 및 규정 방수량을 얻는 방식

$$H \geq h_1 + h_2 + 17$$

여기서, H : 필요한 낙차[m]
h_1 : 소방호스의 마찰손실수두[m]
h_2 : 배관 및 관부속품의 마찰손실수두[m]

※ **고가수조** : 수위계, 배수관, 급수관, 오버플로관, 맨홀 설치

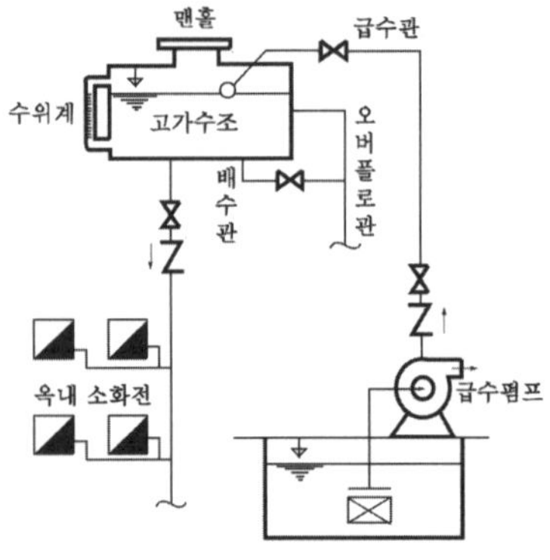

| 고가수조방식 |

2 압력수조방식

압력탱크의 $\frac{1}{3}$은 자동식 공기압축기로 압축공기를, $\frac{2}{3}$는 급수펌프로 물을 가압시켜 필요부분의 방수구에서 규정 방수압력 및 규정 방수량을 얻는 방식

$$P \geq P_1 + P_2 + P_3 + 0.17$$

여기서, P : 필요한 압력〔MPa〕
P_1 : 소방호스의 마찰손실수두압〔MPa〕
P_2 : 배관 및 관부속품의 마찰손실수두압〔MPa〕
P_3 : 낙차의 환산수두압〔MPa〕

※ **압력수조** : 수위계, 급수관, 급기관, 압력계, 안전장치, 자동식 공기압축기 설치

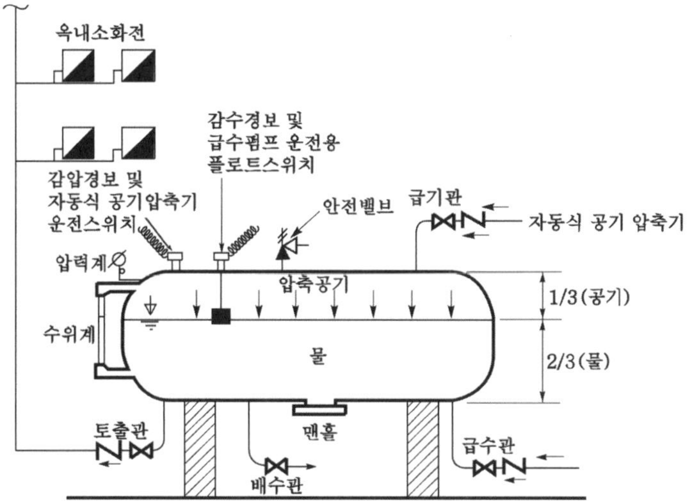

┃압력수조방식┃

3 펌프방식(지하수조방식)

펌프의 가압에 의하여 필요부분의 방수구에서 규정 방수압력 및 규정 방수량을 얻는 방식

$$H \geq h_1 + h_2 + h_3 + 17$$

여기서, H : 전양정〔m〕
h_1 : 소방호스의 마찰손실수두〔m〕
h_2 : 배관 및 관부속품의 마찰손실수두〔m〕
h_3 : 실양정(흡입양정+토출양정)〔m〕

Key Point

※ 전동기의 용량

$$P = \frac{0.163QH}{\eta}K$$

여기서,
P : 전동력〔kW〕
Q : 유량〔m^3/min〕
H : 전양정〔m〕
K : 전달계수
η : 효율

※ 후드밸브의 점검 요령

① 흡수관을 끌어올리거나 와이어로프 등으로 후드밸브를 작동시켜 이물질의 부착, 막힘 등을 확인한다.
② 물올림장치의 밸브를 닫아 후드밸브를 통해 흡입측 배관의 누수여부를 확인한다.

※ 펌프

전동기로부터 에너지를 받아 액체 또는 기체를 수송하는 장치

※ 흡입양정

수원에서 펌프 중심까지의 수직거리

※ 토출양정

펌프의 중심에서 송출높이까지의 수직거리

Key Point

✽ 실양정
수원에서 송출높이까지의 수직거리로서 흡입양정과 토출양정을 합한 값

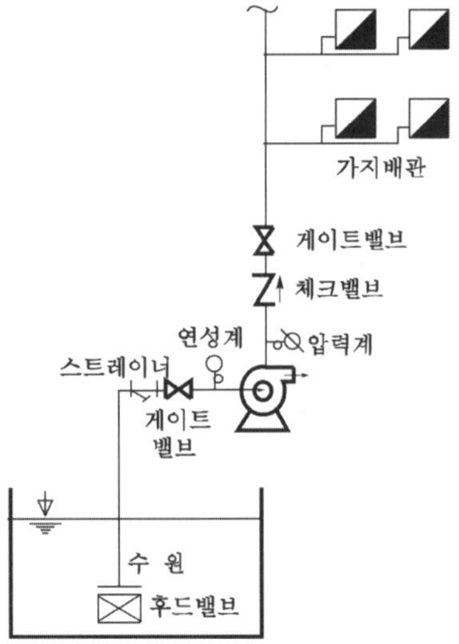

‖ 펌프방식(지하수조방식) ‖

예제 옥내소화전설비에서 가압송수장치의 종류 3가지를 쓰시오.

○

○

○

해답 ① 고가수조방식
② 압력수조방식
③ 펌프방식(지하수조방식)

해설 **옥내소화전설비**의 **가압송수장치**(NFSC 102)

(1) 고가수조방식

$$H \geq h_1 + h_2 + 17$$

여기서, H : 필요한 낙차〔m〕
h_1 : 소방호스의 마찰손실수두〔m〕
h_2 : 배관 및 관부속품의 마찰손실수두〔m〕

(2) 압력수조방식

$$P \geq P_1 + P_2 + P_3 + 17$$

여기서, P : 필요한 압력〔MPa〕
P_1 : 소방호스의 마찰손실수두압〔MPa〕
P_2 : 배관 및 관부속품의 마찰손실수두압〔MPa〕
P_3 : 낙차의 환산수두압〔MPa〕

(3) 펌프방식(지하수조방식)

$$H \geq h_1 + h_2 + h_3 + 17$$

여기서, H : 전양정〔m〕
h_1 : 소방호스의 마찰손실수두〔m〕
h_2 : 배관 및 관부속품의 마찰손실수두〔m〕
h_3 : 실양정(흡입양정+토출양정)〔m〕

‖ 소방호스의 마찰손실수두(호스 길이 100m당) ‖

구경종별 / 유량 [l/min]	호스의 호칭경(mm)					
	40		50		65	
	아마호스	고무 내장호스	아마호스	고무 내장호스	아마호스	고무 내장호스
130	26	12	7	3	–	–
350	–	–	–	–	10	4

‖ 관이음쇠 · 밸브류 등의 마찰손실수두에 상당하는 직관길이[m] ‖

종 류 / 호칭경 (mm)	90° 엘보	45° 엘보	90° T (분류)	커플링 90° T (직류)	게이트 밸브	볼밸브	앵글밸브
15	0.60	0.36	0.90	0.18	0.12	4.50	2.4
20	0.75	0.45	1.20	0.24	0.15	6.00	3.6
25	0.90	0.54	1.50	0.27	0.18	7.50	4.5
32	1.20	0.72	1.80	0.36	0.24	10.50	5.4
40	1.5	0.9	2.1	0.45	0.30	13.8	6.5
50	2.1	1.2	3.0	0.60	0.39	16.5	8.4
65	2.4	1.3	3.6	0.75	0.48	19.5	10.2
80	3.0	1.8	4.5	0.90	0.60	24.0	12.0
100	4.2	2.4	6.3	1.20	0.81	37.5	16.5
125	5.1	3.0	7.5	1.50	0.99	42.0	21.0
150	6.0	3.6	9.0	1.80	0.20	49.5	24.0

(주) ① 이 표의 엘보·티는 나사접합의 관이음쇠에 적합하다.
② 이경소켓, 부싱은 대략 이 표의 45° 엘보와 같다. 다만, 호칭경이 작은 쪽에 따른다.
③ 후드밸브는 표의 앵글밸브와 같다.
④ 소화전은 그 구조·형상에 따라 표의 유사한 밸브와 같다.
⑤ 밴드는 표의 커플링과 같다.
⑥ 유니온, 후렌지, 소켓은 손실수두가 근소하기 때문에 생략한다.
⑦ 자동경보밸브는 일반적으로 체크밸브와 같다.
⑧ 포소화설비의 자동밸브는 일반적으로 볼밸브와 같다.

‖ 관경과 유수량 ‖

옥내소화전 개수	사용관경(mm)	관이 담당하는 허용유수량(l /min)
1개	40	130
2개	50	260
3개	65	390
4개	80	520
5개	100	650

Key Point

✻ 아마호스
아마사로 직조된 소방호스

✻ 고무내장호스
자켓트에 고무 또는 합성수지를 내장한 소방호스

✻ 이경소켓
'리듀셔'를 의미한다.

Key Point

※ 수조
'물탱크'를 의미한다.

※ 석션피트
물을 용이하게 흡입하기 위해 수조 아래에 오목하게 만들어 놓은 부분

※ 가압송수장치
물에 압력을 가하여 보내기 위한 장치

※ 연성계·진공계의 설치제외
① 수원의 수위가 펌프의 위치보다 높은 경우
② 수직회전축 펌프의 경우

| 배관의 마찰손실수두(관길이 100m당) |

유량 〔l/min〕	관의 호칭경〔mm〕						
	40	50	65	80	100	125	150
	마찰손실수두〔m〕						
130	13.32	4.15	1.23	0.53	0.14	0.05	0.02
260	47.84	14.90	4.40	1.90	0.52	0.18	0.08
390		31.60	9.34	4.02	1.10	0.38	0.17
520			15.65	6.76	1.86	0.64	0.28
650				10.37	2.84	0.99	0.43
780					3.98	1.38	0.60

중요 전용수조가 있는 경우의 유효수량 산정방법

(1) 석션피트(suction pit)가 있는 경우

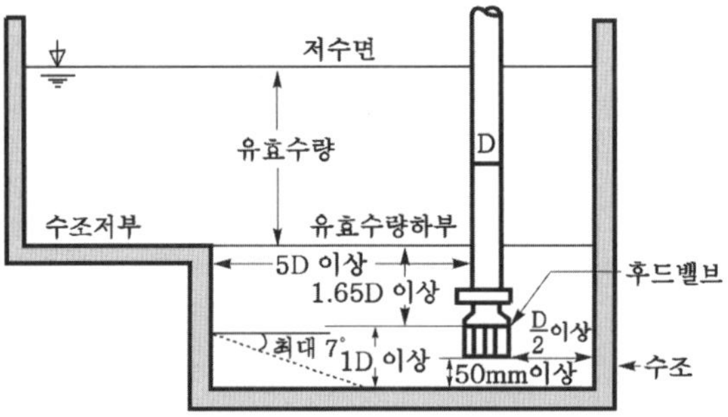

(2) 석션피트(suction pit)가 없는 경우

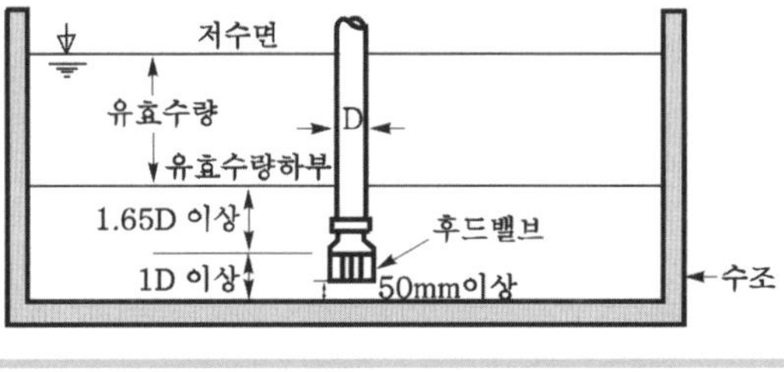

4 옥내소화전설비의 설치기준

1 펌프에 의한 가압송수장치의 기준(NFSC 102 ⑤)

① 쉽게 접근할 수 있고 점검하기에 충분한 공간이 있는 장소로서 화재 및 침수 등의 재해로 인한 피해를 받을 우려가 없는 곳에 설치할 것

② 동결방지조치를 하거나 동결의 우려가 없는 장소에 설치할 것

③ 펌프는 **전용**으로 할 것

④ 펌프의 **토출측**에는 **압력계**를 체크 밸브 이전에 펌프 토출측 플랜지에서 가까운 곳에 설치하고, **흡입측**에는 **연성계** 또는 **진공계**를 설치할 것(단, 수원의 수위가 펌프

의 위치보다 높거나 **수직회전축 펌프**의 경우에는 연성계 또는 진공계를 설치하지 아니할 수 있다.)

⑤ 가압송수장치에는 정격부하운전시 **펌프**의 **성능**을 **시험**하기 위한 **배관**을 설치할 것 (단, **충압 펌프**는 제외)

⑥ 가압송수장치에는 체절운전시 **수온**의 상승을 **방지**하기 위한 순환배관을 설치할 것 (단, **충압 펌프**는 제외)

⑦ 기동장치로는 **기동용수압개폐장치** 또는 이와 동등 이상의 성능이 있는 것을 설치할 것

⑧ 기동용수압개폐장치(압력 챔버)를 사용할 경우 그 용적은 100l 이상의 것으로 할 것

2 물올림장치의 설치기준(NFSC 102 ⑤)

① **전용**의 탱크를 설치할 것

② 탱크의 유효수량은 100l 이상으로 하되, 구경 15mm 이상의 급수배관에 따라 당해 탱크에 물이 계속 보급되도록 할 것

물올림장치 = 호수조 = 물마중장치 = 프라이밍 탱크(priming tank)

3 충압펌프의 설치기준(NFSC 102 ⑤)

① **토출압력** : 설비의 최고위 호스접결구의 **자연압**보다 적어도 0.2MPa이 더 크도록 하거나 가압송수장치의 정격토출압력과 같게 할 것

② **정격토출량** : 정상적인 누설량보다 적어서는 아니 되며, 옥내소화전설비가 자동적으로 작동할 수 있도록 충분한 토출량을 유지할 것

4 배관의 종류(NFSC 102 ⑥)

사용압력	배관 종류
1.2 MPa 미만	배관용 탄소강관
1.2 MPa 이상	압력배관용 탄소강관 또는 이음매 없는 동 및 동합금의 배관용 동관

중요 소방용 합성수지배관으로 설치할 수 있는 경우

- 배관을 **지하**에 **매설**하는 경우
- 다른 부분과 **내화구조**로 구획된 **덕트** 또는 **피트**(pit)의 내부에 설치하는 경우
- 천장과 반자를 **불연재료** 또는 **준불연재료**로 설치하고 **소화배관 내부**에 항상 **소화수**가 **채워진 상태**로 설치하는 경우

※ 급수배관은 **전용**으로 할 것

Key Point

※ 충압펌프
배관내 압력손실에 따른 주펌프의 빈번한 기동을 방지하기 위하여 충압역할을 하는 펌프

※ 물올림장치
수원의 수위가 펌프보다 낮은 위치에 있을 때 설치하며 펌프와 후트 밸브 사이의 흡입관 내에 항상 물을 충만시켜 펌프가 물을 흡입할 수 있도록 하는 설비

※ 물올림장치의 감수원인
① 급수차단
② 자동급수장치의 고장
③ 물올림장치의 배수밸브의 개방

Key Point

※ 옥내소화전설비 유속
4m/s 이하

※ 관경에 따른 방수량

방수량	관경
130l/min	40mm
260l/min	50mm
390l/min	65mm
520l/min	80mm
650l/min	100mm

※ 성능시험배관
펌프 토출측의 개폐 밸브와 펌프 사이에서 분기

※ 유량측정방법
① 압력계에 의한 방법
② 유량계에 의한 방법

※ 순환배관
체절운전시 수온의 상승방지

※ 체절압력
체절운전시 릴리프 밸브가 압력수를 방출할 때의 압력계상압력으로 정격 토출압력의 140% 이하

※ 펌프의 흡입측 배관
버터플라이 밸브를 설치할 수 없다.

5 펌프 흡입측 배관의 설치기준(NFSC 102 ⑥)

① **공기고임**이 생기지 아니하는 구조로 하고 **여과장치**를 설치할 것
② 수조가 펌프보다 낮게 설치된 경우에는 각 펌프(**충압 펌프** 포함)마다 수조로부터 별도로 설치할 것

비교

펌프 토출측 배관

구분	가지배관	주배관 중 수직배관
호스릴	25mm 이상	32mm 이상
일반	40mm 이상	50mm 이상
연결송수관 겸용	65mm 이상	100mm 이상

6 펌프의 성능(NFSC 102 ⑥)

체절운전시 정격토출압력의 140%를 초과하지 아니하고, 정격토출량의 150%로 운전시 정격토출압력의 65% 이상이 될 것

7 펌프 성능시험배관의 적합기준(NFSC 102 ⑥)

성능시험배관	유량측정장치
펌프의 토출측에 설치된 **개폐 밸브 이전**에서 분기하여 설치하고, 유량측정장치를 기준으로 **전단 직관부**에 **개폐 밸브**를 **후단 직관부**에는 **유량조절 밸브**를 설치할 것	성능시험배관의 직관부에 설치하되, 펌프의 정격토출량의 175% 이상 측정할 수 있는 성능이 있을 것

8 순환배관(NFSC 102 ⑥)

가압송수장치의 체절운전시 **수온**의 **상승**을 **방지**하기 위하여 체크밸브와 펌프 사이에서 분기한 구경 20mm 이상의 배관에 체절압력 미만에서 개방되는 **릴리프 밸브**를 설치할 것

※ 급수배관에 설치되어 급수를 차단할 수 있는 개폐 밸브는 개폐표시형으로 하여야 한다. 이 경우 펌프의 흡입측 배관에는 **버터플라이 밸브** 외의 개폐표시형 밸브를 설치하여야 한다.

9 송수구의 설치기준(NFSC 102 ⑥)

① 소방차가 쉽게 접근할 수 있고 노출된 장소에 설치할 것
② 송수구로부터 주배관에 이르는 연결배관에는 **개폐 밸브**를 설치하지 아니할 것(단, **스프링클러 설비 · 물분무소화설비 · 포소화설비 · 연결송수관 설비**의 배관과 겸용하는 경우는 제외)

③ 지면으로부터 높이가 0.5~1m 이하의 위치에 설치할 것
④ 구경 65mm의 **쌍구형** 또는 **단구형**으로 할 것
⑤ 송수구의 가까운 부분에 **자동배수 밸브**(또는 직경 5mm의 배수공) 및 **체크 밸브**를 설치할 것

Key Point

※ 개폐표시형밸브의 같은 의미
OS & Y 밸브

※ 송수구
가압수를 보내기 위한 구멍

5 옥내소화전설비의 함 등

1 옥내소화전함의 설치기준(NFSC 102 ⑦)

① 함의 재질은 두께 1.5mm 이상의 **강판** 또는 두께 4mm 이상의 **합성수지재**로 한다.
② 함의 재질이 강판인 경우에는 변색 또는 부식되지 아니하여야 하고, 합성수지재인 경우에는 내열성 및 난연성의 것으로서 80℃의 온도에서 24시간 이내에 열로 인한 변형이 생기지 아니하여야 한다.
③ 문짝의 면적은 $0.5m^2$ 이상으로 하여 밸브의 조작, 호스의 수납 등에 충분한 여유를 가질 수 있도록 한다.

※ 옥내소화전함의 재질
1. 강판 : 1.5mm 이상
2. 합성수지재 : 4mm 이상

중요 **옥내소화전함**과 **옥외소화전함**의 비교

옥내소화전함	옥외소화전함
수평거리 25m 이하	수평거리 40m 이하
호스(40mm×15m×2개)	호스(65mm×20m×2개)
앵글 밸브(40mm×1개)	−
노즐(13mm×1개)	노즐(19mm×1개)

※ 호스의 종류
① 아마 호스
② 고무내장 호스
③ 젖는 호스

※ 방수구
옥내소화전설비의 방수구는 일반적으로 '앵글 밸브'를 사용한다.

2 옥내소화전 방수구의 설치기준(NFSC 102 ⑦)

① 소방대상물의 **층**마다 설치하되, 당해 소방대상물의 각 부분으로부터 하나의 옥내소화전 방수구까지의 **수평거리**가 25m 이하가 되도록 한다.
② 바닥으로부터 높이가 1.5m 이하가 되도록 한다.
③ 호스는 구경 40mm(**호스릴**은 25mm) 이상의 것으로서 소방대상물의 각 부분에 물이 유효하게 뿌려질 수 있는 길이로 설치한다.

※ 수평거리와 같은 의미
① 최단거리
② 반경

3 표시등의 설치기준(NFSC 102 ⑦)

① 옥내소화전설비의 위치를 표시하는 표시등은 함의 상부에 설치하되 그 불빛은 부착면으로부터 15° 이상의 범위 안에서 부착지점으로부터 10m의 어느 곳에서도 쉽게 식별할 수 있는 **적색등**으로 한다.
② 적색등은 사용전압의 130%인 전압을 24시간 연속하여 가하는 경우에도 **단선, 현저**

※ 표시등
1. 기동표시등 : 기동시 점등
2. 위치표시등 : 평상시 점등

Key Point

※ 표시등의 식별범위
15° 이상의 각도에서 10m 떨어진 거리에서 식별이 가능할 것

※ 부르동압력계
계기압력을 측정하기 위한 가장 대표적인 기구

※ 수조가 펌프보다 높을 때 제외시킬 수 있는 것
① 후드밸브
② 진공계(연성계)
③ 물올림장치

한 광속변화, 전류변화 등의 현상이 발생되지 아니하여야 한다.

③ 가압송수장치의 시동을 표시하는 표시등은 옥내소화전함의 내부 또는 그 직근에 설치하되 **적색등**으로 한다.

6 옥내소화전설비의 설치기준 해설

1 압력계 · 진공계 · 연성계

① 압력계
- 펌프의 **토출측**에 설치
- 정의 게이지압력 측정
- 0.05～200MPa의 계기눈금

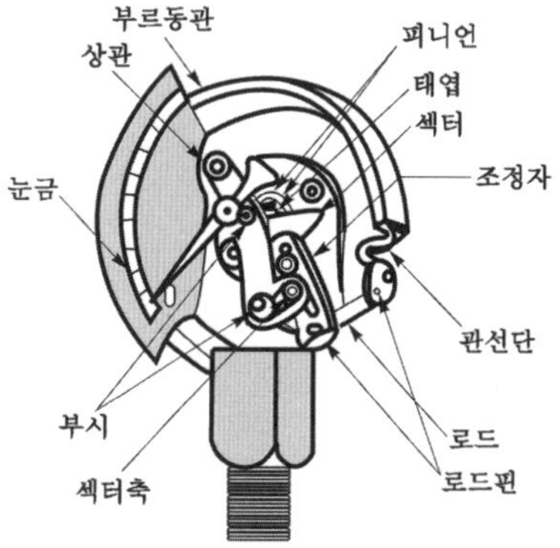

‖ 부르동압력계 ‖

② 진공계
- 펌프의 **흡입측**에 설치
- **부**의 게이지압력 측정
- 0～76 cmHg의 계기눈금

③ 연성계
- 펌프의 **흡입측**에 설치
- **정** 및 **부**의 게이지 압력 측정
- 0.1～2MPa, 0～76 cmHg의 계기눈금

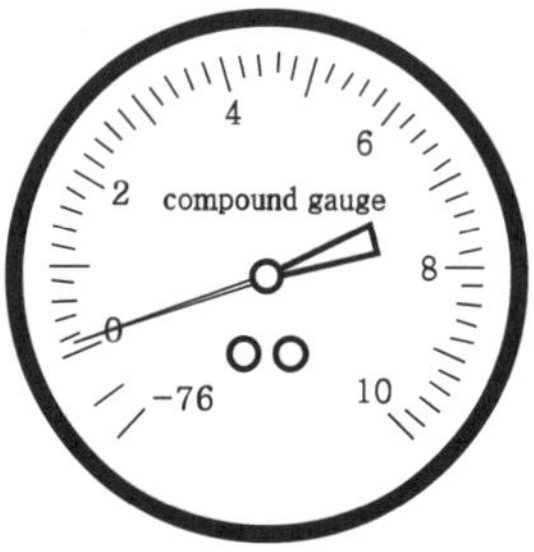

‖ 연성계 ‖

2 여과장치(스트레이너)

Y형 스트레이너	U형 스트레이너
관속의 유체에 혼합된 모래, 흙 등의 불순물을 제거하기 위해 밸브, 계기 등의 앞에 설치하며, 주철재의 몸체 속에 여과망이 달린 둥근 통을 45° 경사지게 넣은 것으로 유체는 망의 안쪽에서 바깥쪽으로 흐른다. 주로 **물**을 사용하는 배관에 많이 사용된다.	관속의 유체에 혼합된 모래, 흙 등의 불순물을 제거하기 위해 밸브, 계기 등의 앞에 설치하며, 주철재의 몸체 속에 여과망이 달린 둥근통을 **수직**으로 넣은 것으로 유체는 망의 안쪽에서 바깥쪽으로 흐른다. 주로 **기름**배관에 많이 사용되어 **"오일 스트레이너"** 라고도 한다.

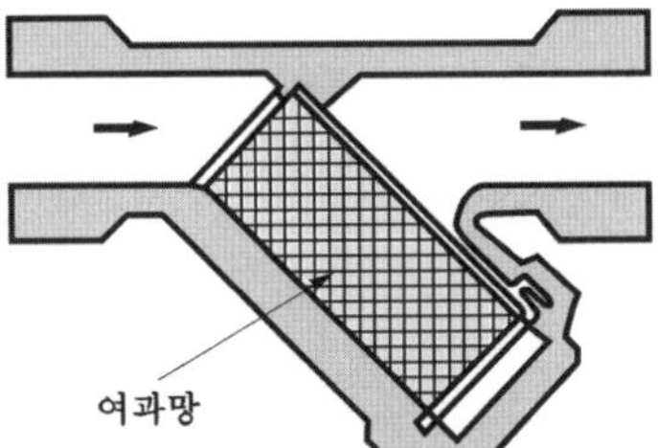

‖Y형 스트레이너‖

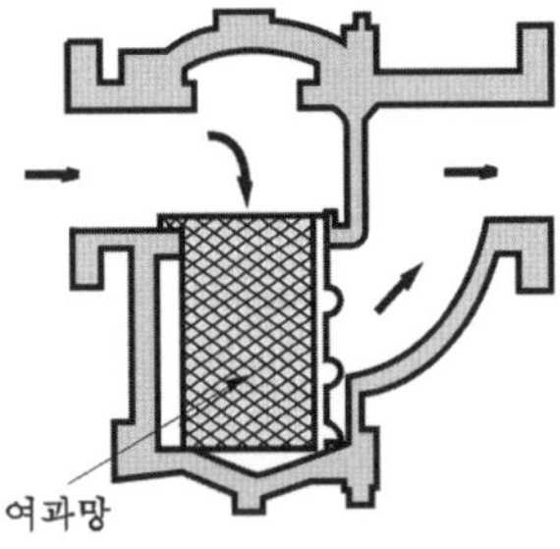

‖U형 스트레이너‖

3 방수압 및 방수량 측정

① 방수압 측정

옥내소화전설비의 법정 방수압은 0.17 MPa이며, 방수압 측정은 노즐선단에 노즐구경(D)의 $\frac{D}{2}$ 떨어진 지점에서 노즐선단과 수평되게 **피토게이지**(potot gauge)를 설치하여 눈금을 읽는다.

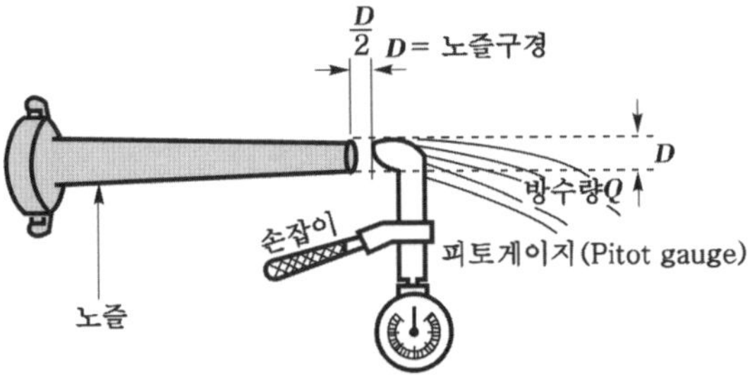

‖방수압 측정‖

② 방수량 측정

옥내소화전설비의 법정 방수량은 130l /min이다.

$$Q = 0.653D^2\sqrt{10P}$$

여기서, Q : 방수량[l/min], D : 구경[mm]
P : 방수압[MPa]

Key Point

✽ 여과장치
펌프의 흡입측 배관에 설치하여 펌프내에 이물질이 침투하는 것을 방지한다.

✽ 여과장치와 같은 의미
① 스트레이너
② 여과기

✽ Y형 스트레이너
물을 사용하는 배관에 사용

✽ U형 스트레이너
기름배관에 사용

✽ 노즐
'관창'이라고도 부른다.

✽ 피토게이지
방수압 측정기구

✽ 방수량 측정방법
노즐선단에 노즐구경(D)의 $\frac{D}{2}$ 떨어진 지점에서 노즐선단과 수평되게 피토게이지를 설치하여 눈금을 읽은 후 $Q = 0.653D^2\sqrt{10P}$ 공식에 대입한다.

Key Point

또는,

$$Q = K\sqrt{10P}$$

여기서, Q : 방수량〔l/min〕
K : 방출계수
P : 방수압〔MPa〕

※ 옥내소화전설비의 기동방식
① 자동기동방식
② 수동기동방식

4 기동방식

자동기동방식	수동기동방식
기동용 수압개폐장치를 이용하는 방식으로 소화를 위해 소화전함 내에 있는 방수구 즉, 앵글밸브를 개방하면 기동용 수압개폐장치내의 **압력스위치**가 작동하여 제어반에 신호를 보내 펌프를 기동시킨다.	ON, OFF **스위치**를 이용하는 방식으로 소화를 위해 소화전함 내에 있는 방수구 즉, 앵글밸브를 개방한 후 **기동(ON) 스위치**를 누르면 제어반에 신호를 보내 펌프를 기동시킨다.

중요 **기동 스위치에 · 보호판을 부착하여 옥내소화전함 내에 설치할 수 있는 경우**(수동기동방식적용시설)

(1) 아파트
(2) 업무시설
(3) 전시장
(4) 학교
(5) 공장
(6) 창고시설
(7) 종교시설

— 동결의 우려가 있는 장소

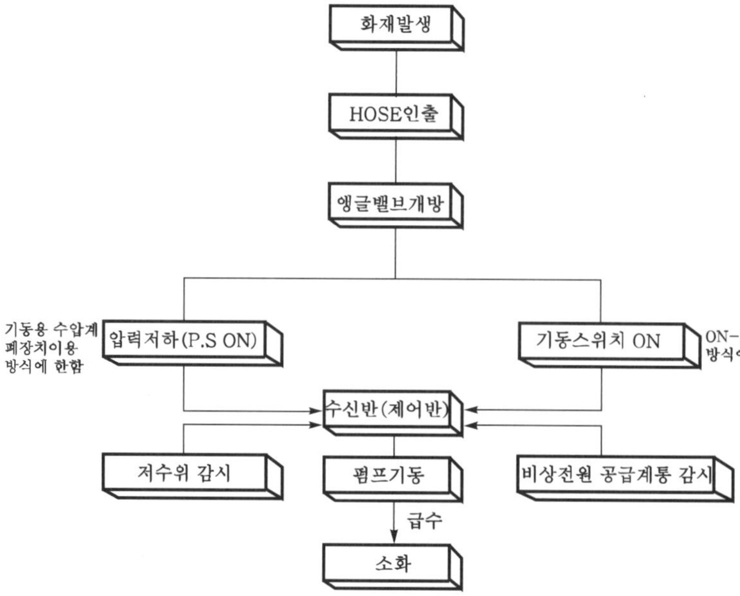

5 기동용 수압개폐장치(압력챔버)

① 압력챔버의 기능은 펌프의 게이트밸브(gate valve) 2차측에 연결되어 배관내의 압력이 감소하면 압력스위치가 작동되어 충압펌프(jockey pump) 또는 **주펌프**를 **작동**시킨다.

> ※ 게이트밸브(gate valve) = 메인밸브(main valve) = 주밸브

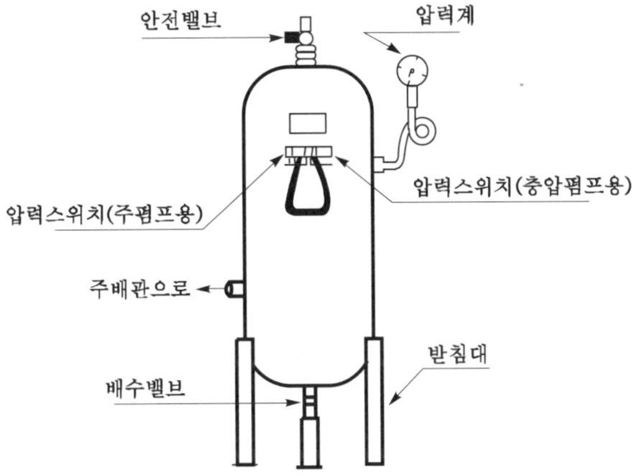

| 기동용 수압개폐장치(압력챔버) |

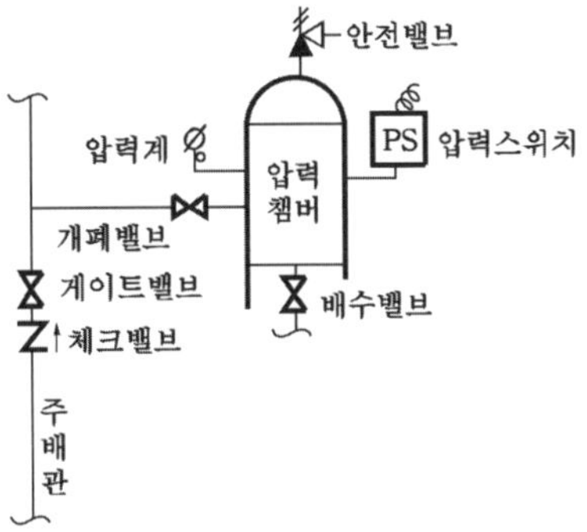

| 기동용 수압개폐장치의 배관 |

② 압력스위치의 RANGE는 펌프의 작동 정지점이며, DIFF는 펌프의 작동정지점에서 기동점과의 압력 차이를 나타낸다.

Key Point

* 압력챔버의 용량
100*l* 이상

* 물올림장치의 용량
100*l* 이상

* 충압펌프와 같은 의미
보조펌프

* 압력챔버의 역할
① 배관내의 압력저하시 충압펌프 또는 주펌프의 자동기동
② 수격작용방지

* RANGE
펌프의 작동정지점

* DIFF
펌프의 작동정지점에서 기동점과의 압력 차이

Key Point

※ 순환배관
체절운전시 수온의 상승 방지

※ 체절운전
펌프의 성능시험을 목적으로 펌프 토출측의 개폐밸브를 닫은 상태에서 펌프를 운전하는 것

※ 체절압력
체절운전시 릴리프밸브가 압력수를 방출할 때의 압력계상압력으로 정격토출압력의 140% 이하

※ 체절양정
펌프의 토출측밸브가 모두 막힌 상태 즉, 유량이 0인 상태에서의 양정

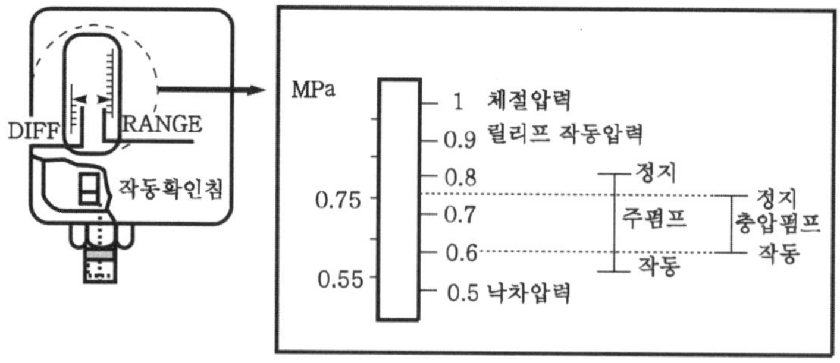

압력스위치

6 순환배관

순환배관은 펌프의 토출측 체크밸브 이전에서 분기시켜 20mm 이상의 배관으로 설치하며 배관상에는 개폐밸브를 설치하여서는 아니되며 체절운전시 체절압력 미만에서 개방되는 **릴리프밸브**(relief valve)를 설치하여야 한다.

(a)

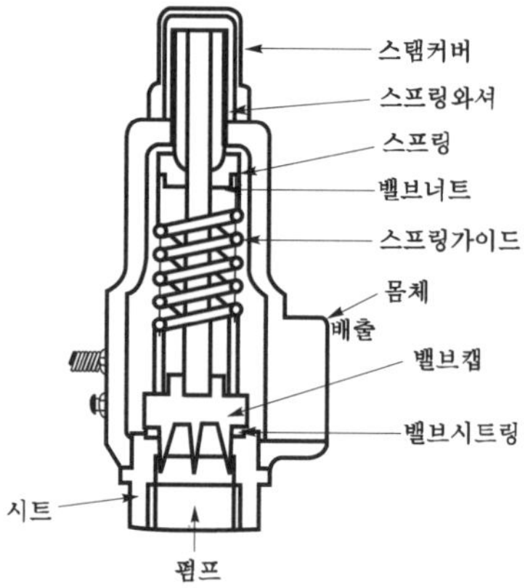

(b)

릴리프밸브

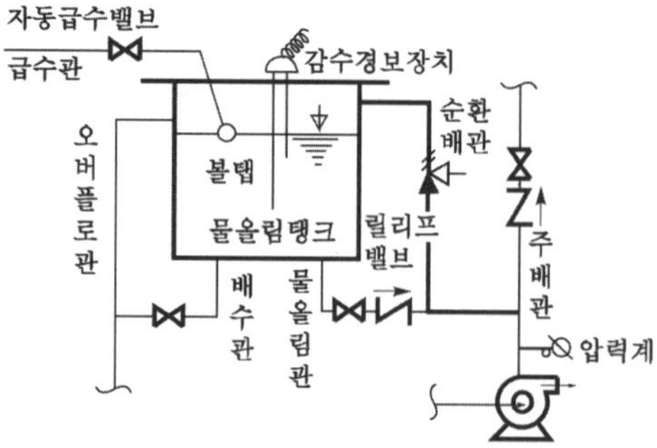

순환배관

7 물올림장치

물올림장치는 수원의 수위가 펌프보다 아래에 있을 때 설치하며, 주기능은 펌프와 후드밸브 사이의 흡입관 내에 항상 물을 충만시켜 펌프가 물을 흡입할 수 있도록 하는 설비이다.

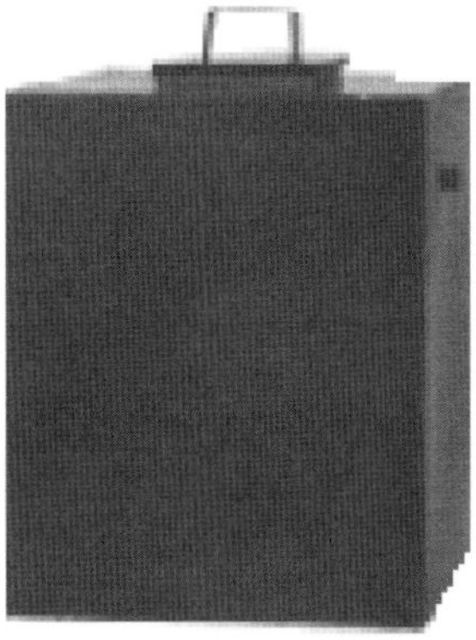

(a) 물올림 탱크

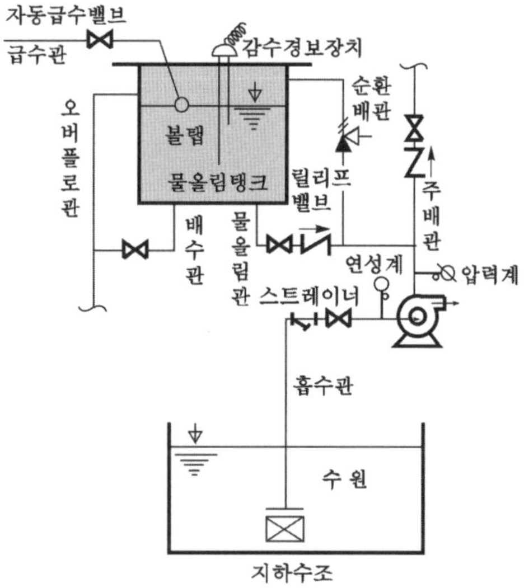

(b) 물올림장치의 주위배관

‖ 물올림장치 ‖

중요 용량 및 구경

구 분	설 명
급수배관 구경	15 mm 이상
순환배관 구경	20 mm 이상(정격토출량의 2~3% 용량)
물올림관 구경	25 mm 이상(높이 1 m 이상)
오버플로관 구경	50 mm 이상
물올림장치 용량	100*l* 이상

8 감압장치

옥내소화전설비의 소방호스 노즐의 방수압력의 허용범위는 0.17~0.7 MPa 이다. 0.7 MPa을 초과시에는 **호스접결구**의 **인입측**에 감압장치를 설치하여야 한다.

① 고가수조에 의한 방법(고가수조를 구분하여 설치하는 방법)

Key Point

✽ 물올림장치와 같은 의미
① 호수조
② 물마중장치
③ 프라이밍탱크 (priming tank)

✽ 물올림장치의 감수경보 원인
① 급수밸브의 차단
② 자동급수장치의 고장
③ 물올림장치의 배수밸브의 개방
④ 후드밸브의 고장

✽ 수조가 펌프보다 높을 때 제외시킬 수 있는 것
① 후드밸브
② 진공계(연성계)
③ 물올림장치

✽ 방수압력 0.7MPa 이하로 제한이유
노즐조작자의 용이한 소화활동 및 호스의 파손방지

✽ 감압장치의 종류
① 고가수조에 의한 방법
② 배관계통에 의한 방법
③ 중계펌프를 설치하는 방법
④ 감압밸브 또는 오리피스를 설치하는 방법
⑤ 감압기능이 있는 소화전개폐밸브를 설치하는 방법

Key Point

※ 호스접결구
호스를 연결하는 구멍으로서 여기서는 '방수구'를 의미한다.

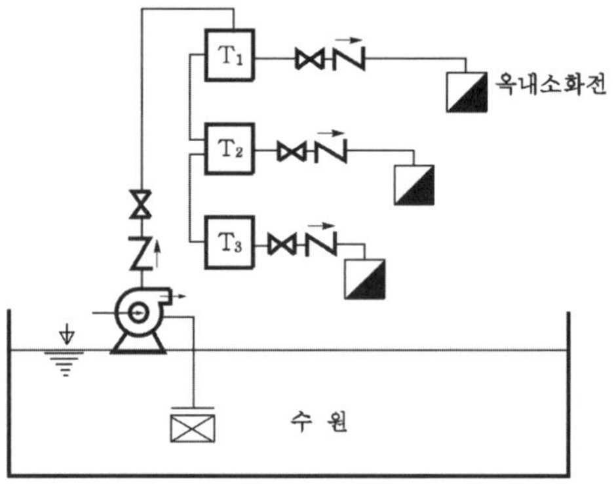

‖ 고가수조에 의한 방법 ‖

② 배관계통에 의한 방법(펌프를 구분하여 설치하는 방법)

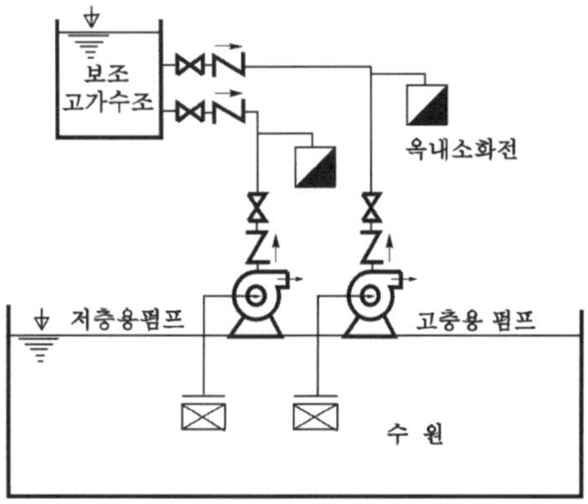

‖ 배관계통에 의한 방법 ‖

③ 중계펌프(boosting pump)를 설치하는 방법

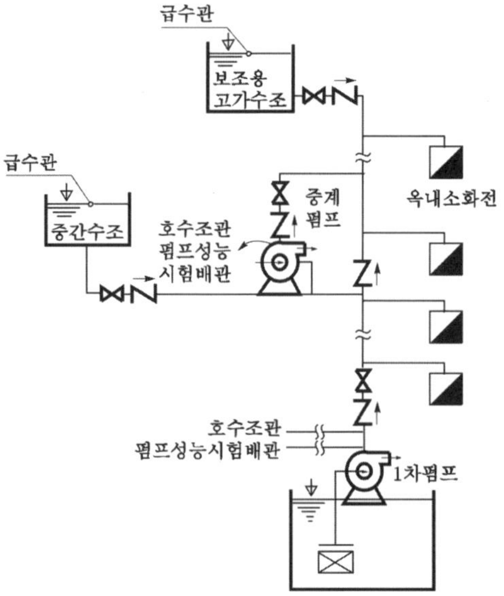

‖ 중계펌프를 설치하는 방법 ‖

④ 감압밸브 또는 오리피스(orifice)를 설치하는 방법

(a) 감압밸브

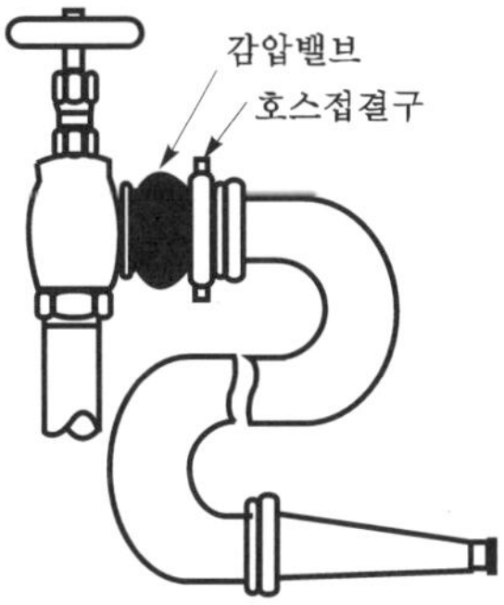

(b) 감압밸브의 설치

| 감압밸브를 설치하는 방법 |

⑤ 감압기능이 있는 소화전 개폐밸브를 설치하는 방법

9 펌프의 흡입측 배관

펌프의 흡입측 배관에는 **버터플라이 밸브**(butterfly valve) **이외**의 개폐표시형 밸브를 설치하여야 한다.

> **중요** 펌프 흡입측에 버터플라이 밸브를 제한하는 이유
> - 물의 **유체저항**이 매우 커서 원활한 흡입이 되지 않는다.
> - 유효흡입양정(NPSH)이 감소되어 **공동현상**(cavitation)이 발생할 우려가 있다.
> - 개폐가 순간적으로 이루어지므로 **수격작용**(Water Hammering)이 발생할 우려가 있다.

10 성능시험배관

(1) 성능시험배관

① 펌프토출측의 **개폐밸브 이전**에서 **분기**하는 펌프의 성능시험을 위한 배관이다.

② 유량측정장치는 성능시험배관의 직관부에 설치하되, 펌프의 정격토출량의 175% 이상 측정할 수 있는 성능이 있을 것

(2) 유량측정방법

① **압력계**에 의한 **방법** : 오리피스 전후에 설치한 압력계 P_1, P_2의 압력차를 이용한 유량측정법

Key Point

❋ 오리피스
유체의 흐름을 제거시켜 충격을 완화시키는 부품

❋ 버터플라이 밸브
원판의 회전에 의해 관로를 개폐하는 밸브로서, '게이트 밸브'의 일종이다.

❋ 버터플라이 밸브와 같은 의미
① 나비밸브
② 스로틀밸브 (throttle valve)

❋ 개폐표시형밸브
옥내소화전설비의 주 밸브로 사용되는 밸브로서, 육안으로 밸브의 개폐를 직접 확인할 수 있다. 일반적으로 'OS & Y 밸브'라고 부른다.

❋ 성능시험배관
펌프토출측의 개폐밸브와 펌프 사이에서 분기

❋ 방수량

$$Q = 0.653D^2\sqrt{10P}$$

여기서,
Q : 방수량〔l/min〕
D : 구경〔mm〕
P : 방수압력〔MPa〕

Key Point

* 유량계의 설치목적
주펌프의 분당 토출량을 측정하여 펌프의 성능이 정격토출량의 150%로 운전시 정격토출압력의 65 % 이상이 되는지를 확인하기 위함

* 유량계
배관을 통해 흐르는 물의 양을 측정하는 기구

* 의미가 같은 것
① 압력챔버
=기동용 수압개폐장치
② 충압펌프
=보조펌프

* 충압펌프의 설치목적
배관 내의 적은 양의 누수시 기동하여 주펌프의 잦은 기동을 방지한다.

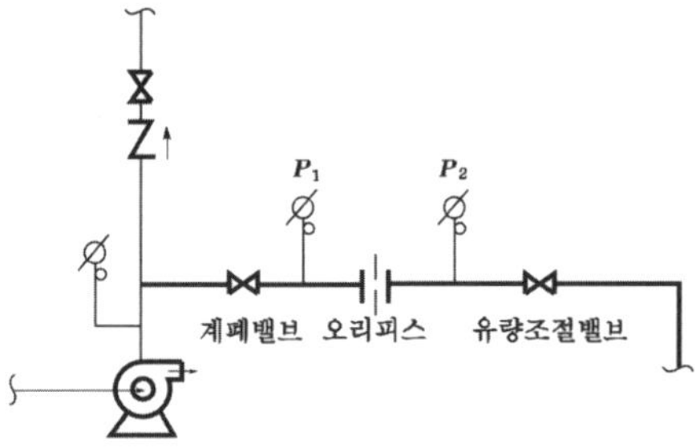

▮압력계에 의한 방법▮

② **유량계**에 의한 **방법** : 유량계의 **상류측**은 유량계 호칭구경의 **8배** 이상, **하류측**은 유량계 호칭구경의 **5배** 이상되는 직관부를 설치하여야 하며, 배관은 유량계의 호칭구경과 동일한 구경의 배관을 사용한다.

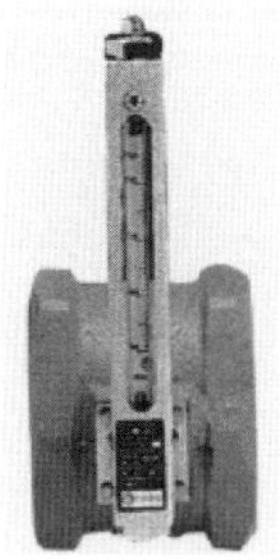

(a)

(b)

▮유량계▮

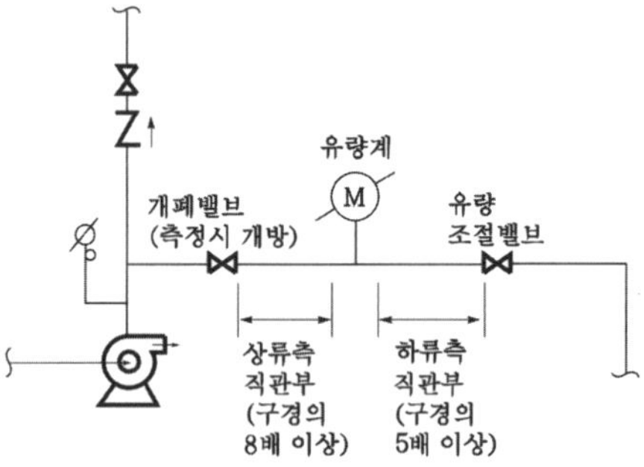

▮유량계에 의한 방법▮

중요

펌프의 성능시험방법

① **주배관**의 **개폐밸브**를 잠근다.
② 제어반에서 **충압펌프**의 **기동**을 **중지**시킨다.
③ 압력챔버의 **배수밸브**를 열어 **주펌프**가 **기동**되면 잠근다.(제어반에서 수동으로 주펌프를 기동시킨다.)
④ **성능시험배관상**에 있는 **개폐밸브**를 **개방**한다.
⑤ 성능시험배관의 **유량조절밸브**를 **서서히 개방**하여 유량계를 통과하는 유량이 정격토출유량이 되도록 **조정**한다. 정격토출유량이 되었을 때 펌프토출측 압력계를 읽어 정격토출압력 이상인지 확인한다.

Key Point

⑥ 성능시험배관의 **유량조절밸브**를 **조금 더 개방**하여 유량계를 통과하는 유량이 **정격토출유량**의 150%가 되도록 조정한다. 이 때 펌프 토출측 압력계의 확인된 압력은 정격토출압력의 65% 이상이어야 한다.
⑦ 성능시험배관상에 있는 **유량계**를 확인하여 **펌프**의 **성능**을 **측정**한다.
⑧ **성능시험** 측정 후 배관상 **개폐밸브**를 잠근 후 **주밸브**를 개방한다.
⑨ 제어반에서 **충압펌프 기동중지**를 **해제**한다.

11 펌프의 성능 및 압력손실

① 펌프의 성능 : 체절운전시 정격토출압력의 **140%**를 초과하지 아니하고, 정격토출량의 **150%**로 운전시 정격토출압력의 **65%** 이상이어야 한다.

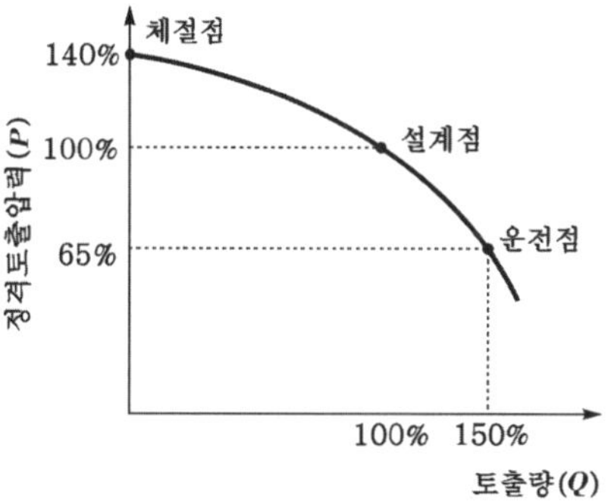

| 펌프의 성능곡선 |

② 배관의 압력손실(하젠-윌리암의 식)

$$\Delta P_m = 6.053 \times 10^4 \times \frac{Q^{1.85}}{C^{1.85} \times D^{4.87}} \fallingdotseq 6.174 \times 10^4 \times \frac{Q^{1.85}}{C^{1.85} \times D^{4.87}}$$

여기서, ΔP_m : 배관 1m당 압력손실[MPa/m]
C : 조도
D : 관의 내경[mm]
Q : 관의 유량[l/min]

| 조도 C의 값 |

조 도(C)	배 관
100	• 주철관 • 흑관(건식 스프링클러설비의 경우) • 흑관(준비작동식 스프링클러설비의 경우)
120	• 흑관(일제살수식 스프링클러설비의 경우) • 흑관(습식 스프링클러설비의 경우) • 백관(아연도금강관)
150	• 동관(구리관)

※ 펌프의 동력

$$P = \frac{0.163QH}{E}K$$

여기서,
P : 전동력[kW]
Q : 정격토출량[m^3/분]
H : 전양정[m]
K : 동력전달계수
E : 펌프의 효율

※ 단위
① 1PS = 75kg · m/s = 0.735kW
② 1HP = 76kg · m/s = 0.745kW

※ 조도(C)
'마찰계수'라고도 하며, 배관의 재질이나 상태에 따라 다르다.

chapter 02 옥내소화전설비

Key Point

12 송수구

송수구는 지면으로부터 0.5~1m 이하의 위치에 설치하여야 하며, 송수구의 가까운 부분에 **자동배수밸브** 및 **체크밸브**를 설치하여야 한다.

(a)

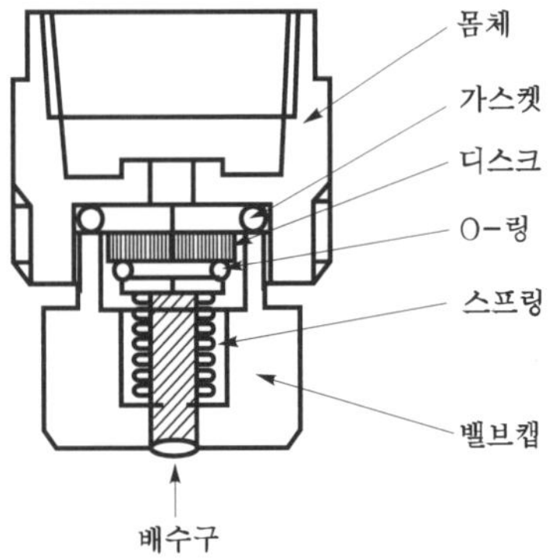

(b)

‖ 자동배수밸브 ‖

※ 자동배수밸브의 설치목적
배관의 부식 및 동파 방지

(a) 리프트형

(b) 스윙형

‖ 체크밸브 ‖

※ 체크밸브
역류방지를 목적으로 한다.
① 리프트형 : 수평설치용으로 주배관상에 많이 사용
② 스윙형 : 수평·수직 설치용으로 작은 배관상에 많이 사용

(a)

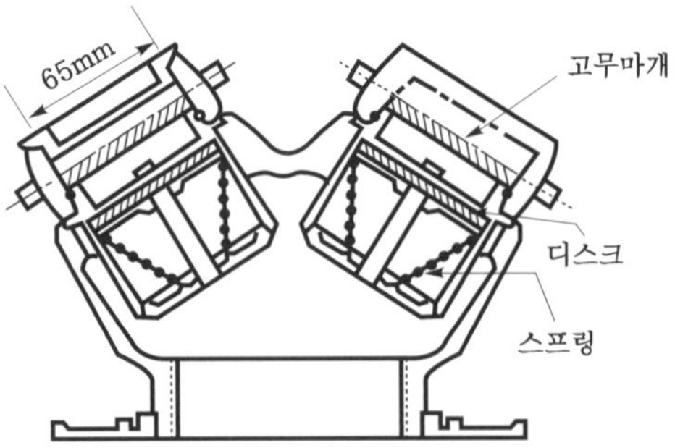

(b)

‖ 송수구의 설치방법 ‖

※ 송수구
'쌍구형 송수구'를 설치한다.

Key Point

13 옥내소화전함

① 함의 재질
- 두께 1.5mm 이상의 **강판**
- 두께 4 mm 이상의 **합성수지재**

② 문짝의 면적 : 0.5 m^2 이상

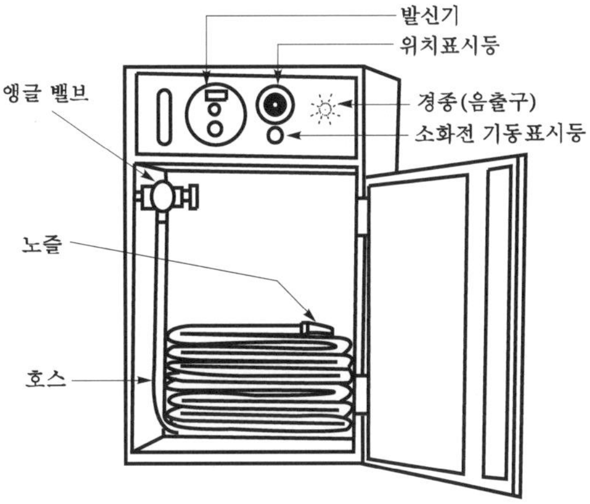

| 옥내소화전함 |

14 방수구

소방대상물의 **층**마다 설치하되, 당해 소방대상물의 각 부분으로부터 하나의 옥내소화전 방수구까지의 **수평거리**가 25 m(호스릴은 15 m) 이하가 되도록 한다.

(a)

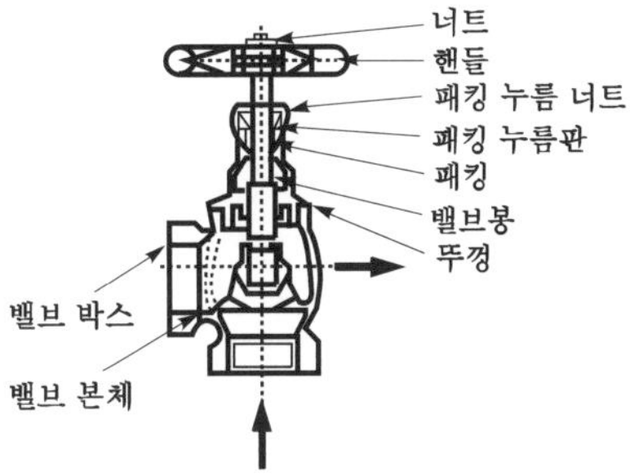

(b)

| 방수구 |

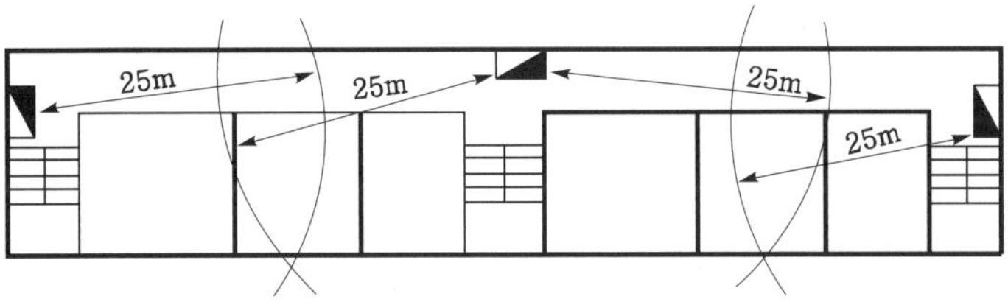

| 방수구 및 옥내소화전의 설치거리 |

* 옥내소화전함의 두께
① 강판 : 1.5mm 이상
② 합성수지재 : 4mm 이상

* 방수구
옥내소화전설비의 방수구는 일반적으로 '앵글밸브'를 사용한다.

* 수평거리와 같은 의미
① 최단거리
② 반경

Key Point

※ 표시등
1. 기동표시등:기동시 점등
2. 위치표시등:평상시 점등

※ 표시등의 식별범위
15° 이상의 각도에서 10m 떨어진 거리에서 식별이 가능할 것

※ 상용전원의 배선
1. 저압수전
인입개폐기의 직후에서 분기
2. 특·고압 수전
전력용 변압기 2차측의 주차단기 1차측에서 분기

※ 전압
1. 저압(교류)
600〔V〕 이하
2. 고압(교류)
600〔V〕 초과
7000〔V〕 이하
3. 특고압
7000〔V〕 초과

15 표시등

옥내소화전설비의 위치를 표시하는 표시등은 함의 상부에 설치하되 그 불빛은 부착면으로부터 15° 이상의 범위안에서 부착지점으로부터 10m의 어느 곳에서도 쉽게 식별할 수 있는 **적색등**으로 한다.

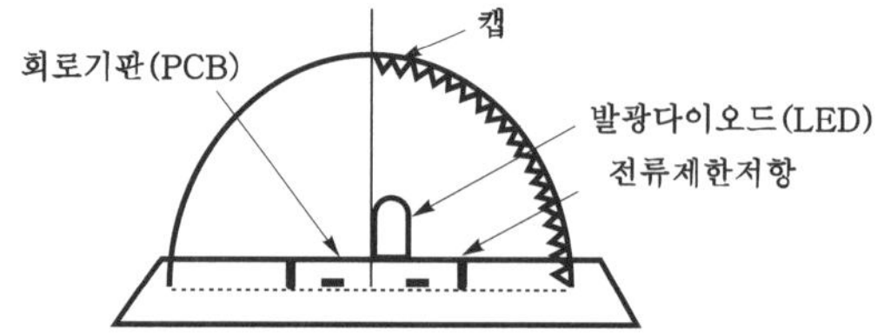

‖ 표시등 ‖

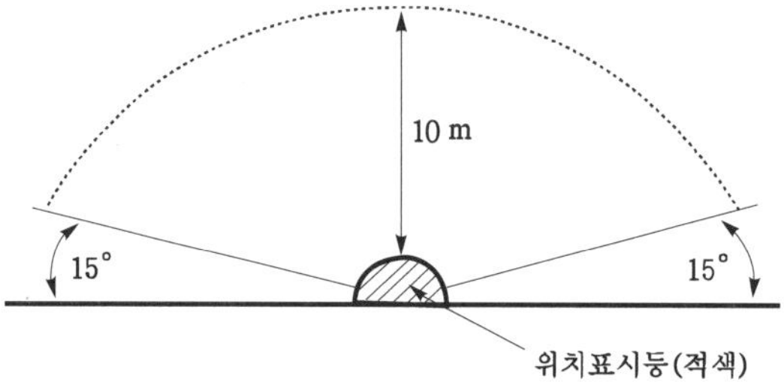

‖ 표시등의 식별 범위 ‖

16 상용전원

① **저압수전**인 경우에는 인입개폐기의 직후에서 분기하여 전용배선으로 하여야 한다.

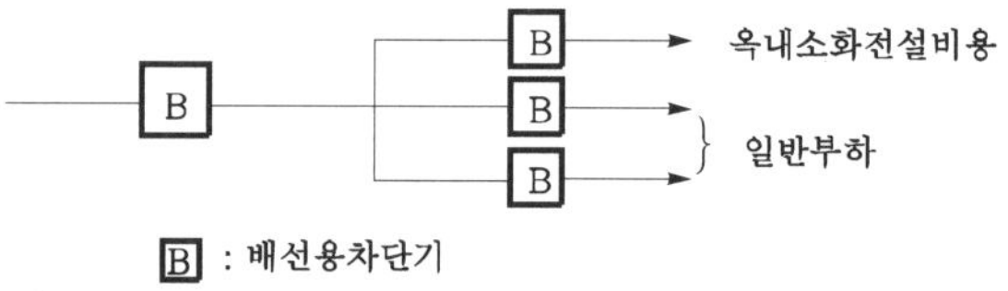

‖ 저압수전인 경우의 배선 ‖

② **특별고압수전** 또는 **고압수전**인 경우에는 전력용 변압기 2차측의 주차단기 1차측에서 분기하여 전용배선으로 하여야 한다.

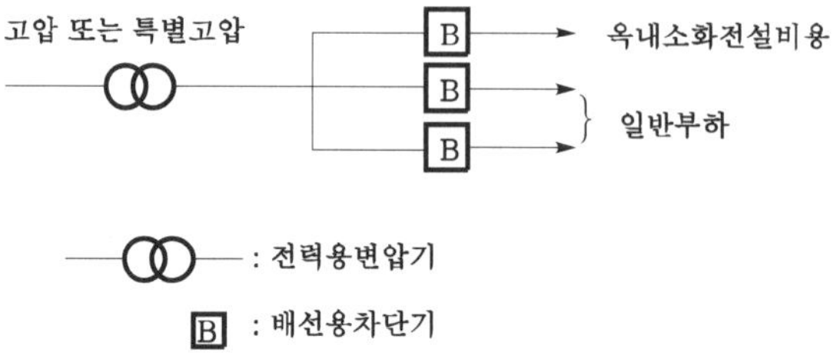

‖ 특 · 고압수전인 경우의 배선 ‖

7 옥내소화전설비의 설치대상(설치유지령 [별표 4])

설치대상	조 건
① 차고ㆍ주차장	• $200m^2$ 이상
② 근린생활시설 ③ 업무시설(금융업소ㆍ사무소)	• 연면적 $1500m^2$ 이상
④ 문화 및 집회시설, 운동시설 ⑤ 종교시설	• 연면적 $3000m^2$ 이상
⑥ 특수가연물 저장ㆍ취급	• 지정수량 750배 이상
⑦ 지하가 중 터널길이	• 1000m 이상

Key Point

＊근린생활시설
사람이 생활을 하는데 필요한 여러 가지 시설

＊특수가연물
화재가 발생하면 그 확대가 빠른 물품

연습문제

문제 01

옥내소화전설비의 옥내소화전과 연결송수관설비의 연결송수관에서 각각의 사용자를 쓰시오.

- ○ 옥내소화전 :
- ○ 연결송수관 :

해답 ① 옥내소화전 : 소방대상물의 관계인
② 연결송수관 : 소방대원

문제 02

그림과 같이 소방대 연결송수구와 체크밸브 사이에 자동배수장치(auto drip)를 설치하는 이유를 간단히 설명하시오.

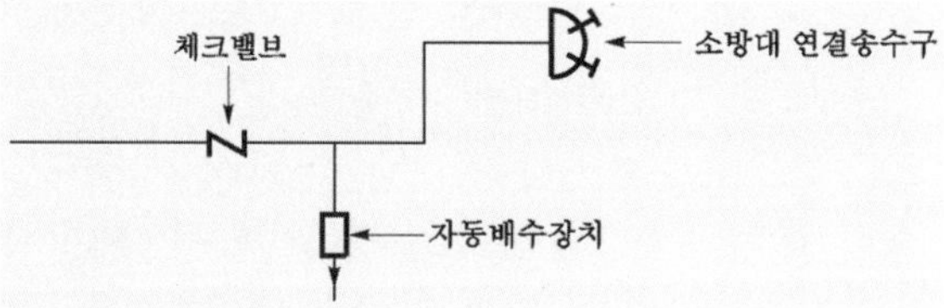

해답 배관내에 고인 물을 자동으로 배수시켜 배관의 동파 및 부식을 방지하기 위하여

문제 03

건물내에 설치된 옥내소화전의 수가 1층에 5개소, 2층에 5개소, 3층에 4개소이다. 이 건물내에 비치해야 할 수원의 최소 저수량〔m^3〕은?

해답 ○ 계산과정 : $2.6 \times 5 = 13m^3$
○ 답 : $13m^3$

문제 04

건물내에 옥내소화전을 1층에 7개, 2층에 6개, 3층에 5개, 4층에 5개, 5층에 4개를 설치하였다. 이 건물에 필요한 수원의 저수량〔m^3〕은 얼마인가?

해답 ○ 계산과정 : $2.6 \times 5 = 13m^3$
○ 답 : $13m^3$ 이상

문제 05

어떤 소방대상물의 옥내소화전을 각층에 3개씩 설치되도록 설계하려 할 때 수원의 최소 유효저수량과 가압송수장치의 최소노출량은 얼마로 산징하여야 하는기?

○ 최소저수량(계산과정 및 답) :

○ 최소토출량(계산과정 및 답) :

해답 ○ 최소저수량 : $2.6 \times 3 = 7.8\text{m}^3$ ○ 답 : 7.8m^3

○ 최소토출량 : $3 \times 130 = 390l/\text{min}$ ○ 답 : $390l/\text{min}$

문제 06

어떤 소방대상물에 옥내소화전을 각층에 7개씩 설치되도록 설계하려 할 때 수원의 최소유효저수량과 가압송수장치의 최소토출량은 얼마로 산정하여야 하는가?

○ 최소저수량(계산과정 및 답) :

○ 최소토출량(계산과정 및 답) :

해답 ○ 최소저수량 : $2.6 \times 5 = 13\text{m}^3$ ○ 답 : 13m^3

○ 최소토출량 : $5 \times 130 = 650l/\text{min}$ ○ 답 : $650l/\text{min}$

문제 07

옥내소화전설비의 배관 및 관부속품의 마찰손실수두가 4m, 소방호스의 마찰손실수두가 3m일 때 설치하여야 할 고가수조의 최소설치높이〔m〕는?

해답 ○ 계산과정 : $4 + 3 + 17 = 24\text{m}$

○ 답 : 24m

문제 08

옥내소화전설비의 압력수조에 설치하여야 하는 것 4가지를 쓰시오.

해답 ① 수위계

② 급수관

③ 급기관

④ 압력계

문제 09

옥내소화전이 2개소 설치되어 있고 수원의 공급은 모터펌프로 한다. 수원으로부터 가장 먼 소화전의 앵글밸브까지의 요구되는 수두가 29.4m라고 할 때 모터의 용량은 몇 〔kW〕 이상이어야 하는가? (단, 호스 및 관창의 마찰손실수두는 3.6m, 펌프의 효율은 0.65이며, 전동기에 직결한 것으로 한다.)

해답 ○ 계산과정 : $H = 3.6 + 29.4 + 17 = 50\text{m}$

$$P = \frac{0.163 \times 0.26 \times 50\text{m}}{0.65} \times 1.1 = 3.586 = 3.59\text{kW}$$

○ 답 : 3.59kW

문제 10

지상 4층 건물에 옥내소화전설비를 설치하려고 한다. 옥내소화전 3개를 배치하며, 이 때 실양정은 50m, 배관의 손실수두는 실양정의 25%로 본다. 또 호스의 마찰손실수두는 3.5m 펌프효율이 65%, 전달계수가 1.1이고 20분간 연속방수되는 것으로 하였을 때 다음 각 물음에 답하시오.

(가) 펌프의 토출량[m^3/min]은?

(나) 펌프의 전양정[m]은?

(다) 전동기용량[kW]은?

(라) 수원의 저수량[m^3]은?

해답 (가) ○ 계산과정 : $3 \times 130 = 390 = 0.39\text{m}^3/\text{min}$
○ 답 : $0.39\text{m}^3/\text{min}$ 이상

(나) ○ 계산과정 : $3.5 + (50 \times 0.25) + 50 + 17 = 83\text{m}$
○ 답 : 83m 이상

(다) ○ 계산과정 : $\dfrac{0.163 \times 0.39 \times 83}{0.65} \times 1.1 = 8.929 ≒ 8.93\text{kW}$
○ 답 : 8.93kW 이상

(라) ○ 계산과정 : $2.6 \times 3 = 7.8\text{m}^3$
○ 답 : 7.8m^3 이상

문제 11

그림은 옥내소화전설비의 계통도이다. 조건을 참고하여 다음 각 물음에 답하시오.

[조건]

① 펌프의 효율 55%이며, 전달계수는 1.1이다.

② 배관의 마찰손실수두는 소방호스의 마찰손실수두를 포함하여 39 m 이며, 실양정은 12 m이다.

(가) 소화수조의 저수량[m^3]은?

(나) 펌프의 토출량[l /min]은?

(다) 펌프의 전양정[m]은?

(라) 펌프의 용량[kW]은?

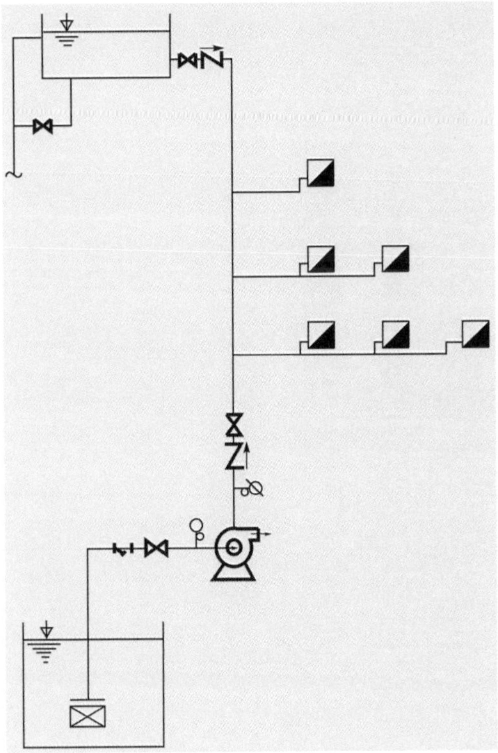

해답 (가) ○ 계산과정 : $2.6 \times 3 = 7.8\text{m}^3$

○ 답 : 7.8m^3 이상

(나) ○ 계산과정 : $3 \times 130 = 390 l/\text{min}$

○ 답 : $390 l/\text{min}$ 이상

(다) ○ 계산과정 : $39 + 12 + 17 = 68\text{m}$

○ 답 : 68m 이상

(라) ○ 계산과정 : $\dfrac{0.163 \times 0.39 \times 68}{0.55} \times 1.1 = 8.645 ≒ 8.65\text{kW}$

○ 답 : 8.65kW 이상

문제 12

그림과 같은 옥내소화전설비를 다음 조건과 화재안전기준에 따라 설치하려고 한다. 다음 각 물음에 답하시오.

〔조건〕

① P_1 : 옥내소화전펌프

② P_2 : 잡수용 양수펌프

③ 펌프의 후드밸브로부터 9층 옥내소화전함 호스접결구까지의 마찰손실 및 저항손실수두는 실양정의 25%로 한다.

④ 펌프의 효율은 70%이다.

⑤ 옥내소화전의 개수는 각층 2개씩이다.

⑥ 소화호스의 마찰손실수두는 7.8 m이다.

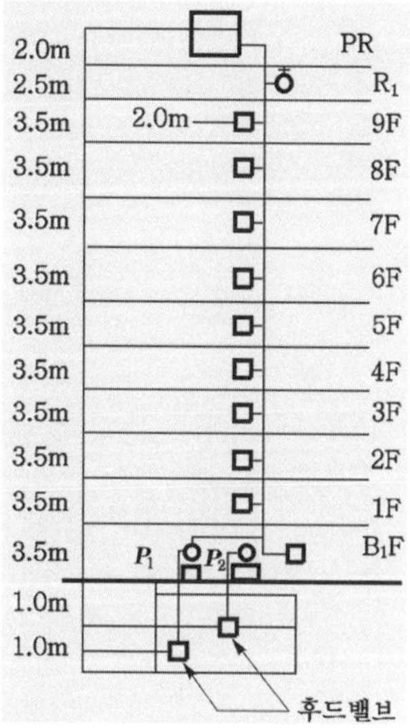

(단, P_1 후드밸브와 바닥면과의 간격은 0.2 m이다.)

(가) 펌프의 최소유량은 몇[l/min]인가?

(나) 수원의 최소유효저수량은 몇 [m^3]인가?

(다) 펌프의 양정은 몇 [m]인가?

(라) 펌프의 축동력은 몇 [kW]인가?

해답 (가) ○ 계산과정 : $2\times130=260l/\text{min}$

○ 답 : 260l/min

(나) ○ 계산과정 : $2.6\times2=5.2\text{m}^3$

○ 답 : 5.2m^3

(다) ○ 계산과정 : $7.8+8.83+35.3+17=68.93\text{m}$

○ 답 : 68.93m 이상

(라) ○ 계산과정 : $\dfrac{0.163\times0.26\times68.93}{0.7}=4.173 ≒ 4.17\text{kW}$

○ 답 : 4.17kW 이상

문제 13

그림과 같이 6층 건물(철근콘크리트 건물)에 1층부터 6층까지 각층에 1개씩 옥내소화전을 설치하고자 한다. 이 그림과 주어진 조건을 이용하여 옥내소화전 설치에 필요한 펌프의 송수량, 수원의 소요저수량, 전동기의 소요출력을 계산하시오. (단, 전동기 소요출력은 답안지의 계산과정순으로 계산하여 출력을 산출하시오.)

○ 펌프의 송수량(계산과정 및 답) :

○ 수원의 소요저수량(계산과정 및 답) :

○ 전동기의 소요출력(계산과정 및 답) :

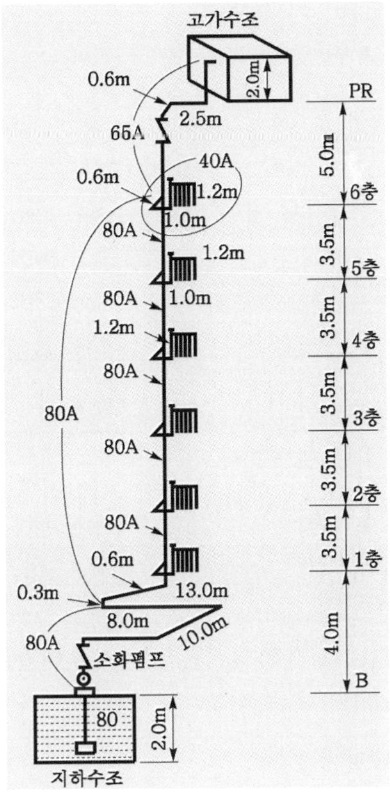

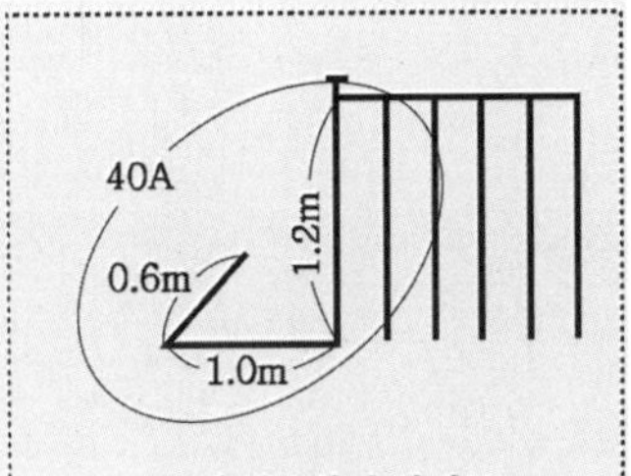

옥내소화전 상세도

〔조건〕

① 노즐의 최소 방수량 : 130l/min (40 mm×13 mm의 노즐)

② 펌프의 송수량 : 필요수량에 20%의 여유를 둔다.

③ 수원의 용량 : 소화전 사용시 20분간 계속 사용할 수 있는 양

④ 소화전 호스의 최소선단 방수압력 : 0.17 MPa

⑤ 직관의 마찰손실은 다음 표를 참조할 것

직관의 마찰손실(100m당)

유량[l /min]	130	260	390	520
40A	14.7 m			
50A	5.1 m	18.4 m		
65A	1.72 m	6.20 m	13.2 m	
80A	0.71 m	2.57 m	5.47 m	9.20 m

⑥ 관이음 및 밸브 등의 등가길이는 다음 표를 이용할 것

∥관이음 및 밸브 등의 등가길이∥

관이음 및 밸브의 호칭경〔mm(in)〕	90° 엘보	45° 엘보	90° T (분류)	커플링 90° T(직류)	게이트 밸브	글로브 밸브	앵글 밸브
	등 가 길 이 〔m〕						
40($1\frac{1}{2}$)	1.5	0.9	2.1	0.45	0.30	13.5	6.5
50(2)	2.1	1.2	3.0	0.60	0.39	16.5	8.4
65($2\frac{1}{2}$)	2.4	1.5	3.6	0.75	0.48	19.5	10.2
80(3)	3.0	1.8	4.5	0.90	0.60	24.0	12.0
100(4)	4.2	2.4	6.3	1.20	0.81	37.5	16.5
125(5)	5.1	3.0	7.5	1.50	0.99	42.0	21.0
150(6)	6.0	3.6	9.0	1.80	1.20	49.5	24.0

※ 체크밸브와 후드밸브의 등가길이는 이 표의 앵글밸브에 준한다.

⑦ 호스의 마찰손실수두는 다음 표를 이용할 것

∥호스의 마찰손실수두(100m당)∥

구분 / 유량〔l/min〕	호스의 호칭경					
	40mm		50mm		65mm	
	아마호스	고무내장호스	아마호스	고무내장호스	아마호스	고무내장호스
130	26 m	12 m	7 m	3 m	–	–
350	–	–	–	–	10 m	4 m

⑧ 호스의 길이 15 m, 구경 40 mm의 아마호스 2개를 사용한다.

⑨ 펌프의 효율은 55%이며, 전동기의 축동력 전달효율은 100%로 계산한다.

해답

ㅇ펌프의 송수량 : $1\times130\times1.2=156l/\text{min}$ 이상 ㅇ답 : $156l$/min 이상

ㅇ수원의 소요저수량 : $156\times20=3120l=3.12\text{m}^3$ 이상 ㅇ답 : 3.12m^3 이상

ㅇ전동기의 소요출력 : $h_1=15\times2\times\dfrac{26}{100}=7.8\text{m}$

$h_2=2.56\text{m}$

호칭 구경	유량	직관 및 등가길이	마찰손실 수두
80A	$130l$/min	• 직관 : 2+(4−0.3)+8+10+13+0.3+0.6 +(3.5×5)=55.1m • 관부속품 후드밸브 : 1×12.0=12.0m 체크밸브 : 1×12.0=12.0m 90° 엘보 : 6×3.0=18.0m 90° T(직류) : 5×0.9=4.5m 90° T(분류) : 1×4.5=4.5m 106.1m	$106.1\times\dfrac{0.71}{100}$ =0.753=0.75m
40A	$130l$/min	• 직관 : 0.6+1.0+1.2=2.8m • 관부속품 90° 엘보 : 2×1.5=3.0m 앵글밸브 : 1×6.5=6.5m 12.3m	$12.3\times\dfrac{14.7}{100}$ =1.808=1.81m
			2.56m

$h_3=2+4+(3.5\times5)+1.2=24.7\text{m}$

$H=7.8+2.56+24.7+17=52.06\text{m}$

$P=\dfrac{0.163\times0.156\times52.06}{0.55}\times1=2.406\fallingdotseq2.41\text{kW}$ 이상 ㅇ답 : 2.41kW 이상

문제 14

다음의 그림은 어느 옥내소화전설비의 계통을 나타내는 Isometric diagram이다. 이 옥내소화전설비에서 펌프의 소요정격토출량은 200 l/분이다. 주어진 조건을 참고로 하여 각 물음에 답하시오.

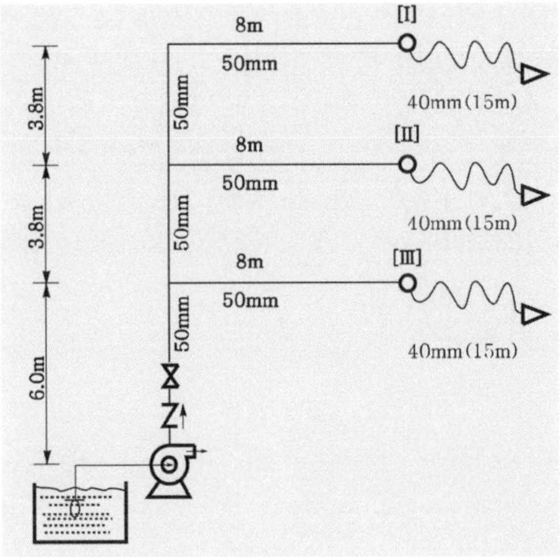

[조건]

① 옥내소화전[I]에서 관창선단의 방수압력과 방사량은 각각 0.17MPa, 130l/분이다.

② 호스의 길이 100m당 130l/분의 유량으로 마찰손실수두는 15m이고, 마찰손실의 크기는 유량의 제곱에 정비례한다.

③ 각 밸브 및 관부속품에 대한 등가길이는 다음 표와 같다.

관부속품	등가길이	관부속품	등가길이
옥내소화전 앵글밸브(40mm)	10m	90° 엘보(50mm)	1m
체크밸브(50mm)	5m	분류티(50mm)	4m
게이트밸브(50mm)	1m		

④ 배관의 마찰손실압력은 다음 식에 따른다고 가정한다.

$$\Delta P_m = 6.174 \times 10^4 \times \frac{Q^2}{C^2 \times D^5}$$

여기서, ΔP_m : 배관 1m당 마찰손실 압력강하[MPa/m]

Q : 유량[l/분]

C : 관의 거칠음계수(120)

D : 관의 내경[mm]

50 mm배관의 경우 53 mm
40 mm배관의 경우 42 mm

⑤ 펌프의 양정력은 토출량의 대소에 관계없이 일정하다고 가정한다.

⑥ 물음의 정답을 산출할 때 펌프흡입측의 마찰손실수두, 정압, 동압 등은 일체 계산에 포함시키지 않는다.

⑦ 조건에 없는 것은 무시한다.

(가) 최고위 옥내소화전 앵글밸브의 호스접결구에서 관창선단까지의 마찰손실수두〔m〕는 얼마인가?
(나) 최고위 옥내소화전 앵글밸브에서의 마찰손실압력〔kPa〕은 얼마인가?
(다) 최고위 옥내소화전 앵글밸브 인입구로부터 펌프토출구까지의 총 등가길이는 얼마인가?
(라) 최고위 옥내소화전 앵글밸브 인입구로부터 펌프토출구까지의 마찰손실압력〔kPa〕은 얼마인가?
(마) 펌프의 전동기 소요동력은 몇 〔kW〕인가? (단, 효율은 0.6이며, 축동력계수는 1.1이다.)
(바) 옥내소화전〔Ⅲ〕을 조작하여 방수했을 때 방수량을 q (l/분)라고 하면,
  ① 당해 옥내소화전 앵글밸브의 호스접결구에서 관창선단까지의 마찰손실압력〔kPa〕은 어떤 식으로 표현되는가?
  ② 당해 옥내소화전 앵글밸브에서의 마찰손실압력〔kPa〕은 어떤 식으로 표현되는가?
  ③ 당해 옥내소화전 앵글밸브 인입구로부터 펌프토출구까지의 마찰손실압력〔kPa〕은 어떤 식으로 표현되는가?
  ④ 당해 관창선단의 방수압〔MPa〕과 방수량〔l/min〕은 각각 얼마인가?
  〈방수압〉
  〈방수량〉

해답

(가) ○ 계산과정 : $15 \times \frac{15}{100} = 2.25\text{m}$

○ 답 : 2.25m

(나) ○ 계산과정 : $6.174 \times 10^4 \times \frac{130^2}{120^2 \times 42^5} \times 10 = 0.005544\text{MPa} = 5.544\text{kPa} ≒ 5.54\text{kPa}$

○ 답 : 5.54kPa

(다) ○ 계산과정 : 직관 : $6.0 + 3.8 + 3.8 + 8 = 21.6\text{m}$

관부속품 : $5 + 1 + 1 = 7\text{m}$

28.6m

○ 답 : 28.6m

(라) ○ 계산과정 : $6.174 \times 10^4 \times \frac{130^2}{120^2 \times 53^5} \times 28.6 = 0.004955\text{MPa} = 4.955\text{kPa} = 4.96\text{kPa}$

○ 답 : 4.96kPa

(마) ○ 계산과정 : $h_1 = 2.25\text{m}$

$h_2 = 0.554 + 0.496 = 1.05\text{m}$

$h_3 = 6.0 + 3.8 + 3.8 = 13.6\text{m}$

$H = 2.25 + 1.05 + 13.6 + 17 = 33.9\text{m}$

$P = \frac{0.163 \times 0.2 \times 33.9}{0.6} \times 1.1 = 2.026 ≒ 2.03\text{kW}$

○ 답 : 2.03kW

(바) ① ○ 계산과정 : $22.5 : 130^2 = P : q^2$

$130^2 P = 22.5 q^2$

$P = \frac{22.5 q^2}{130^2} = 13.313 \times 10^{-4} q^2 ≒ 13.31 \times 10^{-4} q^2\text{kPa}$

○ 답 : $13.31 \times 10^{-4} q^2\text{kPa}$

② ○ 계산과정 : $6.174 \times 10^4 \times \frac{q^2}{120^2 \times 42^5} \times 10 ≒ 3.28 \times 10^{-7} q^2\text{MPa}$

$= 3.28 \times 10^{-4} q^2\text{kPa}$

○ 답 : $3.28 \times 10^{-4} q^2\text{kPa}$

③ ○계산과정 : 직관 : $6.0+8=14\text{m}$

관부속품 : $5+1+4=10\text{m}$

24m

$$6.174\times10^4\times\frac{q^2}{120^2\times53^5}\times24 \fallingdotseq 2.46\times10^{-7}q^2\text{MPa}$$

$$=2.46\times10^{-4}q^2\text{kPa}$$

○답 : $2.46\times10^{-4}q^2\text{kPa}$

④ 〈방수량〉

○계산과정 : $P=0.0225+(0.005+0.005)+(0.06+0.038+0.038)+0.17$

$=0.3385\text{MPa}$

$P_4=0.3385-0.06-(13.31\times10^{-7}+3.28\times10^{-7}+2.46\times10^{-7})q^2$

$=0.2785-19.05\times10^{-7}q^2$

$q=0.653\times13^2\times\sqrt{10\times(0.2785-19.05\times10^{-7}q^2)}$

$q^2=(0.653\times13^2)^2\times(2.785-19.05\times10^{-6}q^2)$

$q^2=33917.6-0.23q^2$

$q^2=\frac{33917.6}{1+0.23}$

$q=\sqrt{\frac{33917.6}{1+0.23}}=166.058 \fallingdotseq 166.06l/\text{min}$

○답 : 166.06l/min

〈방수압〉

○계산과정 : $0.2785-19.05\times10^{-7}\times166.06^2=0.225 \fallingdotseq 0.23\text{MPa}$

○답 : 0.23MPa

문제 15

후드밸브(foot valve)의 점검요령을 간단히 설명하시오.

해답 ① 흡수관을 끌어올리거나 와이어, 로프 등으로 후드밸브를 작동시켜 이물질의 부착, 막힘 등을 확인한다.
② 물올림장치의 밸브를 닫아 후드밸브를 통해 흡입측 배관의 누수여부를 확인한다.

문제 16

소화설비에서 충압펌프의 설치 목적은?

해답 배관내의 물의 누설량을 보충하기 위하여

문제 17

다음 조건을 참고하여 (　　)안에 알맞은 답을 쓰시오.

〔조건〕

① 주펌프의 토출량 Q=1500〔l/min〕, TDH=1MPa
② 보조펌프의 토출량 Q=60〔l/min〕, TDH=1MPa
③ 각 압력스위치는 0.05MPa의 압력차를 둔다.

주펌프의 기동압력 : (㈎)MPa	주펌프의 정지압력 : 1.05MPa
보조펌프의 기동압력 : (㈏)MPa	보조펌프의 정지압력 : (㈐)MPa

해답 (가) 0.9MPa (나) 0.95MPa (다) 1MPa

문제 18

수압계와 연성계의 차이점을 기술하시오.

○ 수압계 :

○ 연성계 :

해답 ① 수압계 : 펌프의 토출측에 설치하여 펌프의 토출압력 측정
② 연성계 : 펌프의 흡입측에 설치하여 펌프의 흡입압력 측정

문제 19

수조가 펌프보다 높은 위치에 있을 때 설치를 제외시킬 수 있는 부속품 및 기기장치를 3가지만 쓰시오.

해답 ① 후드밸브
② 진공계(연성계)
③ 물올림장치

문제 20

관속의 유체에 혼합된 모래 · 흙 등의 불순물을 제거하기 위해 밸브 · 계기 등의 앞에 설치하며 주철제의 몸체속에 여과망이 달린 둥근통을 수직으로 넣은 것으로 망의 안쪽에서 바깥쪽으로 흐른다. 주로 기름 배관에 많이 사용되어 오일 스트레이너라고 하는데 이는 외형을 따서 붙혀진 명칭으로 (　　) 여과기라고 한다. 다음 (　　) 안에 알맞는 말을 넣으시오.

해답 U형

문제 21

소방에서 사용되는 관의 내경이 D〔mm〕인 수평배관에 물이 흐를 때 동압과 방수량과의 관계식은 어떻게 되는가? (단, 동압의 단위는 〔MPa〕, 방수량의 단위는 〔l/min〕으로 한다.)

해답 $Q = 0.653D^2\sqrt{10P}$

여기서, Q : 방수량〔l/min〕

D : 관의 내경〔mm〕

P : 동압〔MPa〕

문제 22

옥내소화전을 설치완료하고 최상층에 설치된 테스트 밸브측의 압력을 측정한 결과 0.4MPa이었다. 이 때 테스트 노즐의 오리피스 구경이 15mm이었다면 방수량은 대략 어느 정도인가? (단, 노즐의 흐름계수(flow coefficient)는 0.75이다.)

해답 ○계산과정 : $0.653 \times 0.75 \times (15)^2 \times \sqrt{10 \times 0.4} = 220.387$
$\fallingdotseq 220.39 l/\text{min}$

○답 : 220.39l/min

문제 23

소화펌프의 성능시험을 위하여 다음 그림과 같이 오리피스 방식의 유량측정장치를 설치하고 오리피스 양측의 압력을 측정하였더니, 인입측의 압력은 1MPa, 토출측의 압력은 0.5MPa이었다. 이 때의 유량 [l pm]은 얼마인가? (오리피스 K상수는 600이라고 가정한다.)

$(2/P)/(1/A_2{}^2) - (1/A_1{}^2) = 600$

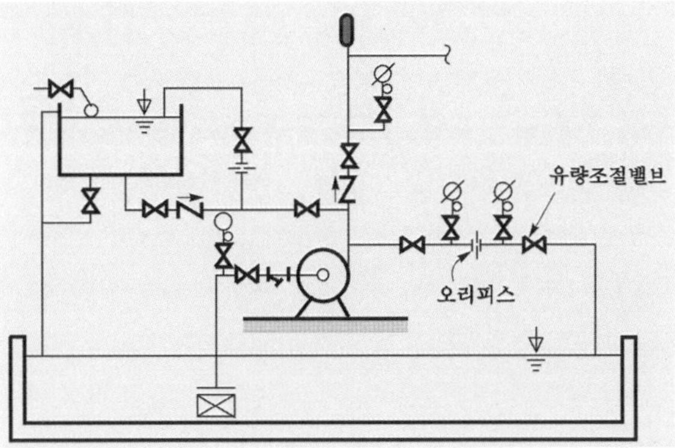

해답 ○계산과정 : $600 \times \sqrt{10 \times (1 - 0.5)} = 1341.64 l/\text{min}$
○답 : 1341.64l/min

문제 24

어느 옥내소화전설비를 작동시켜 호스의 관창으로부터 살수하면서 피토게이지를 사용하여 선단의 방수압을 측정하였더니 0.25MPa이었다. 이 노즐의 선단으로부터 방사되는 순간의 물의 유속은 몇 〔m/s〕인가? (단, 중력가속도는 9.8m/s^2 이다.)

해답 ○계산과정 : $\sqrt{2 \times 9.8 \times 25} = 22.135 \fallingdotseq 22.14\text{m/s}$
○답 : 22.14m/s

문제 25

기동용 수압개폐장치의 구성요소 중 압력챔버의 역할을 2가지로 요약하여 설명하시오.

해답 ① 배관내의 압력저하시 충압펌프 또는 주펌프의 자동기동
② 수격작용방지

문제 26

그림은 옥내소화전설비의 일부분이다. 압력챔버 내의 공기를 교체하고자 할 때 조작순서를 쓰시오. (단, V_1, V_2, V_3만 이용하고 펌프는 정지된 상태로 가정할 것)

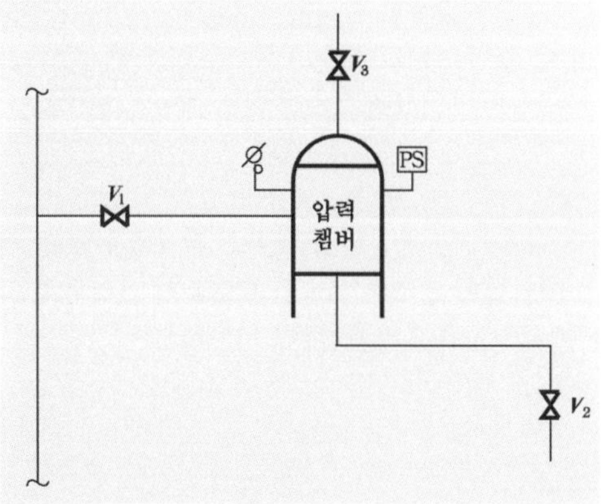

해답 ① V_1 밸브를 폐쇄시킨다.
② V_2, V_3 밸브를 개방하여 압력챔버 내의 물을 배수시킨다.
③ V_3 밸브를 통해 신선한 공기가 유입되면 V_2, V_3 밸브를 폐쇄시킨다.
④ 제어반에서 펌프 선택스위치 '자동'으로 전환
⑤ V_1 밸브를 개방하면 압력챔버가 가압된다.
⑥ 압력챔버의 압력스위치에 의해 펌프가 정지되도록 한다.

문제 27

소화설비의 순환배관에 설치된 릴리프밸브의 작동하는 점은 얼마인가?

해답 체절압력 미만

문제 28

소화설비의 가압송수장치의 순환배관에는 체절운전을 대비하여 릴리프밸브를 설치한다. 체절운전이란 무엇인지 간단히 설명하시오.

해답 펌프의 성능시험을 목적으로 펌프토출측의 개폐밸브를 닫은 상태에서 펌프를 운전하는 것

문제 29

옥내소화전설비에서 물올림장치의 감수경보장치가 작동하였다. 감수경보의 원인을 3가지만 쓰시오.

해답 ① 급수밸브의 차단
② 자동급수장치의 고장
③ 물올림장치의 배수밸브의 개방

문제 30

옥내소화전설비의 소방호스노즐의 방수압력의 허용범위는 0.17～0.7MPa이다. 0.7MPa을 초과시에는 압력상승을 방지하기 위하여 호스접결구의 인입측에 감압장치를 설치하여야 하는데 이 감압장치의 종류를 3가지만 기술하시오.

해답 ① 고가수조에 의한 방법
② 배관계통에 의한 방법
③ 중계펌프를 설치하는 방법

문제 31

옥내소화전설비에서 노즐선단의 압력을 0.7MPa 이하로 제한시켜 놓는 이유는 무엇인지 간단히 설명하시오.

해답 노즐 조작자의 용이한 소화활동 및 호스의 파손을 방지하기 위하여

문제 32

소화설비의 급수배관에 사용하는 개폐표시용 밸브 중 버터플라이 외의 밸브를 꼭 사용하여야 하는 배관의 이름과 그 이유를 기술하시오.

○ 배관의 이름 :
○ 이유 :

해답 ○ 배관의 이름 : 흡입측 배관
○ 이유 : 유효흡입양정이 감소되어 공동현상이 발생할 우려가 있기 때문이다.

문제 33

펌프의 성능시험배관에서 유량계의 설치목적 및 시험방법에 대해서 설명하시오.

○ 유량계의 설치목적 :
○ 유량계에 의한 펌프의 성능시험방법 :

해답 ○ 유량계의 설치목적 : 주펌프의 분당 토출량을 측정하여 펌프의 성능이 정격토출량의 150%로 운전시 정격토출압력의 65% 이상이 되는지를 확인하기 위하여
○ 유량계에 의한 펌프의 성능시험방법
① 주배관의 개폐밸브를 잠근다.
② 제어반에서 충압펌프의 기동 중지
③ 압력챔버의 배수밸브를 열어 주펌프가 기동되면 잠근다.(제어반에서 수동으로 주펌프 기동)
④ 성능시험배관상에 있는 개폐밸브 개방

⑤ 성능시험배관의 유량조절밸브를 서서히 개방하여 유량계를 통과하는 유량이 정격토출유량이 되도록 조정
⑥ 성능시험배관의 유량조절밸브를 조금 더 개방하여 유량계를 통과하는 유량이 정격토출유량의 150%가 되도록 조정
⑦ 성능시험배관상에 있는 유량계를 확인하여 펌프의 성능 측정
⑧ 성능시험 측정 후 배관상 개폐밸브를 잠근 후 주밸브 개방
⑨ 제어반에서 충압펌프 기동중지 해제

문제 34

옥내소화전설비에서 순환배관과 성능시험배관을 설치하는 목적은 무엇인가?

○ 순환배관의 설치목적 :
○ 성능시험배관의 설치목적 :

해답 ○ 순환배관의 설치목적 : 체절운전시 수온의 상승방지
○ 성능시험배관의 설치목적 : 체절운전시 정격토출압력의 140%를 초과하지 아니하고, 정격토출량의 150%로 운전시 정격토출압력의 65% 이상이 되는지를 확인하기 위하여

문제 35

다음의 각 물음에 답하시오.

(가) 물 소화설비에서 소화펌프의 성능시험배관(유량계 설치사항)의 구성방식(계통)을 펌프와 연관하여 도시하시오.
(나) 위의 물음에서 성능시험에는 구체적으로 무엇을 시험, 확인하고자 하는 것인가?
(다) 위의 물음에서 성능시험의 방법을 설명하시오.

해답 (가)

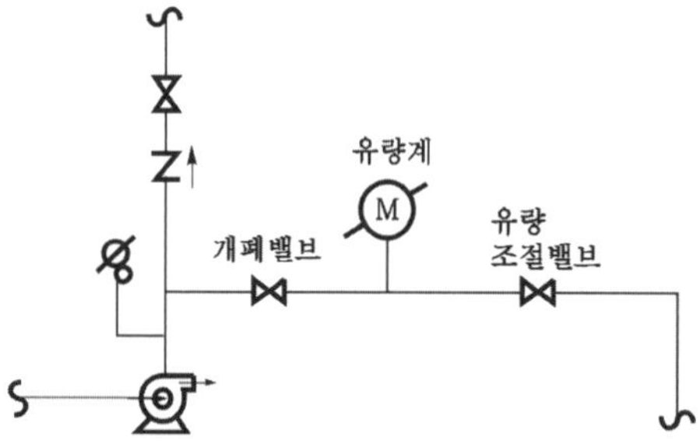

(나) 체절운전시 정격토출압력의 140%를 초과하지 아니하고, 정격토출량의 150%로 운전시 정격토출압력의 65% 이상이 되는지를 확인하고자 한다.

(다) ① 주배관의 개폐밸브를 잠근다.
② 제어반에서 충압펌프의 기동 중지
③ 압력챔버의 배수밸브를 열어 주펌프가 기동되면 잠근다.(제어반에서 수동으로 주펌프 기동)
④ 성능시험배관상에 있는 개폐밸브 개방
⑤ 성능시험배관의 유량조절밸브를 서서히 개방하여 유량계를 통과하는 유량이 정격토출유량이 되도록 조정
⑥ 성능시험배관의 유량조절밸브를 조금 더 개방하여 유량계를 통과하는 유량이 정격토출유량의 150%가 되도록 조정
⑦ 성능시험배관상에 있는 유량계를 확인하여 펌프의 성능 측정
⑧ 성능시험 측정 후 배관상 개폐밸브를 잠근 후 주밸브 개방
⑨ 제어반에서 충압펌프 기동중지 해제

문제 36

그림은 펌프의 양정-토출량 곡선이다. A점의 값은 얼마인가?

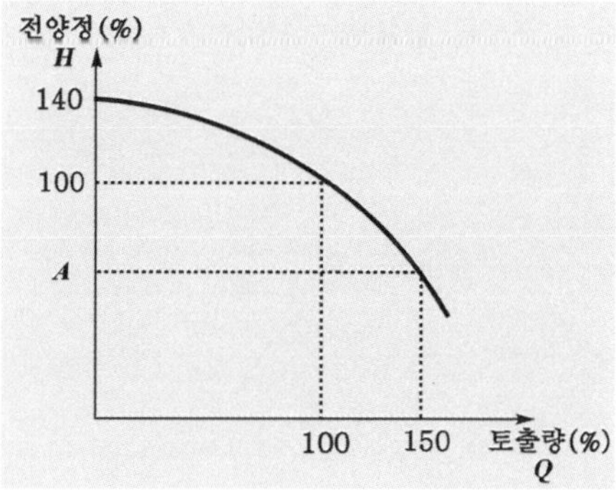

해답 65

문제 37

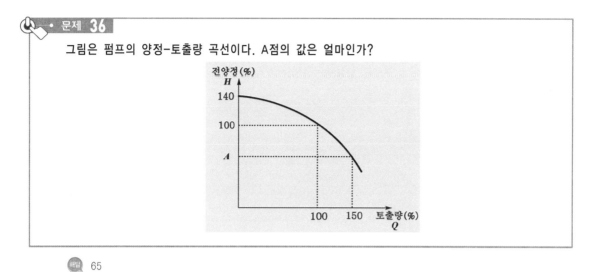

다음 도면을 참고로 하여 미완성된 부분을 완성하시오.

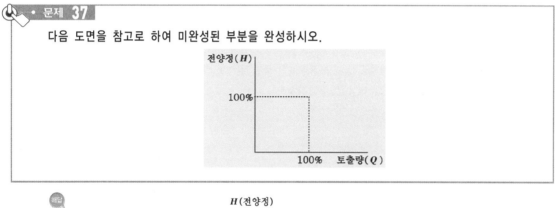

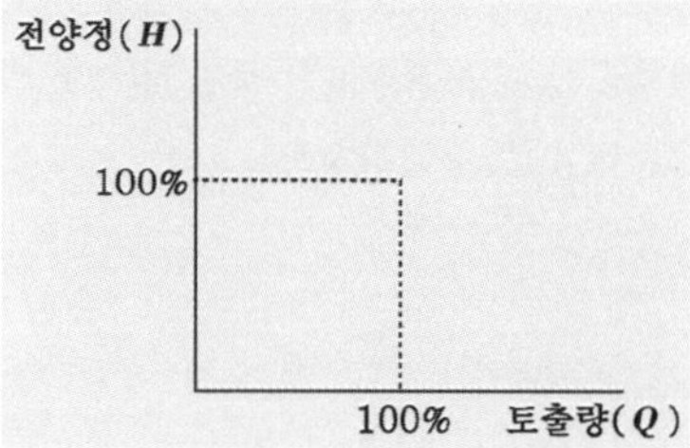

해답

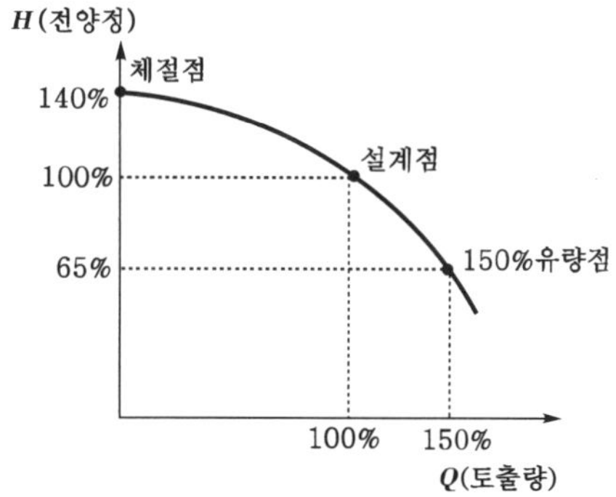

문제 38

펌프방식의 가압송수장치에서 소화펌프의 토출측 배관의 체크밸브와 소화펌프 사이에 설치하는 릴리프밸브의 작동압력은 몇 〔MPa〕 미만으로 설정하여야 하는가? (단, 펌프의 성능곡선은 다음과 같다.)

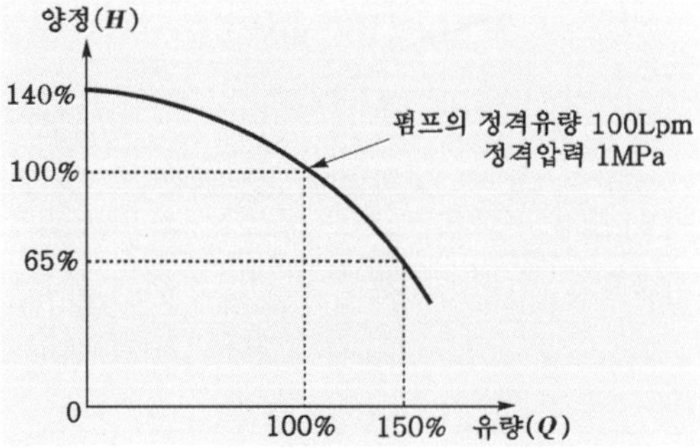

해답 ○ 계산과정 : 1×1.4 = 1.4MPa
○ 답 : 1.4MPa

문제 39

그림은 어느 건물내에 설치된 옥내소화전 호스내장함의 문을 열었을 때 보여진 모습을 나타내고 있다. 잘못된 점을 2가지만 지적하고, 그 이유를 설명하시오.

〈잘못된 점〉

〈이유〉

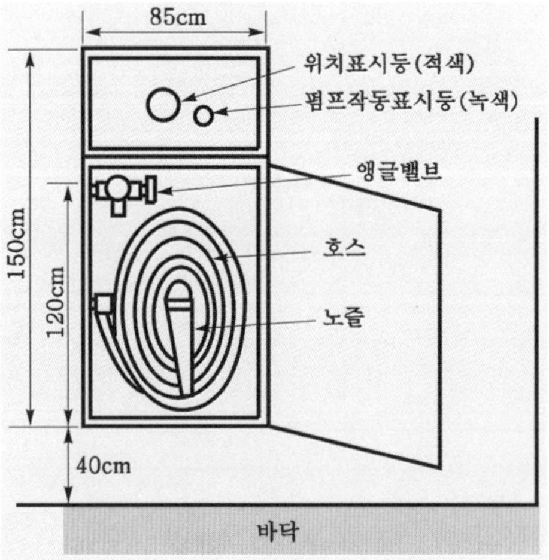

해답
① 잘못된 점
- 펌프 작동표시등이 녹색이다.
- 앵글밸브의 바닥으로부터의 설치높이가 1.6m이다.

② 이유
- 펌프작동표시등은 적색으로 하여야 한다.
- 앵글밸브의 바닥으로부터의 설치높이는 1.5m 이하이어야 한다.

문제 40

그림은 어느 건물내에 설치된 옥내소화전 호스내장함의 문을 열었을 때 보여진 모습을 나타내고 있다. 잘못된 점을 3가지 지적하고, 그 이유를 설명하시오.

〈잘못된 점〉

〈이유〉

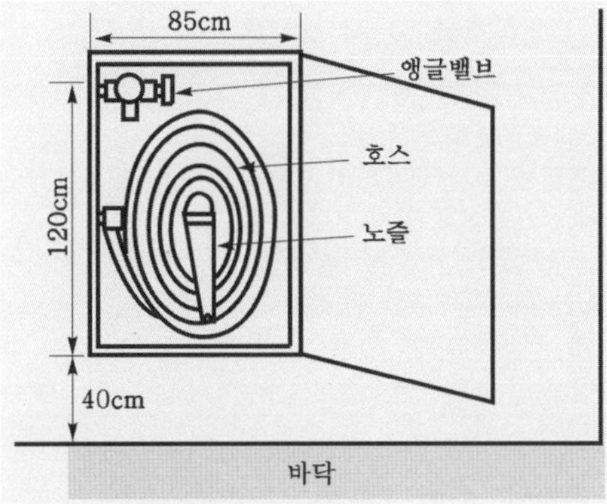

해답

① 잘못된 점
- 앵글밸브의 바닥으로부터의 설치높이가 1.6m이다.
- 앵글밸브와 소방호스가 결합되어 있지 않다.
- 소방호스가 말려 있다.

② 이유
- 앵글밸브의 바닥으로부터의 설치높이는 1.5m 이하이어야 한다.
- 앵글밸브와 소방호스는 상시 결합되어 있어야 화재시 즉시 사용이 용이하다.
- 소방호스가 말려있으면 사용시 꼬임 등의 염려가 있다.

문제 41

옥내소화전설비의 방수구의 설치기준 3가지를 쓰시오.

해답
① 소방대상물의 층마다 설치하되, 당해 소방대상물의 각 부분으로부터 하나의 옥내소화전 방수구까지의 수평거리 25m 이하
② 바닥으로부터 높이 1.5m 이하
③ 호스는 구경 40mm 이상의 것으로서 소방대상물의 각 부분에 물이 유효하게 뿌려질 수 있는 길이로 설치

문제 42

다음은 옥내소화전 설비에 관한 사항이다. (　) 안에 알맞은 답을 쓰시오.

○ 옥내소화전의 방수구는 소방대상물의 (㈎)마다 설치하되 당해 (㈏)의 각 부분으로부터 하나의 (㈐)까지의 (㈑) 거리가 (㈒) 이내이고, 바닥으로부터의 높이가 (㈓) 이하가 되도록 하여야 한다.

○ 호스는 옥내소화전함내의 (㈔)와 항상 연결되어 있어야 하고, 옥내소화전의 수원의 양은 그 저수량이 옥내소화전의 설치개수가 가장 많은 층의 설치개수, 〔옥내소화전이 (㈕)개 이상 설치된 경우는 (㈖)개〕에 (㈗) m^3를 곱한 양 이상이 되도록 하여야 한다.

해답 (가) 층 (나) 소방대상물 (다) 옥내소화전 방수구
(라) 수평 (마) 25m (바) 1.5m
(사) 방수구 (아) 5 (자) 5
(차) 2.6

문제 43

옥내소화전설비의 방수구 설치제외장소를 5가지 쓰시오.

해답 ① 냉장창고의 냉장실 또는 냉동창고의 냉동실
② 고온의 노가 설치된 장소 또는 물과 격렬하게 반응하는 물품의 저장 또는 취급장소
③ 발전소 · 변전소 등으로서 전기시설이 설치된 장소
④ 식물원 · 수족관 · 목욕실 · 수영장(관람석 제외) 또는 그 밖의 이와 비슷한 장소
⑤ 야외음악당 · 야외극장 또는 그 밖에 이와 비슷한 장소

문제 44

옥내소화전설비의 제어반 중 감시제어반의 기능을 5가지만 쓰시오.

해답 ① 각 펌프의 작동여부를 확인할 수 있는 표시등 및 음향경보기능이 있을 것
② 각 펌프를 자동 및 수동으로 작동시키거나 중단시킬 수 있을 것
③ 수조 또는 물올림탱크가 저수위로 될 때 표시등 및 음향으로 경보될 것
④ 각 확인회로마다 도통시험 및 작동시험을 할 수 있을 것
⑤ 예비전원이 확보되고 예비전원의 적합여부를 시험할 수 있을 것

옥외소화전설비

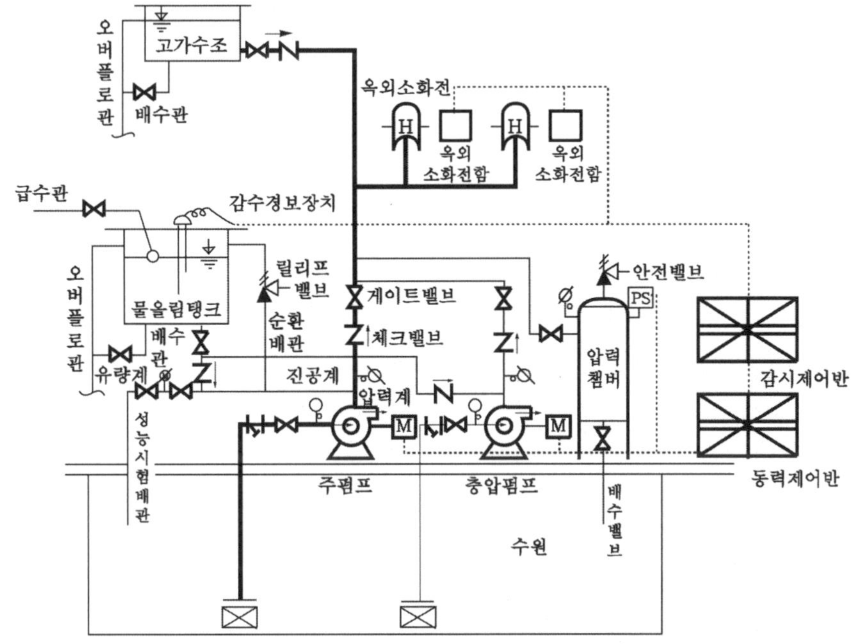

‖ 옥외소화전설비의 계통도 ‖

1 주요구성

① 수원
② 가압송수장치
③ 배관
④ 제어반
⑤ 비상전원
⑥ 동력장치
⑦ 옥외소화전함

> **중요** 옥외소화전의 종류
> • **설치위치에 따라** : 지상식, 지하식
> • **방수구에 따라** : 단구형, 쌍구형

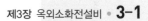

Key Point

* 오버플로어관
필요이상의 물이 공급될 경우 이물을 외부로 배출시키는 관

* 수원
물을 공급하는 곳

* 가압송수장치
물에 압력을 가하여 보내기 위한 장치

* 비상전원
상용전원 정전시에 사용하기 위한 전원

* 옥외소화전함의 비치기구
① 호스(65 mm×20m×2개)
② 노즐(19 mm×1개)

Key Point

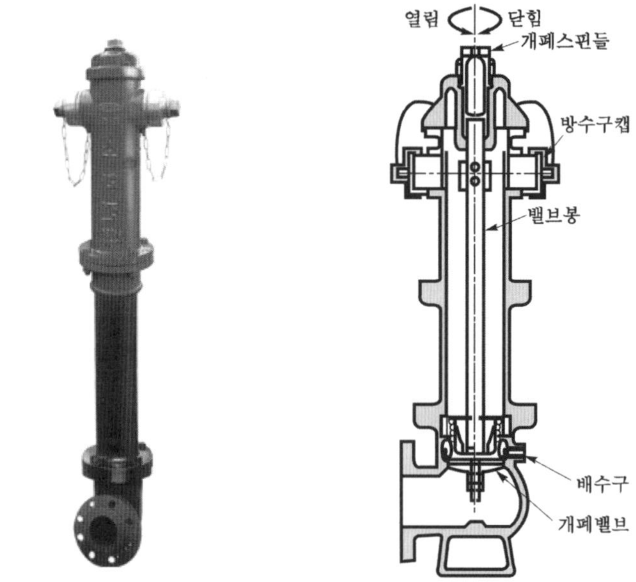

▌옥외소화전(지상식)▐

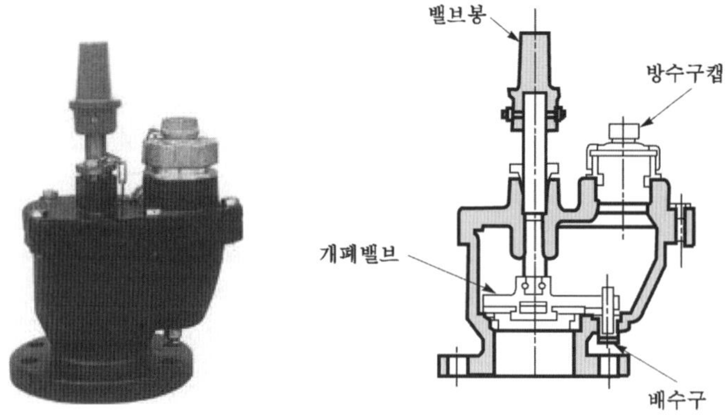

▌옥외소화전(지하식)▐

※ 각 소화전의 규정 방수량

350l /min×20min
=7000l =7m^3

※ 토출량

$Q = N \times 350 l/\text{min}$

여기서,
Q : 토출량[l/min]
N : 소화전개수 (최대 2개)

2 수원(NFSC 109④)

$$Q \geq 7N$$

여기서, Q : 수원의 저수량[m^3]
N : 옥외소화전 설치개수(**최대 2개**)

Key Point

중요 옥내 · 외 소화전설비의 비교

구분	옥내소화전설비	옥외소화전설비
방수압	0.17 MPa 이상	0.25 MPa 이상
방수량	130l/min 이상	350l/min 이상
노즐구경	13 mm	19 mm

3 옥외소화전설비의 가압송수장치(NFSC 109⑤)

1 고가수조방식

$$H \geq h_1 + h_2 + 25$$

여기서, H : 필요한 낙차[m]
h_1 : 소방호스의 마찰손실수두[m]
h_2 : 배관 및 관부속품의 마찰손실수두[m]

2 압력수조방식

$$P \geq P_1 + P_2 + P_3 + 0.25$$

여기서, P : 필요한 압력[MPa]
P_1 : 소방호스의 마찰손실수두압[MPa]
P_2 : 배관 및 관부속품의 마찰손실수두압[MPa]
P_3 : 낙차의 환산수두압[MPa]

3 펌프 방식(지하수조방식)

$$H \geq h_1 + h_2 + h_3 + 25$$

여기서, H : 전양정[m]
h_1 : 소방호스의 마찰손실수두[m]
h_2 : 배관 및 관부속품의 마찰손실수두[m]
h_3 : 실양정(흡입양정+토출양정)[m]

❋ 옥외소화전설비
① 규정방수압력
: 0.25 MPa 이상
② 규정방수량
: 350l/min 이상

❋ 펌프의 동력

$$P = \frac{0.163QH}{\eta}K$$

여기서,
P : 전동력[kW]
Q : 유량[m^3/min]
H : 전양정[m]
K : 전달계수
η : 효율

❋ 단위
① 1HP=0.746kW
② 1PS=0.735kW

❋ 방수량

$$Q = 0.653D^2\sqrt{10P}$$

여기서,
Q : 방수량[l/min]
D : 구경[mm]
P : 방수압력[MPa]

Key Point

4 옥외소화전설비의 배관 등(NFSC 109⑥)

옥외소화전함

① 호스접결구는 소방대상물 각 부분으로부터 호스접결구까지의 **수평거리**가 40m 이하가 되도록 설치한다.

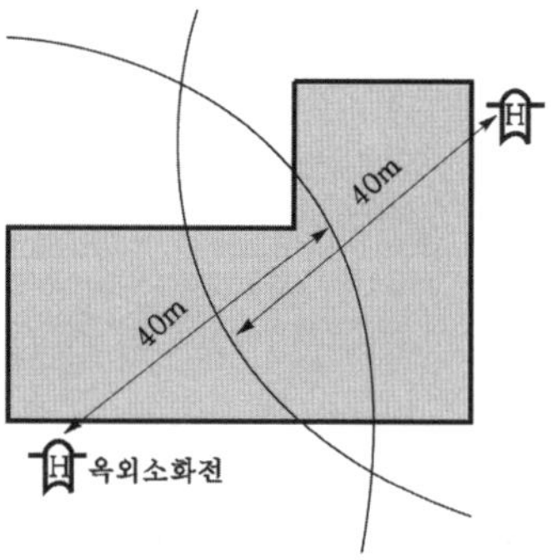

옥외소화전의 설치

② 호스는 구경 65mm의 것으로 한다.

③ 관창은 **방사형**으로 비치하여야 한다.

(a) 직사형

(b) 방사형

관창(Nozzle)

❋ 호스접결구
호스를 연결하기 위한 구멍으로서, 여기서는 '방수구'를 의미한다.

❋ 관창
소방호스의 끝부분에 연결하여 물을 방수하는 장치로서 '노즐'이라고도 부른다.

❋ 방사형
'분무형'이라고도 부른다.

④ 관은 주로 **주철관**을 사용한다(**지하**에 **매설**시 **소방용 합성수지배관** 설치가능).

5 옥외소화전설비의 소화전함(NFSC 103⑦)

1 설치거리

옥외소화전설비에는 옥외소화전으로부터 5m 이내에 소화전함을 설치하여야 한다.

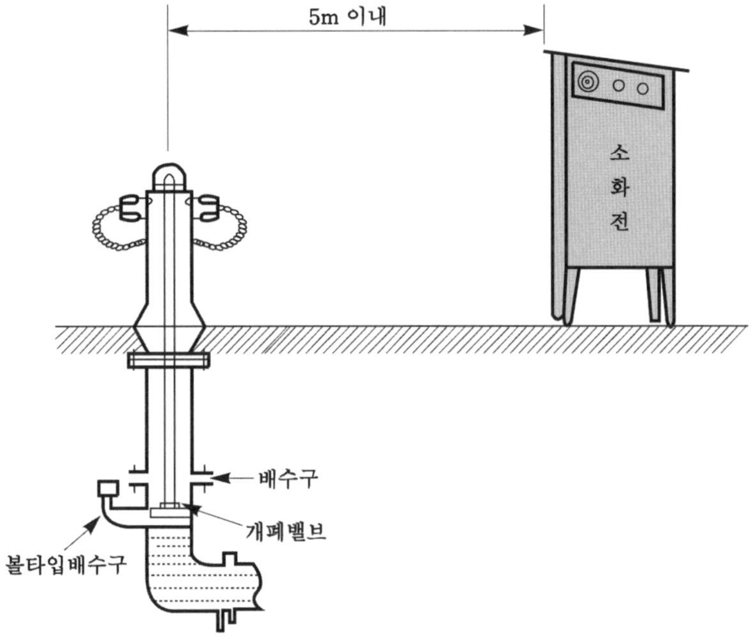

‖ 옥외소화전함의 설치거리(실체도) ‖

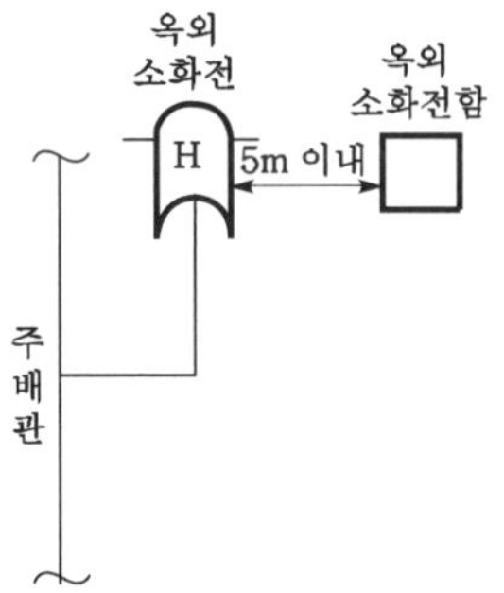

‖ 옥외소화전함의 설치거리 ‖

Key Point

❋ 주철관
주철제로 만든 관으로서, 매설용으로 내구성이 우수하다.

❋ 배관
수격작용을 고려하여 직선으로 설치

❋ 옥외소화전의 지하매설배관
소방용 합성수지배관

❋ 호스결합금구
1. 옥내소화전 : 구경 40mm
2. 옥외소화전 : 구경 65mm

Key Point

2 설치개수

옥외소화전 개수	옥외소화전함 개수
10개 이하	**5m** 이내마다 1개 이상
11~30개 이하	**11개** 이상 소화전함 분산 설치
31개 이상	소화전 **3개**마다 1개 이상

* 옥외소화전함 설치기구
  ① 호스(65mm×20m×2개)
  ② 노즐(19mm×1개)

* 옥외소화전함 설치
  ① 10개 이하 : 5m 이내마다 1개 이상
  ② 11~30개 이하 : 11개 이상 소화전함 분산설치
  ③ 31개 이상 : 소화전 3개마다 1개 이상

6 옥외소화전설비 동력장치, 전원 등

옥내소화전설비와 동일하다.

7 옥외소화전설비의 설치대상(설치유지령 [별표 4])

설치대상	조 건
① 목조건축물	• 국보ㆍ보물
② 지상1ㆍ2층	• 바닥면적 합계 **9000m^2** 이상
③ 특수가연물 저장ㆍ취급	• 지정수량 **750배** 이상

연습문제

문제 01

어떤 소방대상물의 소화설비로 옥외소화전을 7개 설치하였다. 다음 각 물음에 답하시오.

(가) 수원의 저수량[m^3]은 얼마 이상인가?

(나) 가압송수장치의 토출량[l/min]은 얼마 이상인가?

해답 (가) ○ 계산과정 : $7 \times 2 = 14m^3$

○ 답 : $14m^3$ 이상

(나) ○ 계산과정 : $2 \times 350 = 700l/min$

○ 답 : $700l$/min 이상

문제 02

어떤 소방대상물의 소화설비로 옥외소화전을 3개 설치하였다. 다음 각 물음에 답하시오.

(가) 수원의 저수량[m^3]은 얼마 이상인가?

(나) 가압송수장치의 토출량[m^3/min]은 얼마 이상인가?

해답 (가) ○ 계산과정 : $7 \times 2 = 14m^3$

○ 답 : $14m^3$ 이상

(나) ○ 계산과정 : $2 \times 350 = 700l/min \fallingdotseq 0.7m^3/min$

○ 답 : $0.7m^3$/min 이상

문제 03

어떤 소방대상물의 소화설비로 옥외소화전을 3개 설치하려고 한다. 조건을 참조하여 다음 각 물음에 답하시오.

[조건]

① 옥외소화전은 지상용 A형을 사용한다.

② 펌프에서 옥외소화전까지의 직관길이는 150 m, 관의 내경은 100 mm이다.

③ 모든 규격치는 최소량을 적용한다.

(가) 수원의 저수량[m^3]은 얼마 이상인가?

(나) 가압송수장치의 토출량[l/min]은 얼마 이상인가?

(다) 직관 부분에서의 마찰손실 수두[m]는 얼마인가?
(DARCY-WEISBACH의 식을 사용하고, 마찰손실계수는 0.02)

해답 (가) ○ 계산과정 : $7 \times 2 = 14\text{m}^3$

○ 답 : 14 m^3 이상

(나) ○ 계산과정 : $2 \times 350 = 700 l/\text{min}$

○ 답 : 700l/min 이상

(다) ○ 계산과정 : $\dfrac{0.02 \times 150 \times (1.49)^2}{2 \times 9.8 \times 0.1} = 3.398 ≒ 3.4\text{m}$

○ 답 : 3.4 m

문제 04

다음 ( ) 안에 알맞은 답을 넣으시오.

옥외소화전설비의 수원은 그 저수량이 옥외소화전 설치 개수 〔옥외소화전이 ((가))개 이상 설치된 경우에는 ((나))개〕에 ((다))m^3를 곱한 양 이상이 되도록 하여야 한다. 옥외소화전의 가압송수장치는 설치된 옥외소화전을 동시에 사용할 경우 〔((라))개 이상 설치된 경우에는 ((마))개의 옥외소화전〕 각 소화전이 노즐선단에서의 방수압력은 ((바))MPa 이상이고 방수량은 1분당 ((사)) l 이상이 되는 성능의 것으로 하여야 한다. 옥외소화전함에는 ((아))을 수납하고 옥외소화전으로부터 ((자))m 이내의 장소에 설치하여야 하며, 소화전함 표면에는 ((차))이라고 표시한 표지를 하여야 한다.

해답 (가) 2 (나) 2 (다) 7 (라) 2
(마) 2 (바) 0.25 (사) 350 (아) 호스 및 노즐
(자) 5 (차) 옥외소화전

문제 05

4층 건물에 옥외소화전을 5개 설치하였으며 펌프의 실양정은 37m이었다. 또한 배관의 마찰손실과 관부속품, 소방호스의 마찰손실수두의 합은 16m이며 송수펌프의 효율이 60%인 것을 사용하였으며, 지하실에는 그림과 같이 할로겐 소화설비를 하였을 경우 물음에 답하시오. (기타 제한 조건은 무시하고, 계산과정을 꼭 기입하시오.)

(가) 펌프의 전양정은 얼마가 되는가?

(나) 필요한 수원의 양〔m^3〕을 산출하시오.

(다) 펌프의 토출량〔l/min〕은 얼마인가?

(라) 펌프의 전동기용량〔kW〕을 산출하시오. (전달계수는 1.1이다.)

(마) 하론 1301 소화약제의 용기수량은 얼마인가? (기동방식은 가스압력에 의한 기동방식을 이용하였으며, 헤드가 설치된 실의 높이는 4.1 m이고, 한 개 실린더의 약제충전량은 50 kg으로 한다.)

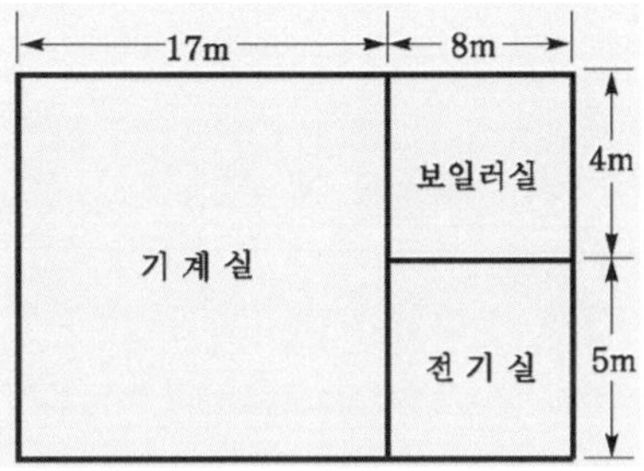

해답 (가) ○ 계산과정 : $16+37+25=78\text{m}$

○ 답 : 78m 이상

(나) ○ 계산과정 : $7\times2=14\text{m}^3$

$2\times350=700l/\text{min}$

○ 답 : 14m^3 이상

(다) ○ 계산과정 : $2\times350=700l/\text{min}$

○ 답 : 700l/min 이상

(라) ○ 계산과정 : $\dfrac{0.163\times0.7\times78}{0.6}\times1.1=16.316 ≒ 16.32\text{kW}$

○ 답 : 16.32kW 이상

(마) ○ 계산과정 : ① 기계실 : $17\times(4+5)\times4.1\times0.32=200.736 ≒ 200.74\text{kg}$

$\dfrac{200.74}{50}=4.014 ≒ 5$병

② 보일러실 : $8\times4\times4.1\times0.32=41.984 ≒ 41.98\text{kg}$

$\dfrac{41.98}{50}=0.839 ≒ 1$병

③ 전기실 : $8\times5\times4.1\times0.32=52.48\text{kg}$

$\dfrac{52.48}{50}=1.049 ≒ 2$병

○ 답 : 5병

문제 06

그림은 어느 공장에 설치된 지하매설 소화용 배관도이다. "가" ~ "마" 까지의 각각의 옥외소화전의 측정수압이 표와 같을 때 다음 각 물음에 답하시오. (단, 소숫점 넷째자리에서 반올림하여 소숫점 셋째자리까지 나타내시오.)

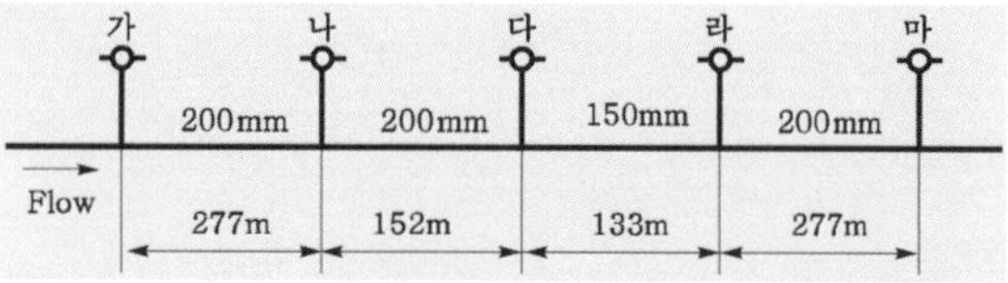

압력 \ 위치	가	나	다	라	마
정 압 방사압력	0.557 0.49	0.517 0.379	0.572 0.296	0.586 0.172	0.552 0.069

※ 방사압력은 소화전의 노즐캡을 열고 소화전 본체 직근에서 측정한 Residual pressure를 말한다.

(가) 다음은 동수경사선(hydraulic gradient line)을 작성하기 위한 과정이다. 주어진 자료를 활용하여 표의 빈곳을 채우시오. (단, 계산과정을 보일 것)

항목 \ 소화전	구경 (mm)	실관장 (m)	측정압력(MPa)		펌프로부터 각 소화전까지 전마찰손실 (MPa)	소화전간의 배관마찰손실 (MPa)	gauge elevation (MPa)	경사선의 elevation (MPa)
			정압	방사압력				
가	–	–	0.557	0.49	①	–	0.029	0.519
나	200	277	0.517	0.379	②	⑤	0.069	⑩
다	200	152	0.572	0.296	③	0.138	⑧	0.31
라	150	133	0.586	0.172	0.414	⑥	0	⑪
마	200	277	0.552	0.069	④	⑦	⑨	⑫

(단, 기준 elevation으로부터의 정압은 0.586MPa로 본다.)

(나) 상기 (가)항에서 완성된 표를 자료로 하여 답안지의 동수경사선과 pipe profile을 완성하시오.

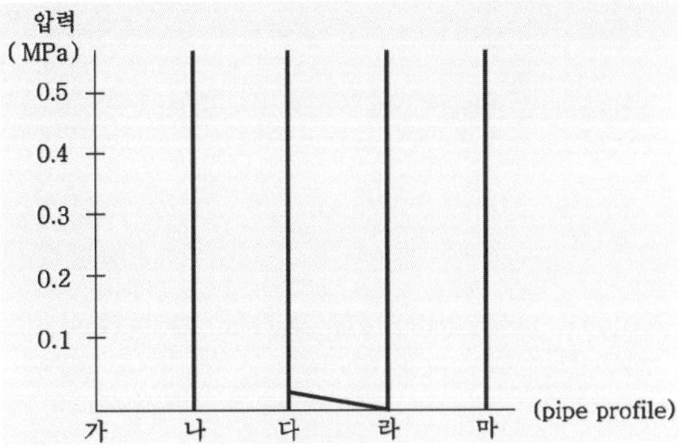

| 경수선도 |

해답 (가)

항목 / 소화전	구경 〔mm〕	실관장 〔m〕	측정압력 〔MPa〕		펌프로부터 각 소화전까지 전마찰손실 〔MPa〕	소화전간의 배관마찰손실 〔MPa〕	gauge elevation 〔MPa〕	경사선의 elevation 〔MPa〕
			정압	방사 압력				
가	–	–	0.557	0.49	0.557–0.49=0.067	–	0.029	0.519
나	200	277	0.517	0.379	0.517–0.379=0.138	0.138–0.067=0.071	0.069	0.379+0.069 =0.448
다	200	152	0.572	0.296	0.572–0.296=0.276	0.138	0.586–0.572=0.014	0.31
라	150	133	0.586	0.172	0.414	0.414–0.276=0.138	0	0.172+0=0.172
마	200	277	0.552	0.069	0.552–0.069=0.483	0.483–0.414=0.069	0.586–0.552=0.034	0.069+0.034=0.103

(나)

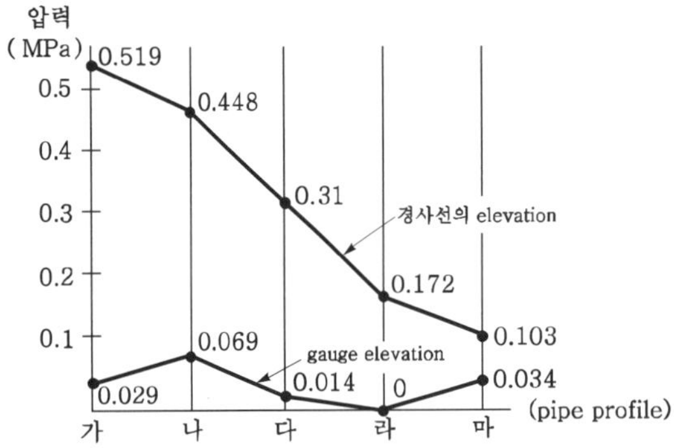

CHAPTER 04 스프링클러설비

1 스프링클러헤드의 종류

(1) 감열부의 유무에 따른 분류

① **폐쇄형**(closed type) : **감열부**가 **있다**. 퓨지블링크형, 유리벌브형 등으로 구분한다.

② **개방형**(open type) : **감열부**가 **없다**.

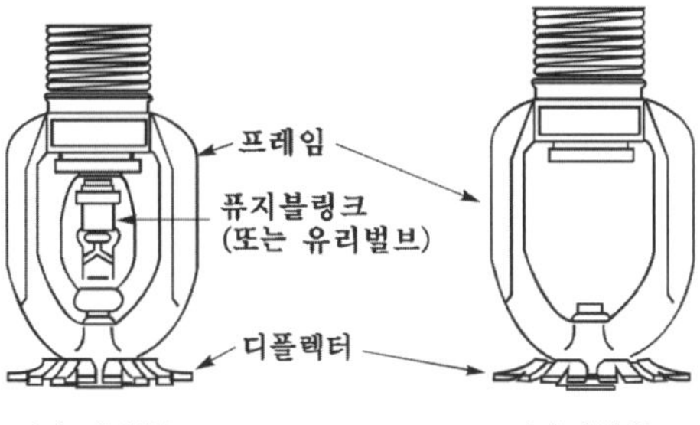

| 감열부에 의한 분류 |

(2) 설치방향에 따른 분류

① **상향형**(upright type) : **반자**가 **없는 곳**에 설치하며, 살수방향은 **상향**이다.

② **하향형**(pendent type) : **반자**가 **있는 곳**에 설치하며, 살수방향은 **하향**이다.

③ **측벽형**(sidewall type) : 실내의 **벽상부**에 설치하며, 폭이 **9m** 이하인 경우에 사용한다.

④ **상하 양용형**(conventional type) : **상향형**과 **하향형**을 **겸용**한 것으로 현재는 사용하지 않는다.

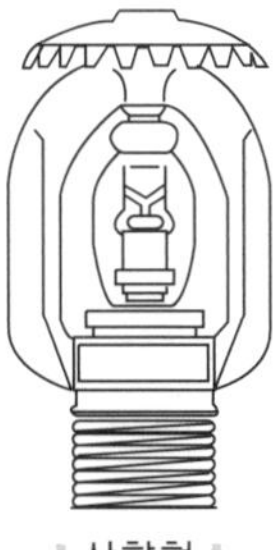

| 상향형 |

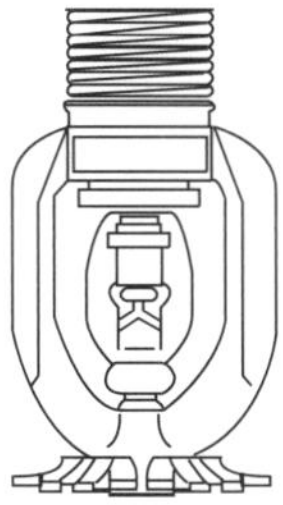

| 하향형 |

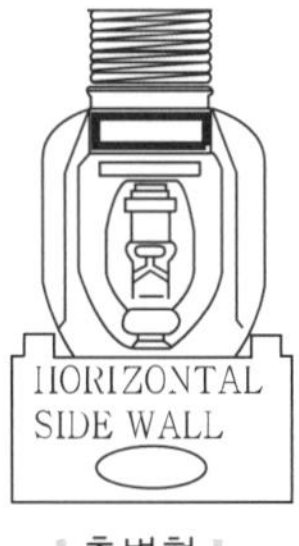

| 측벽형 |

Key Point

※ 스프링클러설비의 특징

① 초기화재에 절대적이다.

② 소화제가 물이므로 값이 싸서 경제적이다.

③ 감지부의 구조가 기계적이므로 오동작 염려가 적다.

④ 시설의 수명이 반영구적이다.

※ 스프링클러설비의 대체설비

물분무소화설비

※ 디플렉터(반사판)

헤드에서 유출되는 물을 세분시키는 작용을 한다.

※ 헤드의 설치방향에 따른 분류

① 상향형

② 하향형

③ 측벽형

④ 상하양용형

Key Point

※ 퓨지블링크
이융성 금속으로 융착되거나 이융성물질에 의하여 조립된 것

※퓨지블링크에 가하는 하중
설계하중의 13배

※유리벌브형의 봉입물질
① 알콜
② 에테르

※ 랙크식 창고
바닥에서 반자까지의 높이가 10m를 넘는 것으로 선반 등을 설치하고 승강기 등에 의하여 수납물을 운반하는 장치를 갖춘 창고

비교

설치형태에 따른 분류
① 상향형
② 하향형
③ 측벽형
④ 반매입형
⑤ 은폐형

(3) 설계 및 성능특성에 따른 분류

① 화재조기진압형 스프링클러 헤드(early suppression fast-response sprinkler) : 화재를 **초기**에 **진압**할 수 있도록 정해진 면적에 충분한 물을 방사할 수 있는 빠른 작동능력의 스프링클러 헤드이다.

② 라지 드롭 스프링클러 헤드(large drop sprinkler) : 동일 조건의 수(水)압력에서 표준형 헤드보다 **큰 물방울**을 방출하여 저장창고 등에서 발생하는 **대형화재**를 **진압**할 수 있는 헤드이다.

③ 주거형 스프링클러 헤드(residential sprinkler) : 폐쇄형 헤드의 일종으로 **주거지역**의 화재에 적합한 감도·방수량 및 살수분포를 갖는 헤드로서 **간이형 스프링클러 헤드**를 포함한다.

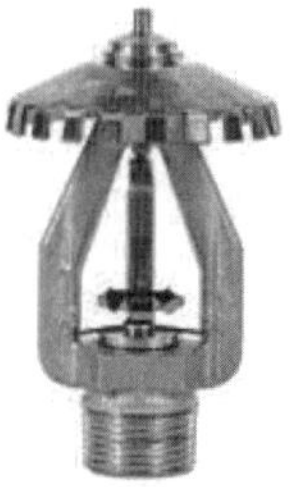
| 화재조기진압형 |

| 라지 드롭 |

| 주거형 |

④ 래크형 스프링클러 헤드(rack sprinkler) : **랙크식 창고**에 설치하는 헤드로서 상부에 설치된 헤드의 방출된 물에 의해 작동에 지장이 생기지 아니하도록 **보호판**이 **부착**된 헤드이다.

⑤ 플러쉬 스프링클러 헤드(flush sprinkler) : 부착나사를 포함한 몸체의 일부나 전부가 **천장면 위**에 설치되어 있는 스프링클러 헤드이다.

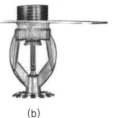

(a) (b)
| 래크형 |

| flush |

⑥ 리세스드 스프링클러 헤드(recessed sprinkler) : 부착나사 이외의 몸체 일부나 전부가 **보호집 안**에 설치되어 있는 스프링클러 헤드를 말한다.
⑦ 컨실드 스프링클러 헤드(concealed sprinkler) : 리세스드 스프링클러 헤드에 **덮개가 부착**된 스프링클러 헤드이다.

| recessced |

| concealed |

⑧ 속동형 스프링클러 헤드(quick-response sprinkler) : 화재로 인한 **감응속도**가 일반 스프링클러보다 **빠른** 스프링클러로서 **사람**이 **밀집**한 **지역**이나 인명피해가 우려되는 장소에 가장 빨리 작동되도록 설계된 스프링클러 헤드이다.
⑨ 드라이 펜던트 스프링클러 헤드(dry pendent sprinkler) : **동파방지**를 위하여 롱니플 내에 **질소가스**가 충전되어 있는 헤드이다. 습식과 건식 시스템에 사용되며, 배관내의 물이 스프링클러 몸체에 들어가지 않도록 설계되어 있다.

| 속동형 |

| dry pendent |

(4) 감열부의 구조 및 재질에 의한 분류

퓨지블 링크형(fusible link type)	유리벌브형(glass bulb type)
화재감지속도가 빨라 신속히 작동하며, 파손시 **재생**이 **가능**하다.	유리관 내에 **액체**를 **밀봉**한 것으로 동작이 정확하며, 녹이 슬 염려가 없어 반영구적이다.

Key Point

＊ 속동형 스프링클러 헤드의 사용 장요
① 인구밀집지역
② 인명피해가 우려되는 장소

＊ 퓨지블 링크
이용성금속으로 융착되거나 이용성물질에 의하여 조립된 것

＊ 유리벌브
감열체 중 유리구 안에 액체 등을 넣어 봉입할 것

Key Point

❋ 퓨지블 링크에 가하는 하중
설계하중의 13배

❋ 유리벌브형의 봉입 물질
① 알코올
② 에테르

❋ 최고 주위온도

$T_A = 0.9\,T_M - 27.3$

여기서,
T_A:최고주위온도〔℃〕
T_M:헤드의 표시온도〔℃〕

❋ 헤드의 표시온도
최고온도보다 높은 것을 선택

❋ 유리벌브
감열체 중 유리구 안에 액체 등을 넣어 봉입한 것

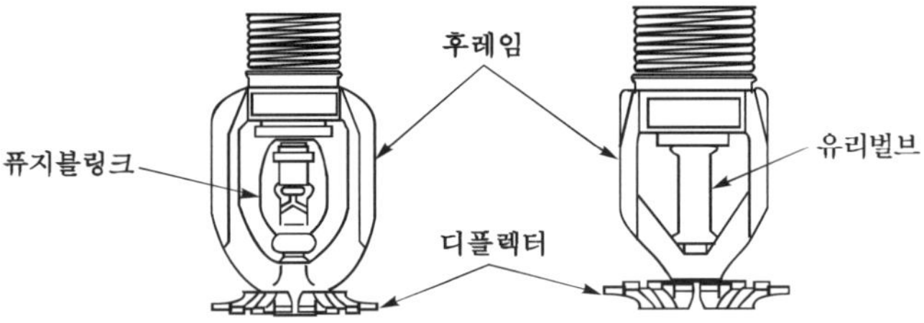

▌퓨지블 링크형▐ ▌유리 벌브형▐

2 스프링클러헤드의 선정

(1) 폐쇄형(NFSC 103⑩)

설치장소의 최고 주위온도	표시온도
39℃ 미만	79℃ 미만
39~64℃ 미만	79~121℃ 미만
64~106℃ 미만	121~162℃ 미만
106℃ 이상	162℃ 이상

(2) 퓨지블링크형 · 유리벌브형(스프링클러헤드 형식 12.5)

퓨지블링크형		유리벌브형	
표시온도(℃)	색	표시온도(℃)	색
77℃ 미만	표시없음	57℃	오렌지
78~120℃	흰색	68℃	빨강
121~162℃	파랑	79℃	노랑
162~203℃	빨강	93℃	초록
204~259℃	초록	141℃	파랑
260~319℃	오렌지	182℃	연한자주
320℃ 이상	검정	227℃ 이상	검정

Key Point

3 스프링클러헤드의 배치

(1) 헤드의 배치기준(NFSC 103⑩)

▮ 스프링클러헤드의 배치기준 ▮

설치장소	설치기준
무대부 · 특수가연물	수평거리 1.7m 이하
기타구조	수평거리 2.1m 이하
내화구조	수평거리 2.3m 이하
랙크식 창고	수평거리 2.5m 이하
공동주택(아파트)의 거실	수평거리 3.2m 이하

① 스프링클러헤드는 소방대상물의 천장 · 반자 · 천장과 반자 사이, 덕트 · 선반, 기타 이와 유사한 부분(폭 1.2m 초과)에 설치하여야 한다.(단, 폭이 9m 이하인 실내에 있어서는 측벽에 설치할 수 있다.)

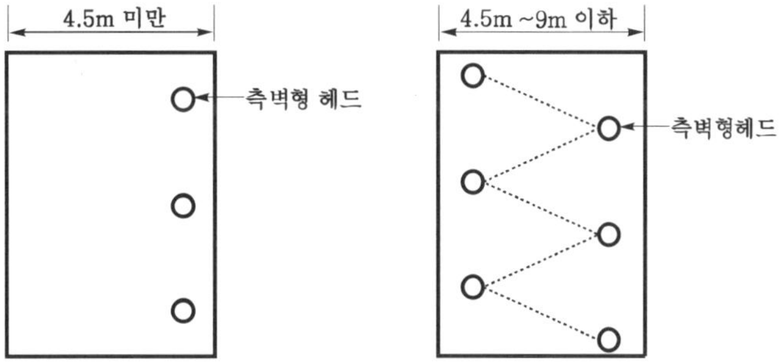

▮ 측벽형 헤드의 설치 ▮

② 무대부 또는 연소할 우려가 있는 개구부에는 **개방형 스프링클러헤드**를 설치하여야 한다.

③ 랙크식 창고의 경우 **특수가연물**을 저장 · 취급하는 것은 높이 4m 이하마다, 그밖의 것을 취급하는 것은 6m 이하마다 스프링클러헤드를 설치하여야 한다. (단, 랙크식 창고의 천장높이가 13.7m 이하로 화재조기 진압용 스프링클러설비를 설치하는 경우에는 천장에만 스프링클러헤드를 설치할 수 있다.)

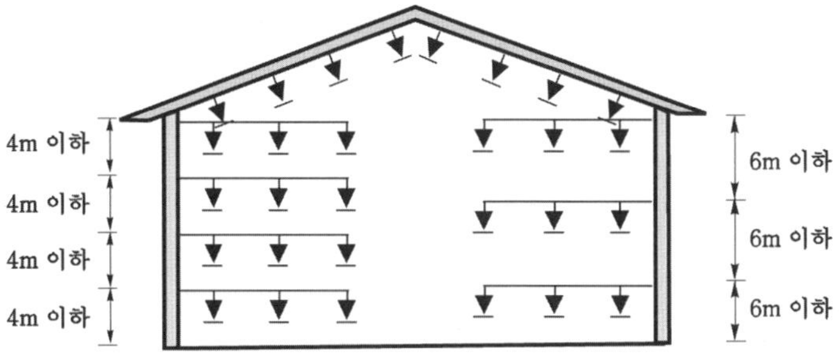

▮ 랙크식 창고의 헤드 설치 ▮

※ 랙크식 창고 헤드 설치 높이
1. 특수가연물:4m 이하
2. 기타:6m 이하

※ 랙크식 창고
바닥에서 반자까지의 높이가 10m를 넘는 것으로 선반 등을 설치하고 승강기 등에 의하여 수납물을 운반하는 장치를 갖춘 창고

※ 개구부
화재시 쉽게 대피할 수 있는 출입문, 창문 등을 말한다.

※ 연소할 우려가 있는 개구부
각 방화구획을 관통하는 컨베이어 · 에스컬레이터 또는 이와 유사한 시설의 주위로서 방화구획을 할 수 없는 부분

Key Point

※ 정방형
★꼭 기억하세요★

※ 수평거리와 같은 의미
① 유효반경
② 직선거리

(2) 헤드의 배치형태

① 정방형(정사각형)

$$S = 2R\cos 45°, \qquad L = S$$

여기서, S : 수평헤드간격
R : 수평거리
L : 배관간격

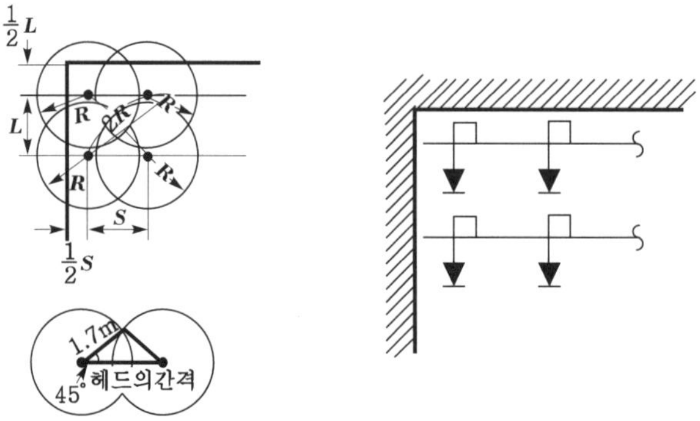

‖ 정방형 ‖

② 장방형(직사각형)

$$S = \sqrt{4R^2 - L^2}, \qquad L = 2R\cos\theta, \qquad S' = 2R$$

여기서, S : 수평헤드간격
R : 수평거리
L : 배관간격
S' : 대각선 헤드간격
θ : 각도

※ 헤드
화재시 가압된 물이 내뿜어져 분산됨으로써 소화기능을 하는 것

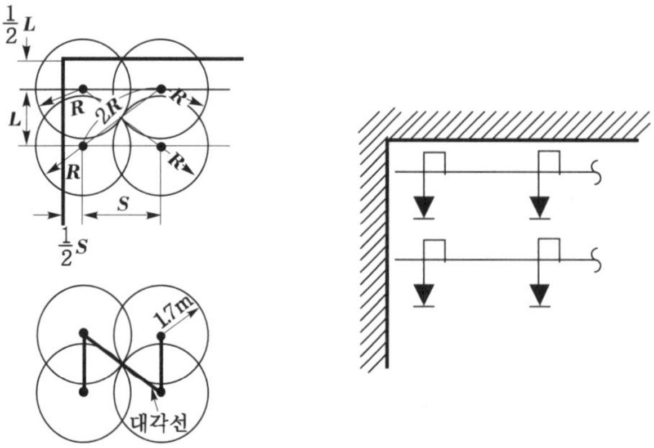

‖ 장방형 ‖

Key Point

③ 지그재그형(나란히꼴형)

$$S = 2R\cos 30°, \quad b = 2S\cos 30°, \quad L = \frac{b}{2}$$

여기서, S : 수평헤드간격, R : 수평거리
b : 수직헤드간격, L : 배관간격

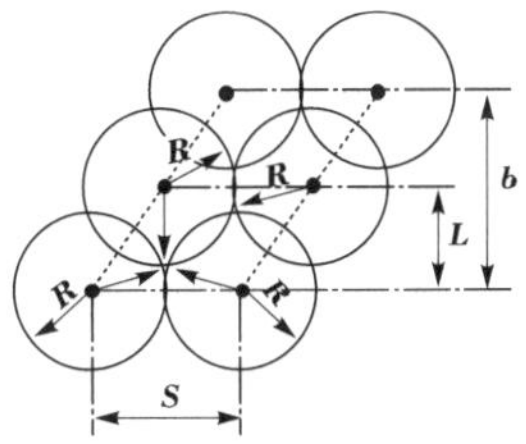

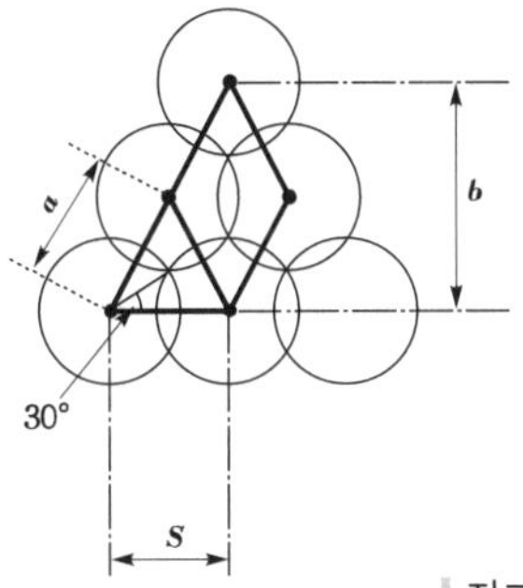

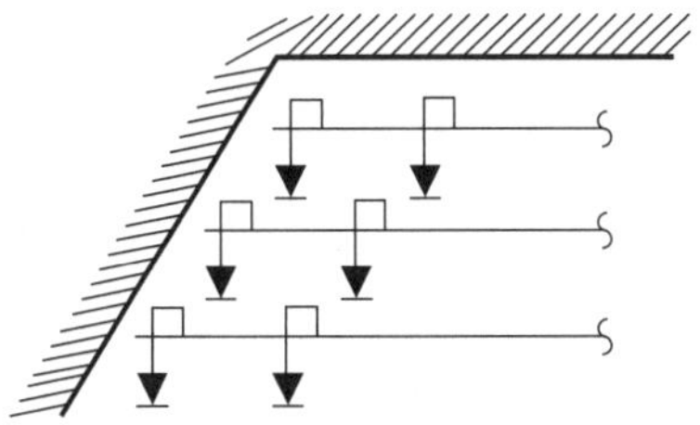

▌지그재그형▐

(3) 헤드의 설치기준(NFSC 103⑩)

① 살수가 방해되지 아니하도록 스프링클러헤드로부터 반경 60cm 이상의 공간을 보유할 것.(단, 벽과 스프링클러헤드간의 공간은 10cm 이상)

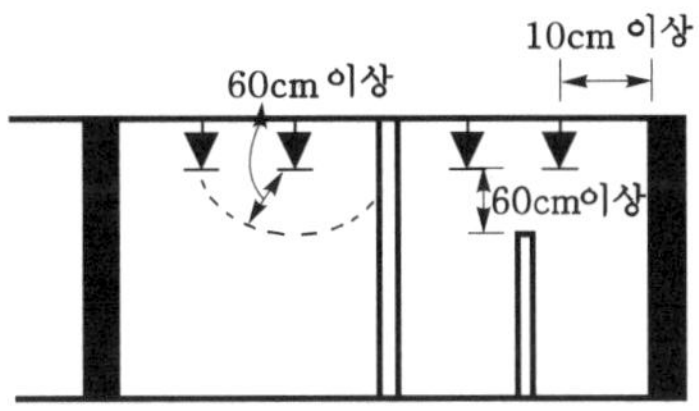

▌헤드반경▐

② 스프링클러 헤드와 그 부착면과의 거리는 30cm 이하로 할 것.

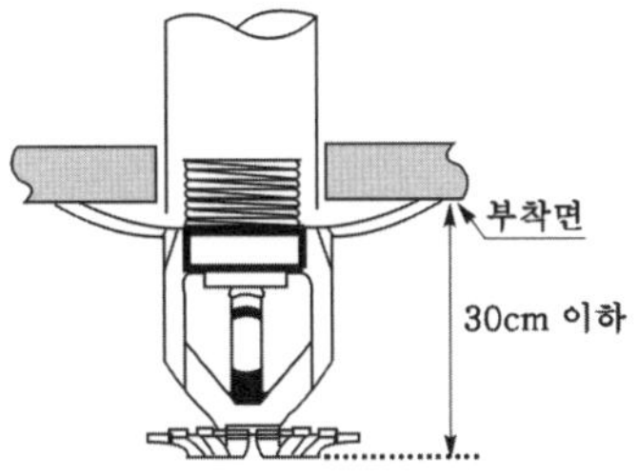

▌헤드와 부착면과의 이격거리▐

✻ 스프링클러헤드
화재시 가압된 물이 내뿜어져 분산됨으로써 소화기능을 하는 헤드이다. 감열부의 유무에 따라 폐쇄형과 개방형으로 나눈다.

✻ 불연재료
불에 타지 않는 재료

✻ 난연재료
불에 잘 타지 않는 재료

chapter 04 스프링클러설비

Key Point

※ 행거
천장 등에 물건을 달아매는데 사용하는 철재

③ 배관, 행거 및 조명기구 등 살수를 방해하는 것이 있는 경우에는 그 로부터 아래에 설치하여 살수에 장애가 없도록 할 것(단, 스프링클러헤드와 장애물과의 이격거리를 장애물 폭의 **3배 이상** 확보한 경우는 제외)

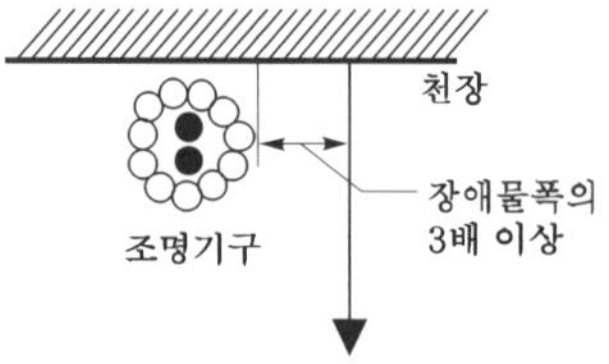

‖헤드와 조명기구 등과의 이격거리‖

※ 헤드의 반사판
부착면과 평행되게 설치

※ 반사판
'디플렉터'라고도 한다.

④ 스프링클러헤드의 반사판이 그 부착면과 **평행**되게 설치하여야 한다.(단, **측벽형 헤드** 또는 연소할 우려가 있는 개구부에 설치하는 스프링클러헤드는 제외)

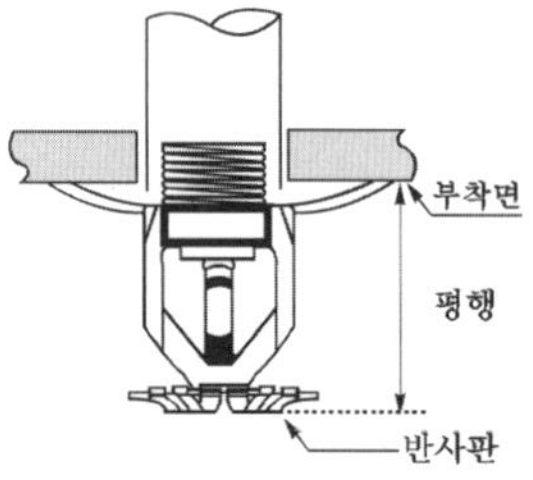

‖헤드의 반사판과 부착면‖

※ 측벽형 헤드
가압된 물이 분사될 때 축심을 중심으로 한 반원상에 균일하게 분사시키는 헤드

※ 개구부
화재시 쉽게 대피할 수 있는 출입문, 창문 등을 말한다.

⑤ 연소할 우려가 있는 개구부에는 그 상하좌우 2.5m 간격으로(폭이 2.5m 이하인 경우에는 **중앙**) 스프링클러헤드를 설치하되, 스프링클러헤드와 개구부의 내측면으로부터의 직선거리는 15cm 이하가 되도록 하여야 한다. 이 경우 사람이 상시 출입하는 개구부로서 통행에 지장이 있는 때에는 개구부의 상부 또는 측면(개구부의 폭이 9m 이하인 경우)에 설치하되, 헤드 상호간의 거리는 1.2m 이하로 설치하여야 한다.

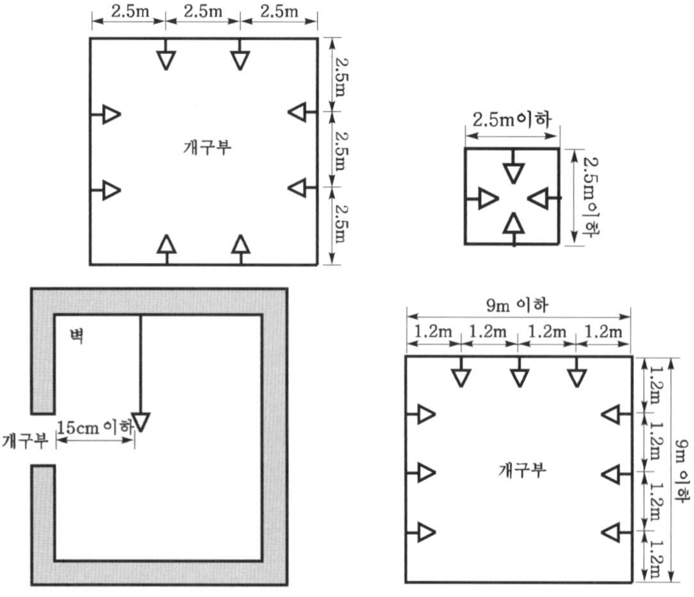

‖연소할 우려가 있는 개구부의 헤드설치‖

⑥ 천장의 기울기가 $\frac{1}{10}$을 초과하는 경우에는 가지관을 천장의 마루와 **평행**되게 **설치**하고, 천장의 최상부에 스프링클러헤드를 설치하는 경우에는 최상부에 설치하는 스프링클러헤드이 반사판을 **수평**으로 설치하고, 천장이 최상부를 중심으로 가지관을 서로 마주보게 설치하는 경우에는 최상부의 가지관 상호간의 거리가 가지관상의 스프링클러헤드 상호간의 거리의 $\frac{1}{2}$ 이하(최소 1m 이상)가 되게 스프링클러헤드를 설치하고, 가지관의 최상부에 설치하는 스프링클러헤드는 천장의 최상부로부터의 수직거리가 90cm 이하가 되도록 할 것. 톱날지붕, 둥근지붕 기타 이와 유사한 지붕의 경우에도 이에 준한다.

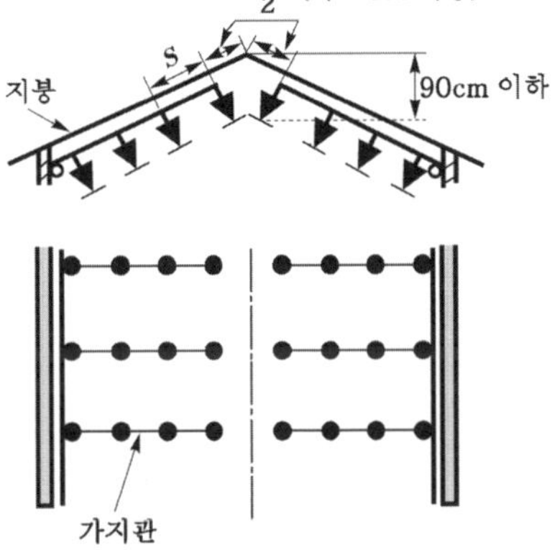

경사지붕의 헤드 설치

⑦ **습식** 또는 **부압식** 스프링클러설비 외의 설비에는 **상향식 스프링클러헤드**를 설치할 것

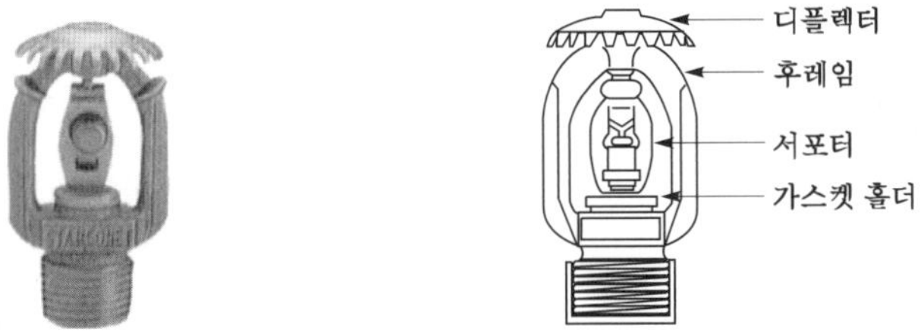

(a) (b)

상향식 스프링클러헤드

> **중요**
> 상향식 스프링클러헤드 설치 제외
> - 드라이 펜던트 스프링클러헤드를 사용하는 경우
> - 스프링클러헤드의 설치장소가 동파의 우려가 없는 곳인 경우
> - 개방형 스프링클러헤드를 사용하는 경우

⑧ 소방대상물의 보와 가장 가까운 스프링클러헤드는 다음 〔표〕의 기준에 의하여 설

Key Point

※ 연소
가연물이 공기중에 있는 산소와 반응하여 열과 빛을 동반하며 급격히 산화하는 현상

※ 반사판
스프링클러헤드의 방수구에서 유출되는 물을 세분시키는 작용을 하는 것으로서, '디플렉터(deflec tor)'라고도 부른다.

※ 습식 스프링클러설비
습식 밸브의 1차측 및 2차측 배관내에 항상 가압수가 충수되어 있다가 화재발생시 열에 의해 헤드가 개방되어 소화하는 형식

※ 상향식 스프링클러헤드 설치 이유
배관의 부식 및 동파를 방지하기 위함

※ 드라이 팬던트 스프링클러헤드
동파방지를 위하여 롱리플내에 질소가스를 넣은 헤드

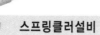

치하여야 한다. 다만, 천장면에서 보의 하단까지의 길이가 55cm를 초과하고 보의 중심으로부터 스프링클러헤드까지의 거리가 스프링클러헤드 상호간 거리의 $\frac{1}{2}$ 이하가 되는 경우에는 스프링클러헤드와 그 부착면과의 거리를 55cm 이하로 할 수 있다.

‖ 보와 가장 가까운 헤드의 설치거리 ‖

스프링클러헤드의 반사판 중심과 보의 수평거리	스프링클러헤드의 반사판 높이와 보의 하단높이의 수직거리
0.75m 미만	보의 하단보다 낮을 것
0.75~1.0m 미만	0.1m 미만일 것
1.0~1.5m 미만	0.15m 미만일 것
1.5m 이상	0.3m 미만일 것

❋ 보
건물 또는 구조물의 형틀 부분을 구성하는 것으로서 '들보'라고도 부른다.

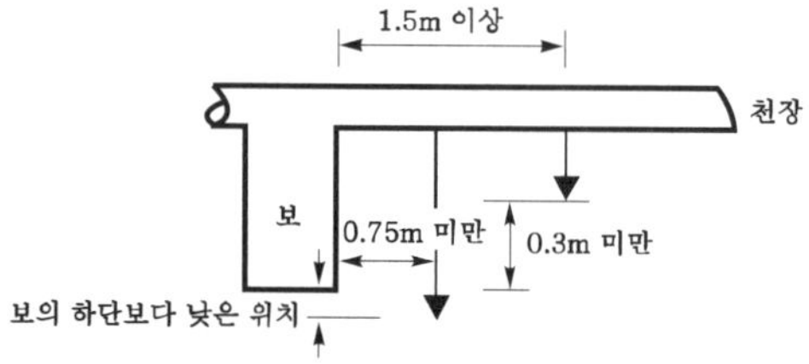

‖ 스프링클러헤드의 설치 ‖

4 스프링클러헤드 설치제외 장소(NFSC 103⑮)

❋ 파이프덕트
위생·냉난방 등의 급배기구의 용도로 사용되는 통로

① 계단실·경사로·승강기의 승강로·비상용승강기의 승강장·파이프덕트 및 덕트피트·목욕실·수영장(관람석 제외)·화장실·직접외기에 개방되어 있는 복도, 기타 이와 유사한 장소
② **통신기기실·전자기기실**, 기타 이와 유사한 장소
③ **발전실·변전실·변압기**, 기타 이와 유사한 전기설비가 설치되어 있는 장소
④ 병원의 **수술실·응급처치실**, 기타 이와 유사한 장소
⑤ 천장과 반자 양쪽이 **불연재료**로 되어 있는 경우로서 그 사이의 거리 및 구조가 다음에 해당하는 부분
㉠ 천장과 반자사이의 거리가 2m 미만인 부분

❋ 불연재료
불에 타지 않는 재료

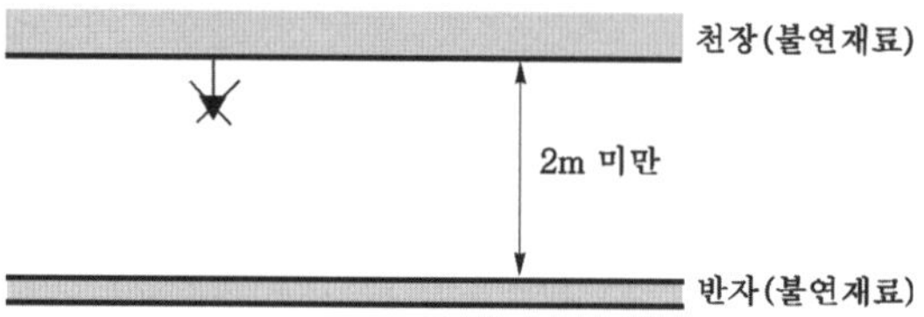

‖ 천장·반자가 불연재료인 경우 ‖

㉡ 천장과 반자사이의 **벽**이 **불연재료**이고 천장과 반자사이의 거리가 2m 이상으로서 그 사이에 **가연물**이 **존재**하지 **아니하는 부분**

⑥ 천장·반자 중 한쪽이 **불연재료**로 되어 있고, 천장과 반자 사이의 거리가 1m 미만인 부분

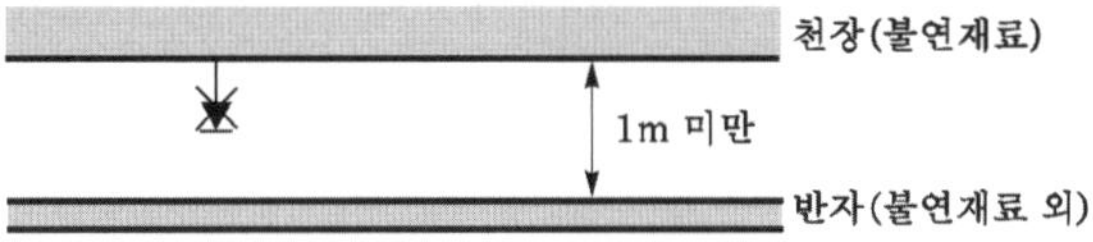

| 천장·반자 중 한쪽이 불연재료인 경우 |

⑦ 천장 및 반자가 **불연재료 외**의 것으로 되어 있고, 천장과 반자사이의 거리가 0.5m 미만인 부분

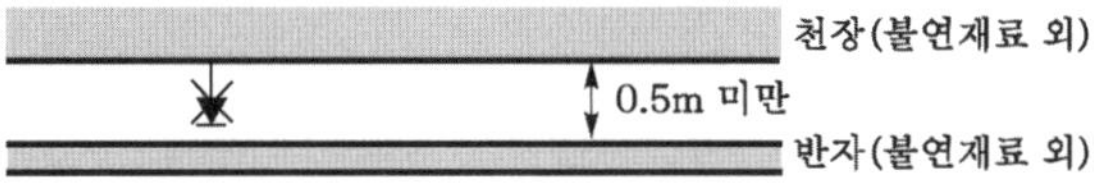

| 천장·반자 중 한쪽이 불연재료 외인 경우 |

⑧ **펌프실·물탱크실·엘리베이터 권상기실** 그 밖의 이와 비슷한 장소

⑨ 아파트의 세대별로 설치된 보일러실로서 환기구를 제외한 부분이 다른 부분과 방화구획되어 있는 보일러실

⑩ **현관·로비** 등으로서 바닥에서 높이가 20m 이상인 장소

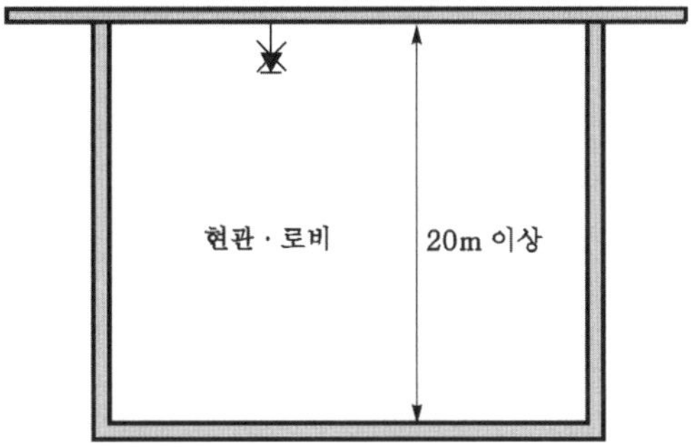

| 현관·로비 등의 헤드설치 |

⑪ 영하의 냉장창고의 **냉장실** 또는 냉동창고의 **냉동실**

⑫ 고온의 노가 설치된 장소 또는 물과 격렬하게 반응하는 물품의 저장 또는 취급장소

⑬ 불연재료로 된 소방대상물 또는 그 부분으로서 다음에 해당하는 장소

㈎ **정수장·오물처리장**, 그 밖의 이와 비슷한 장소

㈏ **펄프공장**의 작업장·**음료수공장**의 세정 또는 충전하는 작업장, 그 밖의 이와 비슷한 장소

㈐ 불연성의 금속·석재 등의 가공공장으로서 가연성물질을 저장 또는 취급하지 아니하는 장소

Key Point

※ 반자
천장 밑 또는 지붕 밑에 설치되어 열차단, 소음방지 및 장식용으로 꾸민 부분

※ 로비
대합실, 현관, 복도, 응접실 등을 겸한 넓은 방

※ 헤드
화재시 가압된 물이 내뿜어져 분산됨으로써 소화기능을 하는 것

Key Point

중요 스프링클러헤드 설치장소
- 보일러실
- 복도
- 슈퍼마켓
- 소매시장
- 위험물·특수가연물 취급장소

예제 스프링클러설비의 반응시간지수(response time index)에 대하여 설명하시오.

해답 기류의 온도, 속도 및 작동시간에 대하여 스프링클러헤드의 반응시간을 예상한 지수

해설 **"반응시간지수(RTI)"** 라 함은 기류의 온도·속도 및 작동시간에 대하여 스프링클러헤드의 반응을 예상한 지수로서 아래 식에 의하여 계산한다. (스프링클러헤드 형식 2)

$$RTI = \tau\sqrt{u}$$

여기서, RTI : 반응시간지수[m · s]$^{0.5}$
τ : 감열체의 시간상수[초], u : 기류속도[m/s]

* 반응시간 지수
기류의 온도, 속도 및 작동시간에 대하여 스프링클러헤드의 반응시간을 예상한 지수

5 스프링클러헤드의 형식승인 및 제품검사기술기준(2012. 2. 9)

(1) 폐쇄형 헤드의 강도시험(제5조)

① 헤드의 충격시험은 디플렉터의 중심으로부터 1m 높이에서, 헤드중량에 **15g**을 더한 중량의 원통형 추를 자유낙하시켜 1회의 충격을 가하여도 균열·파손이 되지 아니하고 기능에 이상이 생기지 아니하여야 한다.

② 설계하중의 **2배**인 인장하중을 헤드의 축방향으로 가하는 경우의 후레임의 영구 변형량은 설계하중을 가하는 경우의 후레임 변형량의 **50%** 이하이어야 한다.

* 스프링클러헤드의 시험방법
① 강도시험
② 진동시험
③ 수격시험
④ 부식시험
⑤ 작동시험
⑥ 디플렉터 강도시험
⑦ 장기누수시험
⑧ 내열시험

(2) 퓨지블링크의 강도(제6조)

폐쇄형 헤드의 퓨지블링크는 $20_{\pm 1}$℃의 공기중에서 그 설계하중의 **13배**인 하중을 **10일**간 가하여도 파손되지 아니하여야 한다.

* 퓨지블링크의 강도
설계하중의 13배

(3) 분해부분의 강도(제8조)

폐쇄형 헤드의 분해 부분은 설계하중의 **2배**인 하중을 외부로부터 헤드의 중심축 방향으로 가하여도 파괴되지 아니하여야 한다.

* 분해부분의 강도
설계하중의 2배

(4) 진동시험(제9조)

폐쇄형 헤드는 전진폭 5mm, 25cycle/s의 진동을 3시간 가한 다음 2.5 MPa의 압력을 5분간 가하는 시험에서 물이 새지 아니하여야 한다.

(5) 수격시험(제10조)

폐쇄형 헤드는 피스톤형 펌프를 사용하여 0.35~3.5MPa 까지의 압력변동을 연속하여 4000회 가한 다음 2.5MPa 의 압력을 5분간 가하여도 물이 새거나 변형이 되지 아니하여야 한다.

(6) 표시사항(제12조 5)

① 종별
② 형식
③ 형식승인번호
④ 제조년도
⑤ 제조번호 또는 로트번호
⑥ 제조업체명 또는 상호
⑦ 표시온도
⑧ 표시온도에 따른 색표시 ├ 폐쇄형 헤드에만 적용
⑨ 최고주위온도
⑩ 취급상의 주의사항
⑪ 품질보증에 관한 사항(보증기간, 보증내용, A/S 방법, 자체검사필증 등)

(⑦~⑨: 폐쇄형 헤드에만 적용)

6 스프링클러설비의 종류

- 스프링클러설비
  - 폐쇄형 스프링클러헤드방식
    - 습식
    - 건식
    - 준비작동식
  - 개방형 스프링클러헤드방식
    - 일제살수식

▮ 스프링클러설비의 비교 ▮

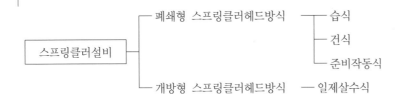

구분 방식	습식	건식	준비작동식	일제살수식
1차측	가압수	가압수	가압수	가압수
2차측	가압수	압축공기	대기압	대기압
밸브종류	습식밸브 (자동경보밸브, 알람체크밸브)	건식밸브	준비작동밸브	일제개방밸브 (델류즈밸브)
헤드종류	폐쇄형헤드	폐쇄형헤드	폐쇄형헤드	개방형헤드

※ 로트번호
생산되는 물품에 각각 번호를 부여한 것

※ 폐쇄형 스프링클러헤드
정상상태에서 방수구를 막고 있는 감열체가 일정온도에서 자동적으로 파괴 · 용해 또는 이탈됨으로써 분사구가 열려지는 스프링클러헤드

※ 개방형 스프링클러헤드
감열체 없이 방수구가 항상 열려져 있는 스프링클러헤드

※ 습식과 건식의 비교

습식	건식
구조간단	구조복잡
보온 필요	보온 불필요
설치비 저가	설치비 고가
소화활동 시간 빠름	소화활동 시간 지연

Key Point

중요 스프링클러설비의 점검사항

(1) 작동기능점검

구 분	점검항목			점검내용
수원	물의 상태			• 현저한 부패, 부유물, 침전물 등의 여부
수원	급수장치			• 변형 · 손상, 현저한 부식 등의 여부 • 기능의 정상여부
수원	수위계			• 정상적인 작동여부
수원	저수위 경보장치			• 정상적인 작동여부
수원	밸브류			• **개폐조작**이 쉬운지의 여부
전동기 제어장치	개폐기 및 스위치류			• 단자가 고정되어 있고 기능의 정상여부
전동기 제어장치	퓨즈류			• 적정한 종류 및 용량을 사용하는가의 여부
전동기 제어장치	계전기			• 기능의 정상여부
전동기 제어장치	표시등			• 정상적인 점등여부
전동기 제어장치	절환장치			• 자동 · 수동 절환장치의 정상여부 (평상시 자동상태)
전동기 제어장치	결선접속			• 단선 · 단자의 풀림 · 탈락 · 손상 등의 유무
기동장치	기동조작부			• **직접조작부** 및 **원격조작부** 기능의 정상여부
기동장치	기동용 수압개폐장치			• 압력스위치의 단자가 고정되어 있으며 작동압력치가 적정한지의 여부
가압송수장치	펌프방식	전동기	회전축	• 원활한 회전여부
가압송수장치	펌프방식	전동기	베어링부	• **윤활유**의 변질 등이 없고 필요량 충전여부
가압송수장치	펌프방식	전동기	축부속	• 풀려 있거나 기능의 정상여부
가압송수장치	펌프방식	전동기	본체	• 기능의 정상여부
가압송수장치	펌프방식	내연기관	연료	• 연료탱크 정상(**20분** 이상) 및 누수여부
가압송수장치	펌프방식	내연기관	축전지	• 정상전압 · 전류 여부
가압송수장치	펌프방식	내연기관	본체	• **윤활유** 적정여부
가압송수장치	펌프방식	펌프	회전축	• 원활한 **회전**여부
가압송수장치	펌프방식	펌프	베어링부	• 윤활유의 오염, 변질 등이 없고 필요량 충전여부
가압송수장치	펌프방식	펌프	그랜드부	• 현저한 누수의 유무
가압송수장치	펌프방식	펌프	연성계 및 압력계	• 정상 작동여부
가압송수장치	펌프방식	펌프	성능	• 정상여부(성능시험을 통해서)
가압송수장치	고가수조방식			• 압력의 정상여부
가압송수장치	압력수조방식			• 압력저하방지장치의 정상작동 여부
물올림장치	밸브류			• **개폐조작**이 쉬운지의 여부
물올림장치	자동급수장치			• 변형 · 손상, 현저한 부패 등의 여부 • 수량 감수($\frac{2}{3}$)시 자동급수 여부

* 기동용 수압개폐장치
소화설비의 배관내 압력변동을 검지하여 자동적으로 펌프를 기동 및 정지시키는 것으로서 압력챔버 또는 기동용 압력스위치 등을 말하다.

* 가압송수장치
물에 압력을 가하여 보내기 위한 장치로서, 일반적으로 '펌프'가 사용된다.

물올림 장치	저수위 경보장치	• 변형 · 손상, 현저한 부식 등의 여부 • 수량 감수($\frac{1}{2}$)시 저수위경보 작동여부
배관	밸브류	• 개폐조작이 쉬운지의 여부
	여과장치	• 여과망의 변형 · 이물질의 축적 등의 유무
	순환배관	• 변형 · 손상 · 기능(**체절압력**에서 작동)정상 여부
송수구		• **패킹**의 노화 및 결합여부 • 소방차진입로 확보여부
일제개방밸브 (전자밸브 포함)		• **일제개방밸브** 기능의 정상여부
스프링 클러 헤드	외 형	• 새거나 변형 · 손상 등이 있는가의 여부
	감열 및 살수분포 장애	• 헤드감열 및 살수분포의 방해물 설치유무
	미경계부분	• 칸막이 설치 등으로 인한 헤드의 미설치부분의 유무
시험 밸브	시험밸브	(시험밸브 개방시) ① **방수압 · 방수량** 확인 ② 해당 방호구역의 음향경보 확인 ③ **유수검지장치**의 **압력스위치작동** 및 수신반의 화재표시등 점등확인 ④ 기동용 수압개폐장치의 작동과 가압송수장치의 기동확인
전원	비상전원	• 상용전원 차단시 정상가동 유무 • 연료 **20분** 이상 확보여부
유수 검지 장치	밸브본체	• **습식 스프링클러설비** 작동상태 점검사항 ① **유수검지장치**의 **배수밸브**를 개방 ② **말단시험밸브**를 개방 ※ 수신반에서 자동복구스위치를 누르고 실시 ① 유수검지장치 작동여부 및 경보발령 여부 ② 압력스위치의 볼밸브 폐쇄여부 중 택하여 실시하고 작동상태 기재
		• **준비작동식 스프링클러설비** 작동상태 점검사항 ※ 준비작동밸브의 2차측 주밸브를 잠그고 실시할 것 ① 수신반에서 솔레노이드밸브를 개방한다. ② 준비작동밸브의 긴급해제밸브(수동기동밸브)를 작동한다. ③ 슈퍼비조리판넬의 기동스위치를 ON한다. ④ A · B회로가 다른 두 개의 감지기를 동시에 작동한다. 중 택하여 실시하고 작동상태 기재

Key Point

※ 물올림장치
수원의 수위가 펌프보다 낮은 위치에 있을 때 설치하며 펌프와 후드 밸브 사이의 흡입관 내에 항상 물을 충만시켜 펌프가 물을 흡입할 수 있도록 하는 설비

※ 유수검지장치의 작동시험
말단시험밸브 또는 유수검지장치의 배수밸브를 개방하여 유수검지장치에 부착되어 있는 압력스위치의 작동 여부를 확인한다.

Key Point

※ 수신반
'감시제어반'을 말한다.

※ 일제개방밸브
'델류지밸브(deluge valve)'라고도 부른다.

※ 후드밸브 (foot valve)
펌프의 기동에 의해 물을 흡입할 때 스트레이너(strainer : 여과장치)를 통해 이물질을 걸러내고 클래퍼가 열리면서 물이 흡입되며, 펌프 정지시 클래퍼가 다시 닫혀서 물이 아래쪽으로 빠져나가지 못하도록 체크밸브의 기능을 한다.

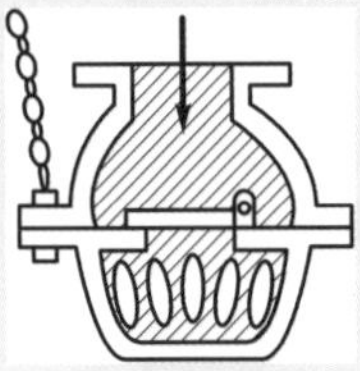
| 후드밸브 |

유수검지장치	밸브본체	• **일제살수식 스프링클러설비** 작동상태 점검방법 ※ 일제개방밸브의 2차측 주밸브를 잠그고 실시할 것 ① 수동기동함의 누름버튼을 눌러서 동작 ② 수신반에서 해당감지회로를 복수로 동작 ③ 일제개방밸브로부터 배관을 연장시켜 설치된 수동개방밸브를 개방하여 동작 중 택하여 실시하고 작동상태 기재 • **건식 스프링클러설비**의 작동상태 점검사항 ※ 건식밸브의 2차측 주밸브를 잠그고 실시 ① 시험밸브를 개방한다. ② 시험밸브의 개방으로 압력스위치의 동작 및 경보장치의 작동확인 ※ 작동상태 점검 후 시설을 반드시 복원 조치할 것
유수검지장치	리타딩챔버	• 자동배수장치 등에 의한 배수가 유효하게 이루어지는가의 여부(습식 스프링클러설비만 해당)
	압력스위치	• 단자가 고정되어 있으며 설정압력치가 설치도면과 일치하고 작동압력치의 적정여부
	음향경보장치 및 표시장치	기능 정상여부

(2) 종합정밀점검

구 분	점검항목
수원	• 주된 **수원**의 **저수량** • **옥상수조**의 **저수량** • 다른 설비와 겸용의 경우 **후드밸브** 또는 **흡수구**의 위치 • 수원의 수질
수조	• 점검의 편의성 • 동결방지조치(또는 동결 우려없는 장소의 환경)상태 • 수위계(또는 수위확인 조치) • 수조 외측사다리(바닥보다 낮은 경우 제외) • 조명설비(또는 채광상태) • 배수밸브 또는 배수관 • **"스프링클러용 수조"**의 표지 설치상태 • 수조와 주배관 접속부의 **"스프링클러용 배관"**의 표지 설치상태 • 수조내부 청소상태 및 방청조치
가압송수장치	• 펌프설치장소의 점검편의성 및 화재·침수 등 재해방지 환경 • 동결방지조치(또는 동결의 우려가 없는 장소의 환경)상태 • 기준개수의 헤드의 동시 방수시 방수압 및 방수량 • 헤드의 최고방수압력 제한($12kg/cm^2$ 이하) 적합여부 • 다른 설비와 펌프를 겸용하는 경우 소화용으로 사용시 장애발생여부 • 기동스위치 또는 수압개폐장치의 기능 • 펌프성능시험배관 상태(구경 포함)

	• 펌프 **흡입측 연성계 · 진공계** 및 **토출측 압력계** 설치상태 • 수온상승방지밸브 설치위치 · 배관규격 그 밖의 설치상태 및 릴리프밸브 개방압력 • 물올림장치 용량 · 배관 및 보급수 보충상태 • 물올림장치의 감수시 자동급수 및 저수위 경보작동상태 • 충압펌프용량 · 양정 및 표지 • 내연기관의 경우 기동장치 및 축전지 상태 • 가압송수장치의 소화용도 표지 • **고가수조**의 경우 낙차 · 급수관 및 오버플로관의 상태 • **압력수조**의 경우 수조의 내용적 · 내용적과 저수량의 비율 · 가압가스의 평상시 압력 · 수위계 · 급수관 · 급기관 · 맨홀 · 압력계 · 안전장치 및 압력저하 방지장치 설치상태
방호 구역 등	• 방호구역의 **면적** • 유수검지장치 및 일제개방밸브의 배치 층의 구분(설치위치) • 유수검지장치 및 일제개방밸브의 설치높이 · 전용실 점검구의 규격 · 위치 및 표지 • 헤드로의 급수가 유수검지장치 및 일제개방밸브의 경과여부 • 자연낙차에 의한 유수압력과 유수검지장치의 유수검지압력 적정여부 • **일제개방밸브**의 **방수구역** 및 **헤드**의 **설치개수**
배관 및 밸브류	• 배관의 재질 • 다른 설비와 급수배관을 겸용하는 경우 소화용으로의 사용시 장애발생 여부 • 흡입측 배관의 공기고임방지조치 및 여과장치상태 • 토출측배관의 유속 • 급수배관의 구경 • 가지배관의 배열 및 최대헤드 설치수 제한 • **교차배관**과 **가지배관**의 상호위치 및 최소구경 • 청소구 · 개폐밸브의 규격 및 나사보호상태 • 헤드의 종류의 선택상태 • 하향식헤드의 경우 헤드접속배관과의 분기위치 • 건식배관의 경우 수평배관의 기울기 • 일제개방밸브 2차측의 **개폐표시형밸브 · 배수장치** 및 **압력스위치**의 설치 및 상태 • 유수검지장치용 시험장치의 위치 · 배관의 구경 · 장소 및 오리피스의 설치상태 • 수직배수배관의 구경 • 주차장의 경우 스프링클러설비 방식 • 유량측정장치의 용량 및 설치상태 • 동결방지조치 또는 동결우려가 없는 장소의 환경상태 • 개폐표시형밸브의 종류 · 설치위치 및 기능 • **개폐밸브**의 **탬퍼스위치** 설치(또는 시건장치의 설치 및 열쇠보관)상태 • 다른 설비의 배관과의 구분방식 및 상태 • 수직배관의 지지 및 수평배관의 행거 배치간격 · 설치상태 및 지지하중 • 배관내부의 청소상태 • 다른 설비와 겸용의 경우 후드밸브 또는 흡수구의 위치

Key Point

✱ 연성계와 진공계

(1) 연성계
① 펌프의 흡입측에 설치
② 정 및 부의 게이지 압력 측정
③ 0.1~2MPa, 0~76 cmHg의 계기눈금

(2) 진공계
① 펌프의 흡입측에 설치
② 부의 게이지압력 측정
③ 0~76cmHg의 계기눈금

✱ 방호구역

화재로부터 보호하기 위한 구역

✱ 탬퍼스위치

개폐표시형밸브(OS & Y Valve)에 부착하여 중앙감시반에서 밸브의 개폐상태를 감시하는 것으로서, 밸브가 정상상태로 개폐되지 않을 경우 중앙감시반에서 경보를 발한다.

Key Point

※ 폐쇄형 하향식 헤드
감열부가 있다. 퓨지블 링크형, 유리벌브형 등으로 구분한다.

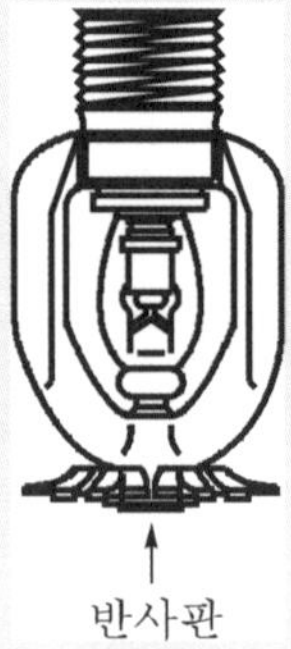

| 폐쇄형 |

※ 연소우려가 있는 개구부
각 방화구획을 관통하는 컨베이어·에스컬레이터 또는 이와 유사한 시설의 주위로서 방화구획을 할 수 없는 부분

※ 반사판
스프링클러헤드의 방수구에서 유출되는 물을 세분시키는 작용을 하는 것으로서, '디플렉터(deflector)'라고도 부른다.

※ 도통시험
감시제어반 2차측의 압력스위치 회로 등의 배선상태가 정상인지의 여부를 확인하는 시험

음향장치	• 유수검지장치 사용의 경우 유수검지와 음향장치의 연동 • 일제개방밸브 사용의 경우 화재감지기와 음향장치의 연동 • 교차회로방식 화재감지기 경우 1회로 화재감지시 음향장치와 연동 • 음향장치의 종류 및 배치
펌프 및 일제개방밸브 작동신호	• 펌프장치의 작동신호 수신 및 작동상태 ① 유수검지장치의 유수신호 ② 수압개폐장치의 작동신호 ③ 유수검지장치 또는 수압개폐장치에 의한 신호 혼용 • 일제개방밸브(준비작동밸브)의 작동체계, 신호수신 및 작동상태 ① 화재감지회로에 의한 화재감지신호 ② **수압개폐장치**의 **작동신호** ③ 폐쇄형하향식헤드의 경우 화재감지기 회로방식 ④ 수동기동(전기식 및 배수식)장치와 연동 ⑤ 화재감지기의 종류 및 감지면적 ⑥ 화재감지기회로의 발신기 설치상태
스프링클러헤드	• 스프링클러헤드를 설치하여야 할 장소의 헤드설치 누락여부 • 스프링클러헤드의 배치거리 및 수평거리 • 무대부 또는 연소우려 있는 개구부의 경우 개방형헤드 설치상태 • 폐쇄형헤드 설치장소의 최고 주위온도와 표시온도 • 스프링클러헤드 주위의 **살수장애 상태** • 스프링클러헤드의 **반사판**의 설치상태 • 경사진 천장의 경우 스프링클러헤드의 배치상태 • 연소우려 있는 개구부에 대한 스프링클러헤드의 배치상태 • 측벽형헤드의 경우 배치상태 • 스프링클러헤드의 설치위치와 보의 수평거리
스프링클러 옥외 송수구	• 설치장소 및 위치(높이 포함) • 개폐밸브 설치장소 및 조작을 위한 편의성 상태 • 송수구의 규격 및 접결나사의 보호상태 • 송수구의 **송수압력표시** • 송수구간 **이격거리** • 송수구의 송수담당 면적 송수구의 개수 • 자동배수밸브·체크밸브의 설치위치 및 상태
제어반 – 감시제어반	• 각 펌프의 작동표시등 및 음향경보 기능 • 각 펌프의 자동 또는 수동의 작동 및 중단기능 • 비상전원 및 상용전원의 공급표시와 자동 및 수동 전환기능 • 수조 또는 물올림탱크의 저수위 표시 및 경보기능 • 예비전원 확보상태 및 전환기능 • 전용실을 설치하는 경우 그 장소위치·방화구획·조명·급배기설비·무선통신기기접속단자·최소면적 및 정리상태 • 설치장소의 점검의 편의성 및 화재·침수 등 재해방지환경 • 유수검지장치 또는 일제개방밸브의 작동여부표시 및 경보기능 • 일제개방밸브(준비작동밸브)의 개방용 수동스위치의 기능 • 화재감지기회로사용의 경우 경계회로별 화재표시 기능 • 모든 확인회로의 **도통시험**·**작동시험** 기능 및 결과 • 감시제어반과 자동화재탐지설비 수신기의 별도장소 설치시 상호 통화장치 기능

		• 다른 설비와 제어반을 겸용하는 경우 스프링클러설비의 사용시 장애 발생여부 • 각 배선의 절연저항
	동력제어반	• 소방용으로의 **표시** • 외함의 재료, 두께 및 강도 등 • 설치장소 및 위치 • 각 펌프의 **작동표시**등 및 **음향경보** 기능 • 각 펌프의 자동 또는 수동의 작동 및 중단기능 • 각 배선의 절연저항
배선		• 비상전원으로부터 **동력제어반** 및 가압송수장치에 이르는 전원회로의 내화배선공사의 종류 및 상태 • 그 밖의 전기회로의 배선공사의 종류 및 상태 • 사용전선의 종류별 규격 • **과전류차단기** 및 접속단자의 표지 • 각 배선의 전기설비기술기준에 의거 적합여부
전동기		• 베이스에 고정 및 커플링 결합상태 • 원활한 회전여부(진동 및 소음 상태) • 운전시 과열 발생여부 • 베어링부의 윤활유 충진상태 및 변질여부 • 본체의 방청 보존상태
스프링클러 헤드설치 제외 등		• 스프링클러헤드 **설치제외 장소** • **드렌처설비** 설치상태
수압시험		• 가압송수장치 및 부속장치(밸브류 · 배관 · 배관부속류 · 압력챔버)의 수압시험(접속상태에서 실시한다. 이하 같다)결과 • 옥외연결송수구 및 연결배관의 수압시험결과 • 수직배관 및 가지배관의 수압시험결과 (수압시험은 1.4MPa의 압력으로 2시간 이상 시험하고자 하는 장치의 가장 낮은 부분에서 가압하되, 배관과 배관 · 배관부속류 · 밸브류 · 각종장치 및 기구의 접속부분에서 누수현상이 없어야 한다. 이 경우 상용수압이 1.05MPa 이상인 부분에 있어서의 압력은 그 상용수압에 0.35MPa를 더한 값)

Key Point

※ 동력제어반
펌프(pump)에 연결된 모터(motor)를 기동 · 정지시키는 곳으로서, "MCC반" 이라고도 부른다.

※ 과전류차단기
'퓨즈'를 말한다.

※ 드렌처설비
건물의 창, 처마 등 외부화재에 의해 연소 · 파손하기 쉬운 부분에 설치하여 외부 화재의 영향을 막기 위한 설비

1) 습식 스프링클러설비

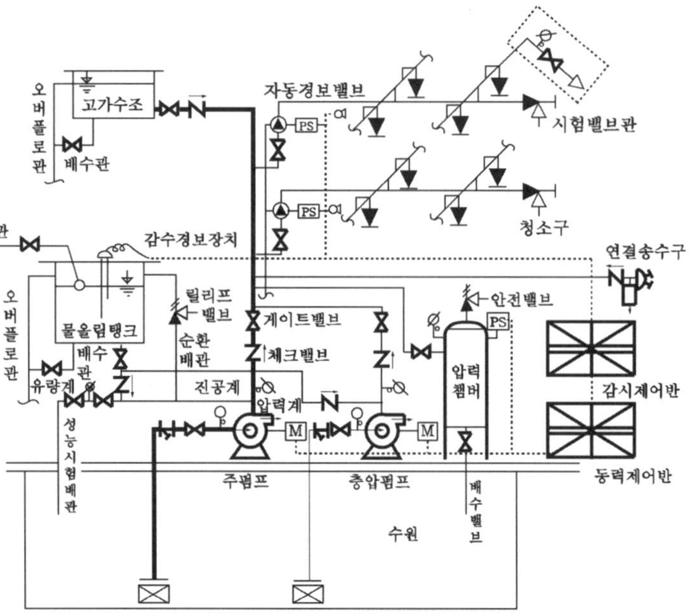

‖습식 스프링클러설비의 계통도‖

습식 밸브의 **1차측** 및 **2차측** 배관내에 항상 **가압수**가 충수되어 있다가 화재발생시 열에 의해 헤드가 개방되어 소화한다.

(1) 유수검지장치

- 유수검지장치
  - 자동경보밸브(알람체크밸브)
    - 리타딩챔버
    - 압력스위치
    - 워터모터공
  - 패들형 유수검지기
  - 유수작동밸브

① 자동경보밸브(alarm check valve)

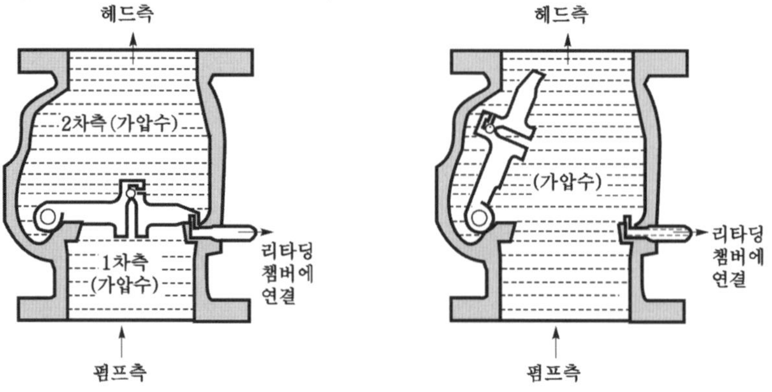

(a) 작동전 (b) 작동후

‖자동경보밸브‖

Key Point

✻ 습식 설비의 작동순서
① 화재에 의해 헤드 개방
② 유수검지장치 작동
③ 사이렌 경보 및 감시제어반에 화재표시등 점등 및 밸브 개방신호 표시
④ 압력챔버의 압력스위치 작동
⑤ 동력제어반에 신호
⑥ 가압송수장치 기동
⑦ 소화

✻ 습식 설비에 회향식배관 사용 이유
배관내의 이물질에 의해 헤드가 막히는 것을 방지한다.

✻ 회향식 배관
배관에 하향식 헤드를 설치할 경우 상부분기 방식으로 배관하는 방식

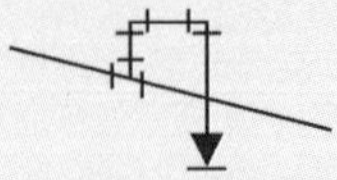

‖회향식 배관‖

✻ 유수검지장치의 작동시험
말단시험밸브 또는 유수검지장치의 배수밸브를 개방하여 유수검지장치에 부착되어 있는 압력스위치의 작동여부를 확인한다.

✻ 가압송수장치의 작동
① 압력탱크(압력스위치)
② 자동경보밸브
③ 유수작동밸브

Key Point

중요 자동경보장치의 구성부품
- 알람체크밸브
- 리타딩챔버
- 압력스위치
- 압력계
- 게이트밸브
- 드레인밸브

(가) **리타딩챔버**(retarding chamber) : 누수로 인한 유수검지장치의 오동작을 방지하기 위한 안전장치로서 안전밸브의 역할, 배관 및 압력 스위치가 손상되는 것을 방지한다. 리타딩 챔버의 용량은 7.5l 형이 주로 사용되며, 압력스위치의 작동지연시간은 약 20초 정도이다.

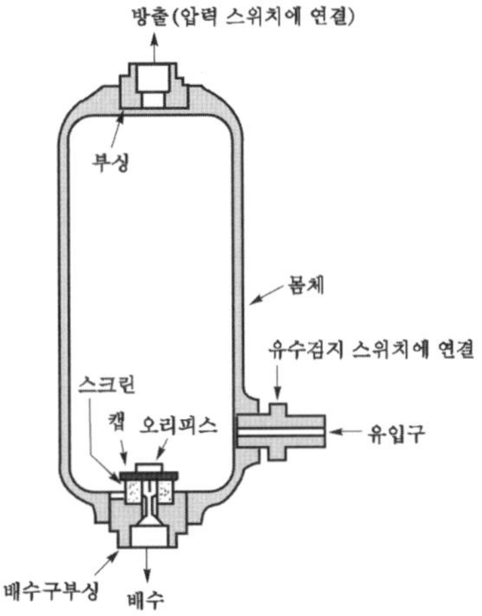

‖ 리타딩 챔버 ‖

예제 스프링클러설비에서 리타딩챔버(Retarding Chamber)의 주요기능 2가지만 쓰시오.

○

○

해답 ① 누수로 인한 유수검지장치의 오동작 방지
② 배관 및 압력스위치의 손상방지

해설 **리타딩챔버**의 **주요기능**
(1) 누수로 인한 유수검지장치의 오동작방지
(2) 배관 및 압력스위치의 손상방지
(3) 안전밸브의 역할

리타딩챔버의 용량은 **7.5l 형**이 주로 사용되며, 압력스위치의 작동지연시간은 약 **20초** 정도이다.

(나) **압력스위치**(pressure switch) : 경보체크밸브의 측로를 통하여 흐르는 물의 압력으로 압력스위치 내의 **벨로즈**(bellows)가 **가압**되면 작동되어 신호를 보낸다.

* 습식 설비의 유수검지장치
① 자동경보밸브
② 패들형 유수검지기
③ 유수작동밸브

* 유수경보장치
알람밸브 세트에 반드시 시간지연장치가 설치되어 있어야 한다.

* 리타딩챔버의 역할
① 오동작 방지
② 안전밸브의 역할
③ 배관 및 압력 스위치의 손상 보호

* 배관의 동파방지법
① 보온재를 이용한 배관보온법
② 히팅코일을 이용한 가열법
③ 순환펌프를 이용한 물의 유동법
④ 부동액 주입법

* 압력스위치
① 미코이트 스위치
② 서키트 스위치

Key Point

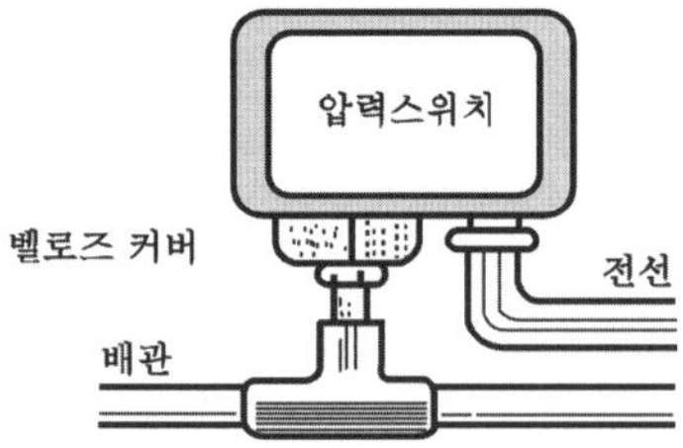

▮압력스위치▮

㈐ 워터모터공(water motor gong) : 리타딩 챔버를 통과한 압력수가 노즐을 통해서 방수되고 이 압력에 의하여 수차가 회전하게 되면 타종링이 함께 회전하면서 경보하는 방식으로, 요즘에는 사용하지 않는다.

※ 트림잉셀
리타딩챔버의 압력을 워터모터공에 전달하는 역할

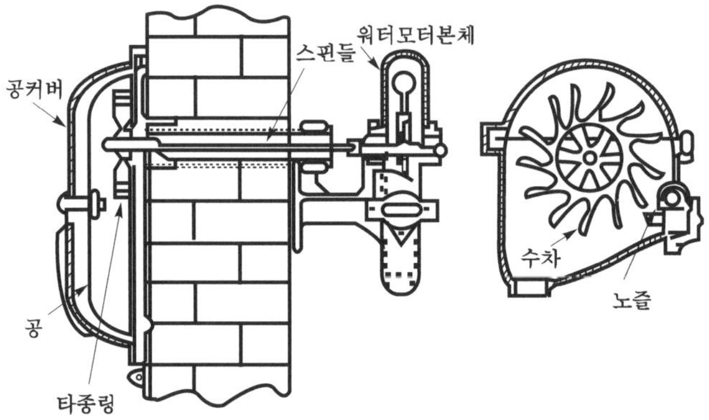

▮워터모터공▮

중요 비화재시에도 오보가 울릴 경우의 점검사항
- 리타딩챔버 상단의 압력스위치 점검
- 리타딩챔버 상단의 압력스위치 배선의 누전상태 점검
- 리타딩챔버 하단의 오리피스 점검

※ 누전
도선 이외에 다른 곳으로 전류가 흐르는 것

② 패들형 유수검지기 : 배관내에 패들(paddle)이라는 얇은 판을 설치하여 물의 흐름에 의해 패들이 들어 올려지면 접점이 붙어서 신호를 보낸다.

※ 패들형 유수검지기
경보지연장치가 없다.

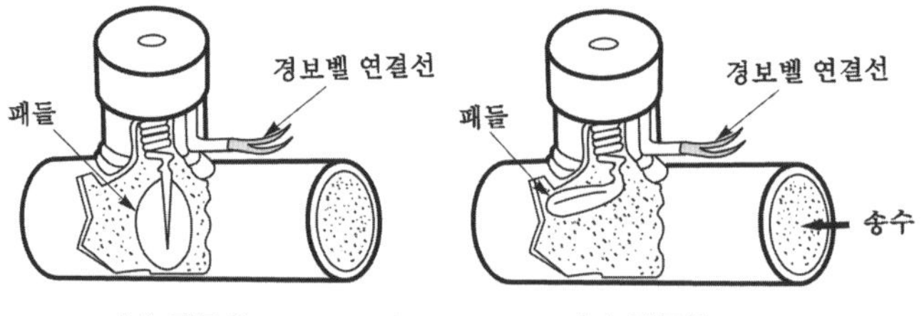

(a) 작동전 (b) 작동후

▮패들형 유수검지기▮

③ 유수작동밸브 : 체크밸브의 구조로서 물의 흐름에 의해 밸브에 부착되어 있는 마이크로스위치가 작동되어 신호를 보낸다.

※ 마이크로 스위치
물의 흐름 등에 작동되는 스위치로서 '리미트 스위치'의 축소 형태라고 할 수 있다.

Key Point

(2) 유수제어밸브의 형식승인 및 제품검사기술기준(2012.2.9)

① 워터모터공의 기능(제12조)

(가) 3시간 연속하여 울렸을 경우 기능에 지장이 생기지 아니하여야 한다.

(나) 3m 떨어진 위치에서 90dB 이상의 음량이 있어야 한다.

② 유수검지장치의 표시사항(제6조)

(가) 종별 및 형식

(나) 형식승인번호

(다) 제조년월 및 제조번호

(라) 제조업체명 또는 상호

(마) 안지름, 호칭압력 및 사용압력범위

(바) 유수방향의 화살 표시

(사) 설치방향

(아) 검지유량상수

(3) 수격방지장치(surge absorber)

수직배관의 **최상부** 또는 **수평주행배관**과 **교차배관**이 **맞닿는 곳**에 설치하여 워터해머링(Water hammering)에 의한 충격을 흡수한다.

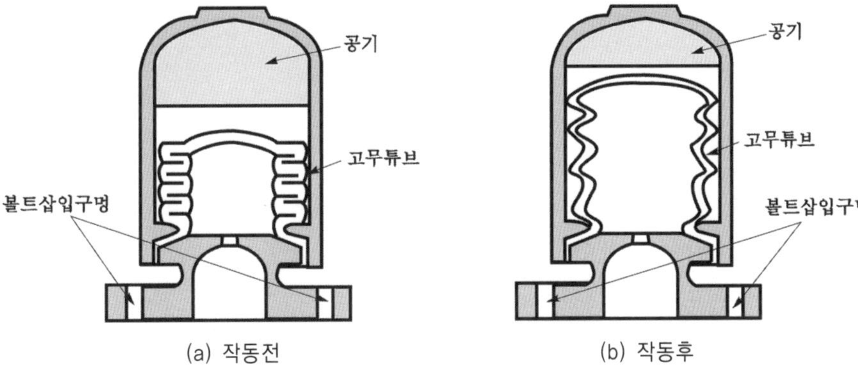

‖ 수격방지기 ‖

> **중요** 말단시험장치의 기능
> - 말단시험밸브를 개방하여 규정방수압 및 규정방수량 확인
> - 말단시험밸브를 개방하여 유수검지장치의 작동확인

2) 건식 스프링클러설비

건식밸브의 **1차측**에는 **가압수**, **2차측**에는 **공기**가 압축되어 있다가 화재발생시 열에 의해 헤드가 개방되어 소화한다.

※ 유수검지장치
스프링클러헤드 개방시 물흐름을 감지하여 경보를 발하는 장치

※ 수평 주행배관
각 층에서 교차배관까지 물을 공급하는 배관

※ 교차배관
수평주행배관에서 가지배관에 이르는 배관

※ 워터해머링
배관내를 흐르는 유체의 유속을 급격하게 변화시키므로 압력이 상승 또는 하강하여 관로의 벽면을 치는 현상으로서, '수격작용'이라고도 부른다.

※ 건식설비의 주요 구성요소
① 건식 밸브
② 엑셀레이터
③ 익져스터
④ 자동식 공기압축기
⑤ 에어 레귤레이터
⑥ 로우알람스위치

Key Point

❋ 건식밸브의 기능
① 자동경보기능
② 체크밸브기능

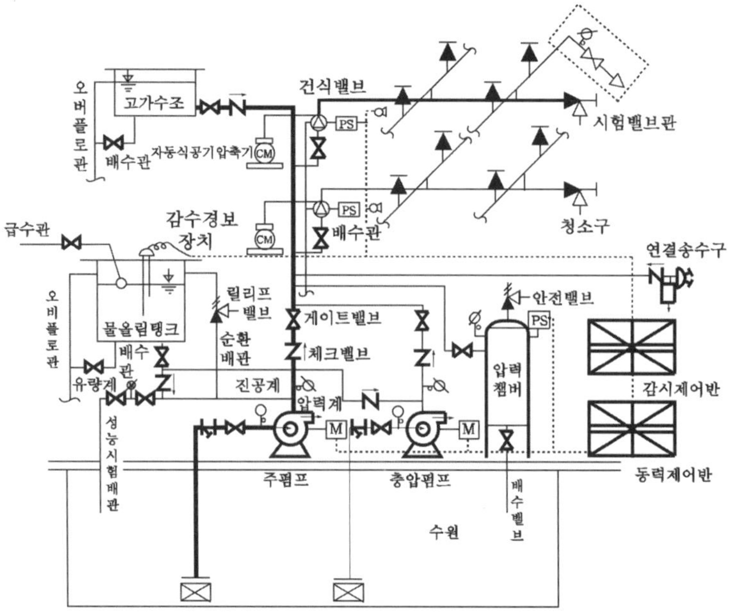

▌건식스프링클러설비의 계통도▐

(1) 습식설비와 건식설비의 차이점

습 식	건 식
① 습식밸브의 **1·2차측** 배관내에 **가압수**가 상시 충수되어 있다.	① 건식밸브의 **1차측**에는 **가압수, 2차측**에는 **압축공기** 또는 **질소**로 충전되어 있다.
② **구조**가 **간단**하다.	② **구조**가 **복잡**하다.
③ **설치비**가 **저가**이다.	③ **설치비**가 **고가**이다.
④ **보온**이 **필요**하다.	④ **보온**이 **불필요**하다.
⑤ **소화활동시간**이 **빠르다**.	⑤ **소화활동시간**이 **느리다**.

❋ 건식설비
건식밸브의 2차측에는 대부분 압축공기로 충전되어 있다.

❋ 습식설비
습식밸브의 1차측 및 2차측 배관내에 항상 가압수가 충수되어 있다가 화재발생시 열에 의해 헤드가 개방되어 소화하는 방식

(2) 습식설비와 준비작동식설비의 차이점

습 식	준비작동식
① 습식밸브의 **1·2차측** 배관내에 **가압수**가 상시 충수되어 있다. ② **습식밸브**(자동경보밸브, 알람체크밸브)를 사용한다. ③ 자동화재탐지설비를 별도로 설치할 필요가 없다. ④ **오동작**의 우려가 **크다**. ⑤ **구조**가 **간단**하다. ⑥ **설치비**가 **저가**이다. ⑦ **보온**이 **필요**하다	① 준비작동식밸브의 **1차측**에는 **가압수, 2차측**에는 **대기압**상태로 되어 있다. ② **준비작동식밸브**를 사용한다. ③ 감지장치로 자동화재탐지설비를 별도로 설치한다. ④ **오동작**의 우려가 **작다**. ⑤ **구조**가 복잡하다. ⑥ **설치비**가 **고가**이다. ⑦ **보온**이 **불필요**하다.

❋ 건식설비
건식밸브의 1차측에는 가압수, 2차측에는 공기가 압축되어 있다가 화재발생시 열에 의해 헤드가 개방되어 소화하는 방식

(3) 건식설비와 준비작동식설비의 차이점

건 식	준비작동식
① 건식밸브의 **1차측**에는 **가압수**, **2차측**에는 **압축공기**로 충전되어 있다. ② **건식밸브**를 사용한다. ③ 자동화재탐지설비를 별도로 설치할 필요가 없다. ④ **오동작**의 우려가 **크다**.	① 준비작동식밸브의 **1차측**에는 **가압수**, **2차측**에는 **대기압**상태로 되어 있다. ② **준비작동식밸브**를 사용한다. ③ 감지장치로 자동화재탐지설비를 별도로 설치하여야 한다. ④ **오동작**의 우려가 **적다**.

(4) 건식밸브(dry valve)

습식설비에서의 자동경보밸브와 같은 역할을 한다.

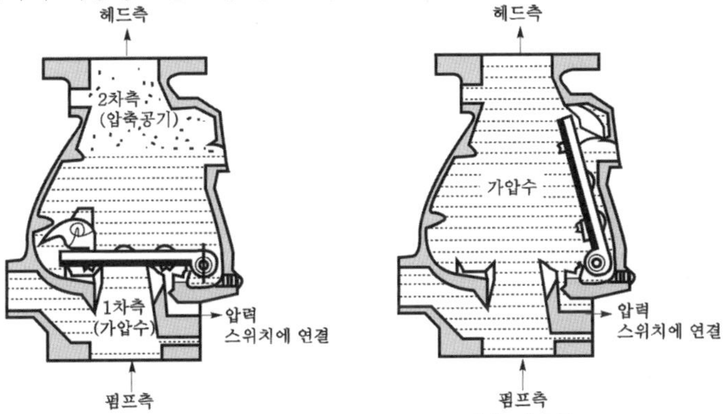

(a) 작동전 (a) 작동후

‖ 건식밸브 ‖

> **중요** 건식 밸브 클래퍼상부에 일정한 수면을 유지하는 이유
> - 저압의 공기로 클래퍼상부의 동일압력유지
> - 저압의 공기로 클래퍼의 닫힌 상태 유지
> - 화재시 클래퍼의 쉬운 개방
> - 화재시 신속한 소화활동
> - 클래퍼상부의 기밀유지

(5) 엑셀레이터(accelerator), 익져스터(exhauster)

건식 스프링클러설비는 2차측 배관에 공기압이 채워져 있어서 헤드 작동후 공기의 저항으로 소화에 악영향을 미치지 않도록 설치하는 Quick-Opening Devices(Q.O.D)로서, 이것은 건식밸브 개방시 압축공기의 **배출속도**를 **가속**시켜 1차측 배관내의 가압수를 2차측 헤드까지 신속히 송수할 수 있도록 한다.

Key Point

※ 준비작동식 설비
준비작동밸브의 1차측에는 가압수, 2차측에는 대기압상태로 있다가 화재발생시 감지기에 의하여 준비작동밸브를 개방하여 헤드까지 가압수를 송수시켜 놓고 있다가 열에 의해 헤드가 개방되면 소화하는 방식

※ 가스배출 가속장치
① 엑셀레이터
② 익져스터

※ 셀레이터
가속기

※ 익져스터
공기배출기

Key Point

※ Quick Opening Devices
'긴급개방장치'를 의미하며 엑셀레이터, 익져스터가 여기에 해당된다.

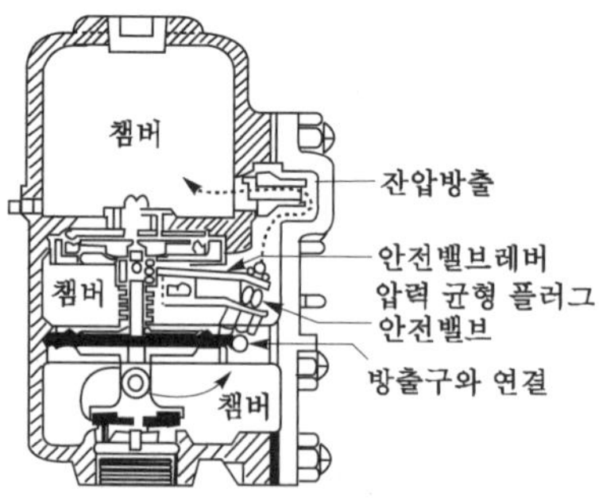

| 익져스터 |

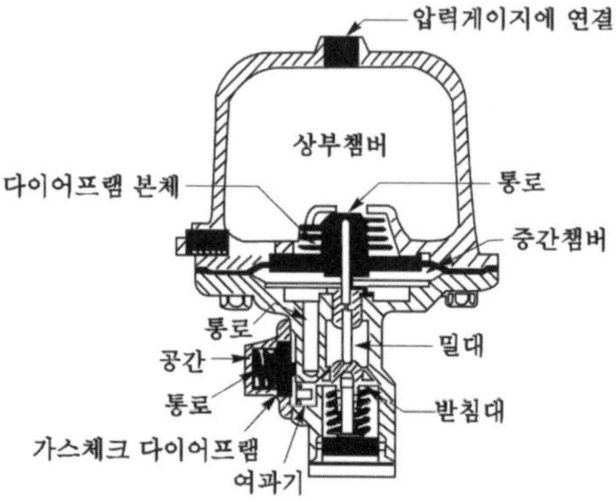

| 엑셀레이터 |

(6) 자동식 공기압축기(auto type compressor)

건식 밸브의 2차측에 압축공기를 채우기 위해 설치한다.

※ 에어레귤레이터
공기조절기

(7) 에어레귤레이터(air regulater)

건식 설비에서 자동식 공기압축기가 스프링클러설비 전용이 아닌 일반 컴프레서를 사용하는 경우 **건식밸브**와 **주공기공급관** 사이에 설치한다.

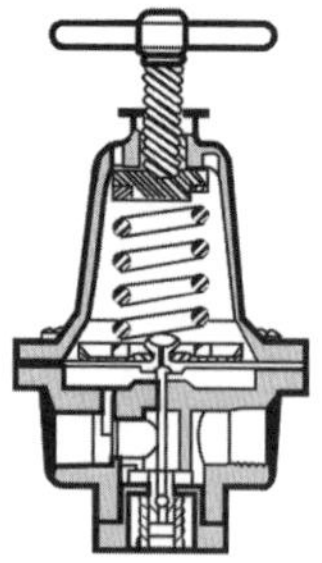

| 에어레귤레이터 |

※ 로우알람스위치
'저압경보스위치'라고도 한다.

(8) 로우알람스위치(low alarm switch)

공기누설 또는 헤드개방시 경보하는 장치이다.

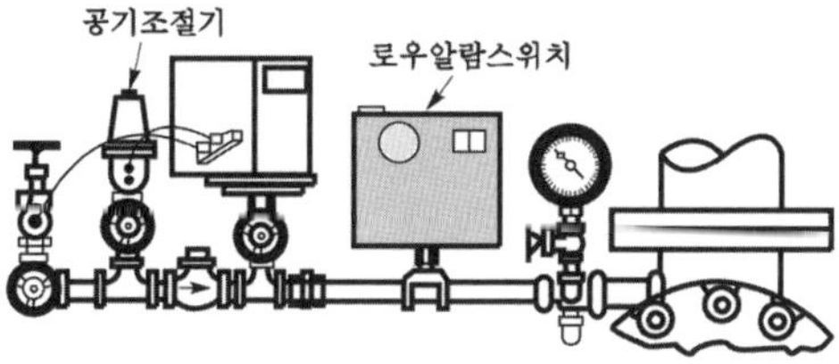

로우알람스위치

(9) 스프링클러헤드

건식설비에는 **상향형 헤드**만 사용하여야 하는데 만약 하향형 헤드를 사용해야 하는 경우에는 **동파방지**를 위하여 **드라이팬던트형**(Dry pendent type) **헤드**를 사용하여야 한다.

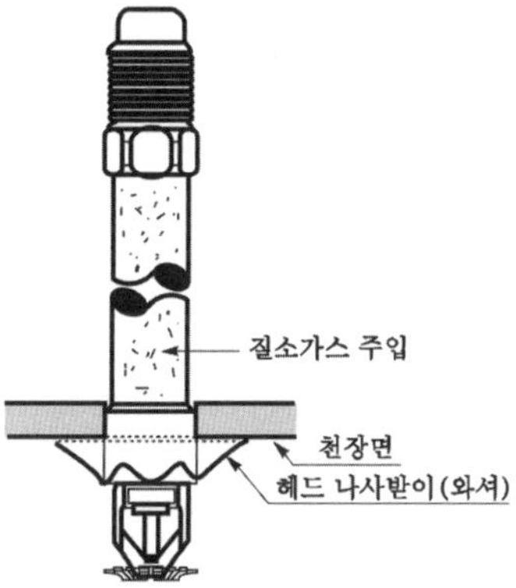

드라이팬던트형 헤드

3) 준비작동식 스프링클러설비

준비작동밸브의 1차측에는 **가압수**, 2차측에는 **대기압**상태로 있다가 화재발생시 감지기에 의하여 **준비작동밸브**(Pre-action valve)를 개방하여 헤드까지 가압수를 송수시켜 놓고 있다가 열에 의해 헤드가 개방되면 소화한다.

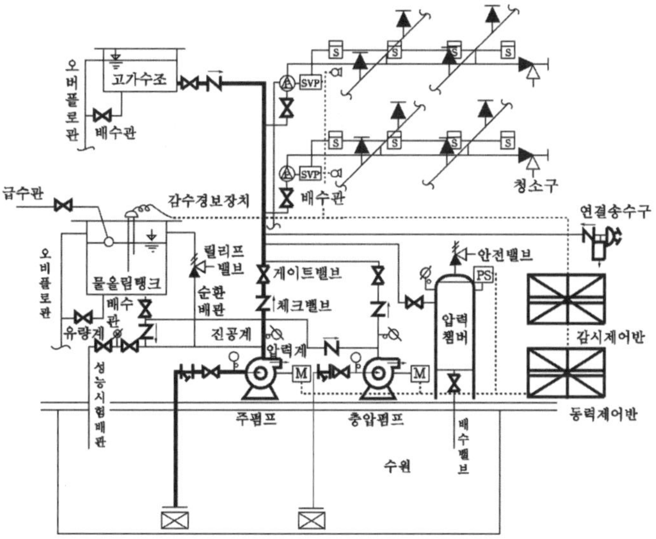

준비작동식 스프링클러설비의 계통도

Key Point

※ 드라이팬던트형 헤드
동파방지를 위하여 롱리플 내에 질소가스가 충전되어 있는 헤드

※ 준비작동식
폐쇄형 헤드를 사용하고 경보밸브의 1차측에만 물을 채우고 가압한 상태를 유지하며 2차측에는 대기압상태로 두게 되고, 화재의 발견은 자동화재탐지설비의 감지기의 작동에 의해 이루어지며 감지기의 작동에 따라 밸브를 미리 개방, 2차측의 배관내에 송수시켜 두었다가 화재의 열에 의해 헤드가 개방되면 살수되게 하는 방식

Key Point

(1) 준비작동밸브(pre-action valve)

준비작동밸브에는 **전기식, 기계식, 뉴메틱식**(공기관식)이 있으며 이중 전기식이 가장 많이 사용된다.

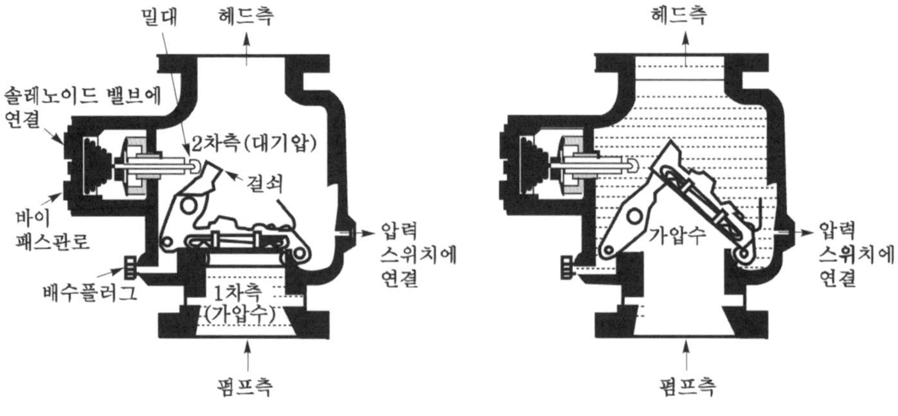

(a) 작동전 (b) 작동후

| 전기식 준비작동밸브 |

(2) 슈퍼비조리판넬(supervisory panel)

슈퍼비조리판넬은 준비작동밸브의 조정장치로서 이것이 작동하지 않으면 준비작동밸브의 작동은 되지 않는다. 여기에는 자체 고장을 알리는 **경보장치**가 설치되어 있으며 화재감지기의 작동에 따라 **준비작동밸브**를 **작동**시키는 기능 외에 **방화댐퍼**의 **폐쇄** 등 관련 설비의 작동기능도 갖고 있다.

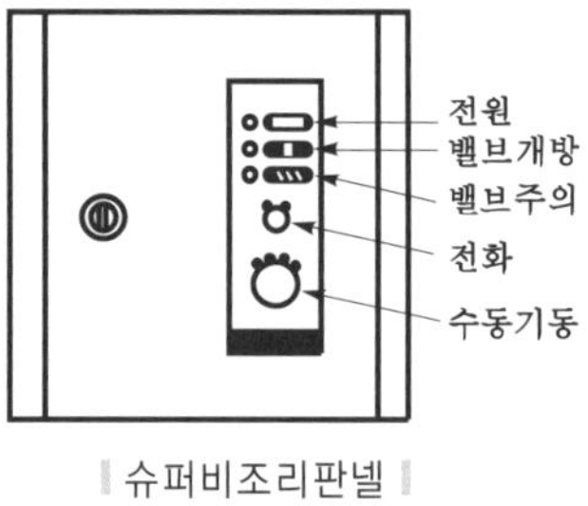

| 슈퍼비조리판넬 |

(3) 감지기(detector)

준비작동식설비의 감지기 회로는 **교차회로방식**을 사용하여 준비작동식 밸브(Pre-action valve)의 오동작을 방지한다.

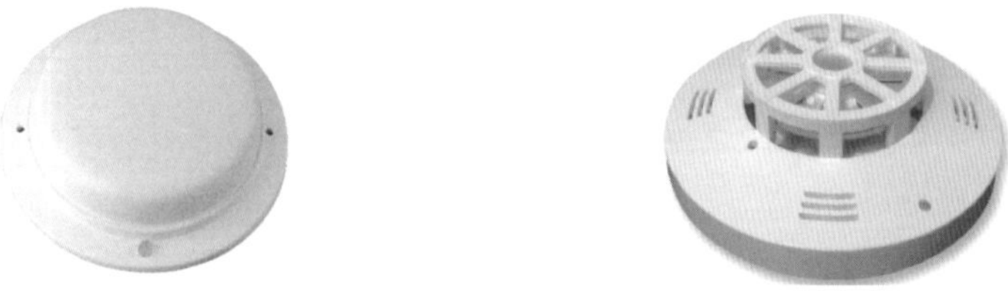

(a) 차동식 스포트형 감지기 (b) 정온식 스포트형 감지기

| 감지기 |

* 준비작동밸브의 종류
① 전기식
② 기계식
③ 뉴메틱식(공기관식)

* 전기식
준비작동밸브의 1차측에는 가압수, 2차측에는 대기압상태로 있다가 감지기가 화재를 감지하면 감시제어반에 신호를 보내 솔레노이드 밸브를 작동시켜 준비작동밸브를 개방하여 소화하는 방식

* 슈퍼비조리판넬
스프링클러설비의 상태를 항상 감시하는 기능을 하는 장치

* 방화댐퍼
화재발생시 파이프덕트 등의 중간을 차단시켜서 불 및 연기의 확산을 방지하는 안전장치

* 교차회로방식 적용설비
① 분말소화설비
② 할로겐화합물 소화설비
③ 이산화탄소 소화설비
④ 준비작동식 스프링클러설비
⑤ 일제살수식 스프링클러설비
⑥ 청정소화약제 소화설비

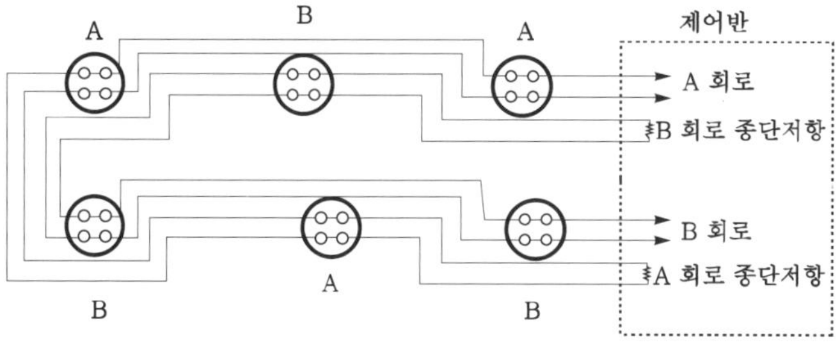

‖ 교차회로방식 ‖

※ **교차회로방식** : 하나의 준비작동밸브의 담당구역 내에 2 이상의 화재감지기 회로를 설치하고 인접한 2 이상의 화재감지기가 동시에 감지되는 때에 준비작동식 밸브가 개방 · 작동되는 방식

4) 일제살수식 스프링클러설비

일제개방밸브의 **1차측**에는 **가압수**, **2차측**에는 **대기압**상태로 있다가 화재발생시 감지기에 의하여 **일제개방밸브**(Deluge valve)가 개방되어 소화한다.

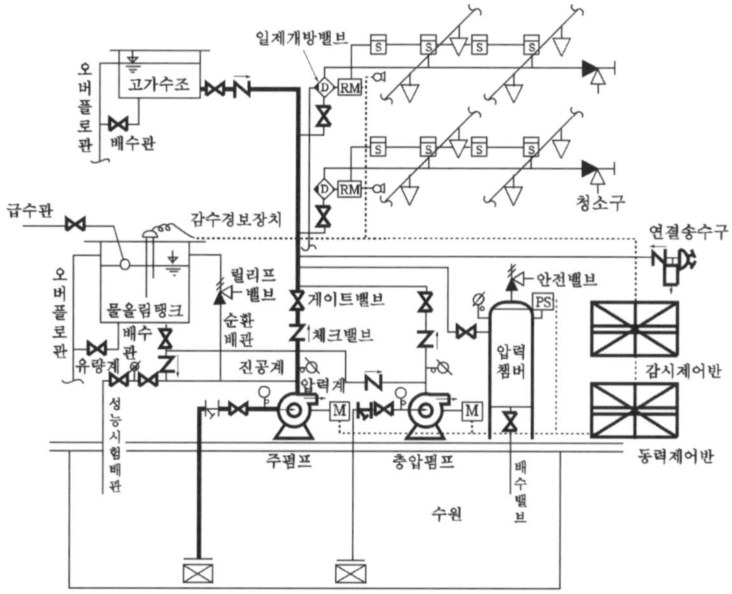

‖ 일제살수식 스프링클러설비의 계통도 ‖

(1) 일제개방밸브(deluge valve)

일제개방밸브
- 가압개방식
- 감압개방식

Key Point

❋ 감지기
화재시에 발생하는 열, 불꽃 또는 연소생성물로 인하여 화재발생을 자동적으로 감지하여 그 자체에 부착된 음향장치로 경보를 발하거나 이를 수신기에 발신하는 것

❋ 일제살수식 스프링클러설비
일제개방밸브의 1차측에는 가압수, 2차측에는 대기압상태로 있다가 화재발생시 감지기에 의하여 일제개방밸브가 개방되어 소화하는 방식

❋ 일제개방밸브
델류즈 밸브

❋ 일제개방밸브의 개방방식
1. 가압개방식
화재감지기가 화재를 감지해서 전자개방밸브를 개방시키거나, 수동개방밸브를 개방하면 가압수가 실린더실을 가압하여 일제개방밸브가 열리는 방식
2. 감압개방식
화재감지기가 화재를 감지해서 전자개방밸브를 개방시키거나 수동개방밸브를 개방하면 가압수가 실린더실을 감압하여 일제개방밸브가 열리는 방식

Key Point

① **가압개방식** : 화재감지기가 화재를 감지해서 **전자개방밸브**(solenoid valve)를 개방시키거나, **수동개방밸브**를 개방하면 가압수가 실린더 실을 **가압**하여 일제개방밸브가 열리는 방식

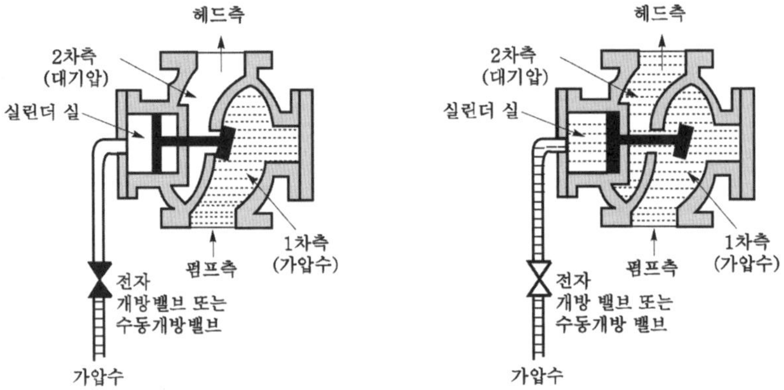

| 가압개방식 일제개방밸브 |

② **감압개방식** : 화재감지기가 화재를 감지해서 **전자개방밸브**(solenoid valve)를 개방시키거나, **수동개방밸브**를 개방하면 가압수가 실린더실을 **감압**하여 일제개방밸브가 열리는 방식

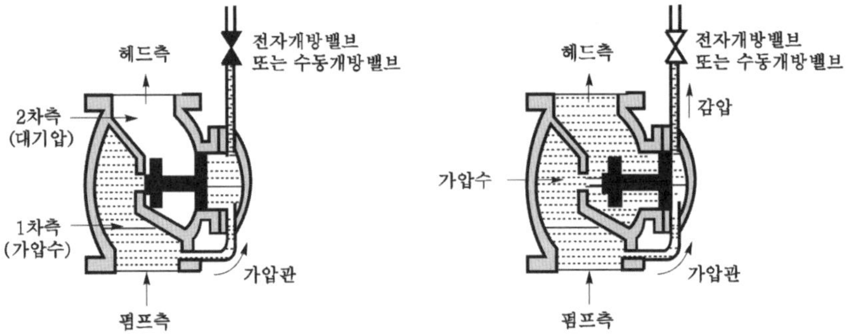

| 감압개방식 일제개방밸브 |

(2) 전자개방밸브(solenoid valve)

화재에 의해 **감지기**가 작동되면 전자개방밸브를 작동시켜서 가압수가 흐르게 된다.

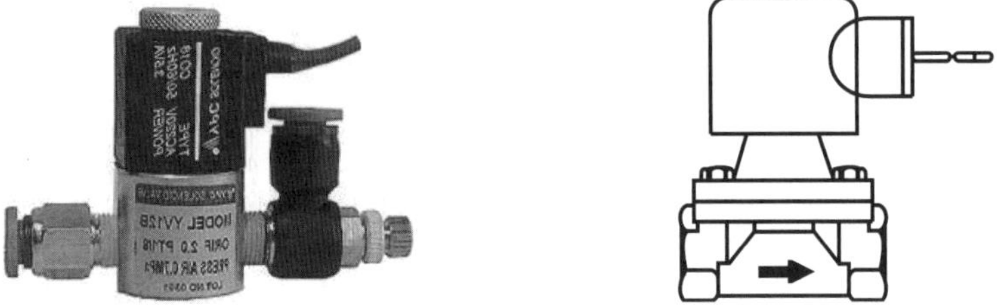

(a) (b)

| 전자개방밸브 |

※ 전자개방밸브와 같은 의미
① 전자밸브
② 솔레노이드 밸브

※ 일제살수식 설비의 펌프기동방법
① 감지기를 이용한 방식
② 기동용 수압개폐장치를 이용한 방식
③ 감지기와 기동용 수압개폐장치를 겸용한 방식

※ 가압수
화재를 진화하기 위하여 배관내의 물에 압력을 가한 것

※ 전자개방 밸브
솔레노이드 밸브

7 스프링클러설비의 감시스위치

(1) 탬퍼스위치(tamper switch)

개폐표시형밸브(OS & Y Valve)에 부착하여 중앙감시반에서 밸브의 **개폐상태**를 **감시**하는 것으로서, 밸브가 정상상태로 개폐되지 않을 경우 중앙감시반에서 경보를 발한다.

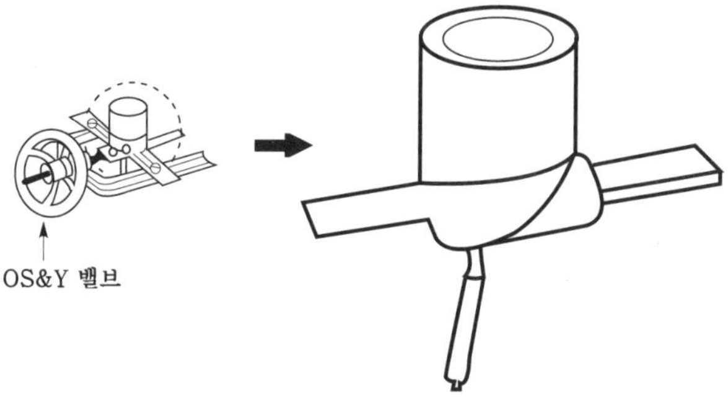

탬퍼스위치

(2) 압력수조 수위감시스위치

수조내의 수위의 변동에 따라 플로트(float)가 움직여서 접촉스위치를 접촉시켜 **급수펌프**를 **기동** 또는 **정지**시킨다.

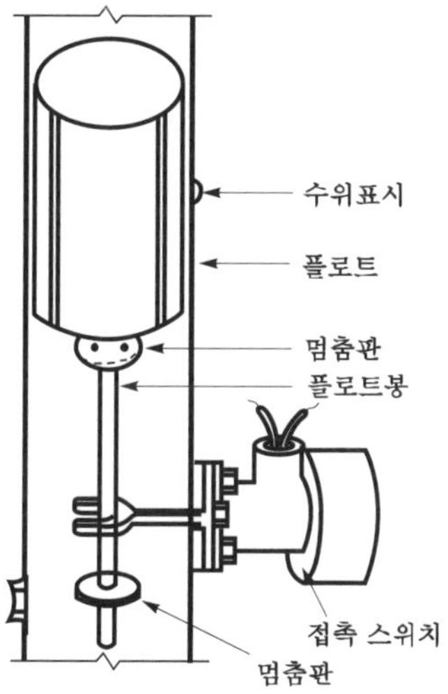

압력수조 수위감시 스위치

Key Point

※ 탬퍼스위치와 같은 의미
① 주밸브감시스위치
② 밸브모니터링 스위치

※ 개폐표시형밸브
옥내소화전설비 또는 스프링클러설비의 주밸브로 사용되는 밸브로서, 육안으로 밸브의 개폐를 직접 확인할 수 있다.
'개폐표시형밸브'라고도 부른다.

※ 수조
물탱크

※ 압력스위치
① 미코이트 스위치
② 서키트 스위치

Key Point

※ 수원
물을 공급하는 곳

※ 폐쇄형 스프링클러헤드
정상상태에서 방수구를 막고 있는 감열체가 일정온도에서 자동적으로 파괴 · 용해 또는 이탈됨으로써 분사구가 열려지는 스프링클러헤드

※ 개방형 스프링클러헤드
감열체 없이 방수구가 항상 열려져 있는 스프링클러헤드

※ 토출량

$Q = N \times 80 l/\text{min}$

여기서,
Q:토출량〔l/min〕
N: 헤드의 기준개수

8 수원의 저수량(NFSC 103④)

(1) 폐쇄형

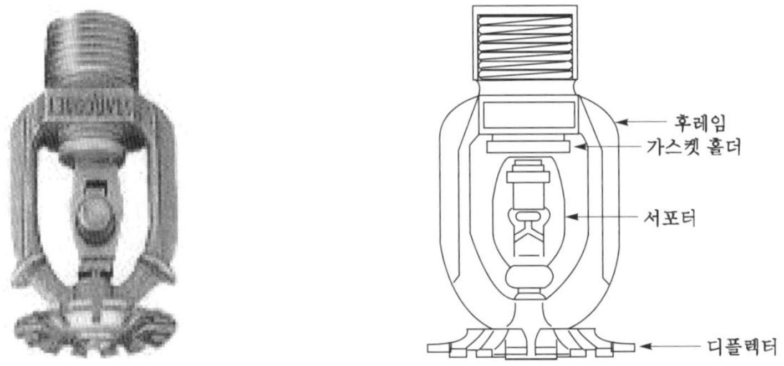

‖ 폐쇄형 스프링클러헤드 ‖

$$Q = 1.6N$$

여기서, Q : 수원의 저수량〔m^3〕
N : 폐쇄형헤드의 기준개수(설치개수가 기준 개수보다 작으면 그 설치개수)

‖ 폐쇄형헤드의 기준개수 ‖

소방대상물		폐쇄형헤드의 기준개수
지하가 · 지하역사		30
11층 이상		
10층 이하	공장, 창고(특수가연물) · 복합건축물	
	수퍼마켓, 도 · 소매시장(백화점)	
10층 이하(8m 이상)		20
10층 이하(8m 미만), 아파트		10

(2) 개방형

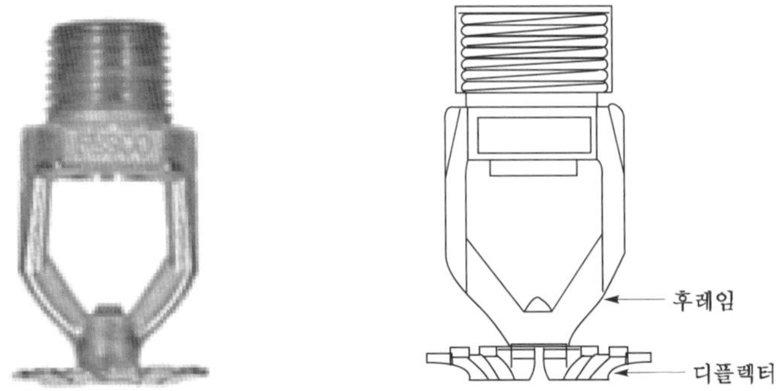

‖ 개방형 스프링클러헤드 ‖

① 30개 이하

$$Q = 1.6N$$

여기서, Q : 수원의 저수량[m³]
N : 개방형헤드의 설치개수

② 30개 초과

$$Q = K\sqrt{10P} \times N \times 20 \times 10^{-3}$$

여기서, Q : 수원의 저수량[m³]
K : 유출계수(15A : 80, 20A : 114)
P : 방수압력[MPa]
N : 개방형헤드의 설치개수

9 스프링클러설비의 가압송수장치(NFSC 103⑤)

(1) 고가수조방식

$$H \geq h_1 + 10$$

여기서, H : 필요한 낙차[m]
h_1 : 배관 및 관부속품의 마찰손실수두[m]

※ **고가수조** : 수위계, 배수관, 급수관, 오버플로관, 맨홀 설치

(2) 압력수조방식

$$P \geq P_1 + P_2 + 0.1$$

여기서, P : 필요한 압력[MPa]
P_1 : 배관 및 관부속품의 마찰손실수두압[MPa]
P_2 : 낙차의 환산수두압[MPa]

※ **압력수조** : 수위계, 급수관, 급기관, 압력계, 안전장치, 자동식 공기압축기 설치

(3) 펌프방식(지하수조방식)

$$H \geq h_1 + h_2 + 10$$

여기서, H : 전양정[m]
h_1 : 배관 및 관부속품의 마찰손실수두[m]
h_2 : 실양정(흡입양정+토출양정)[m]

Key Point

※ 방수량

$$Q = 0.653D^2\sqrt{10P}$$

여기서,
Q:방수량[l/min]
D:내경[mm]
P:방수압력[MPa]

$$Q = K\sqrt{10P}$$

여기서,
Q:방수량[l/min]
K:유출계수
P:방수압력(절대압)[MPa]

※ 위의 두 가지 식 중 어느 것을 적용해도 된다.

※ 스프링클러설비
1. 방수량:80l/min
2. 방수압 :0.1 MPa

※ 압력수조내의 공기압력

$$P_o = \frac{V}{V_a}(P + P_a) - P_a$$

P_o:수조내의 공기 압력 [MPa]
V:수조체적[m³]
V_a:수조내의 공기 체적[m³]
P:필요한 압력[MPa]
P_a:대기압[MPa]

Key Point

※ 가압송수장치의 기동
① 압력탱크 (압력스위치)
② 자동경보밸브
③ 유수작동밸브

※ 가압송수장치용 내연기관
배터리 전해액의 비중은 1.26~1.28 정도이다.

※ 노즐
소방호스의 끝부분에 연결되어서 물을 방수하기 위한 장치. 일반적으로 '관창'이라고 부른다.

※ 압력챔버
펌프를 기동 또는 정지시키기 위하여 사용하며 '기동용 수압개폐장치' 또는 '압력탱크'라고도 부른다.

※ 드레인밸브
'배수밸브'라고도 부른다.

10 가압송수장치의 설치기준(NFSC 103⑤)

① 가압송수장치의 정격토출압력은 하나의 헤드 선단에 0.1~1.2MPa 이하의 방수압력이 될 수 있게 하여야 한다.

② 가압송수장치의 송수량은 0.1MPa의 방수압력 기준으로 80l/min 이상의 방수성능을 가진 기준개수의 모든 헤드로부터의 방수량을 충족시킬 수 있는 양 이상의 것으로 하여야 한다.

참고

방수압, 방수량, 방수구경, 노즐구경

구분	드렌처설비	스프링클러설비	옥내소화전설비	옥외소화전설비
방수압	0.1MPa 이상	0.1~1.2MPa 이하	0.17~0.7MPa 이하	0.25~0.7MPa 이하
방수량	80l/min 이상	80l/min 이상	130l/min 이상	350l/min 이상
방수구경	-	-	40mm	65mm
노즐구경	-	-	13mm	19mm

11 기동용수압개폐장치의 형식승인 및 제품검사기술기준(2012.2.9)

(1) 압력챔버의 정의(제2조)

동체와 경판으로 구성된 원통형 탱크를 소화설비 배관과 연결하여 압력변동을 검지하여 자동적으로 **펌프**를 **기동** 또는 **정지**시키기 위한 장치

(2) 압력챔버의 구조 및 모양(제7조)

① 압력챔버의 구조는 **몸체**, **압력스위치**, **안전밸브**, **드레인밸브**, **유입구** 및 **압력계**로 이루어져야 한다.

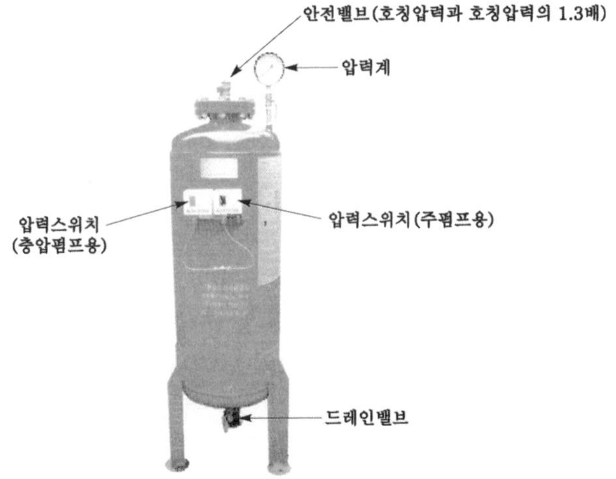

| 압력챔버 |

② **몸체**의 **동체**의 모양은 원통형으로서 길이방향의 **이음매**가 **1개소** 이하이어야 한다.
③ **몸체**의 **경판**의 모양은 **접시형**, **반타원형**, 또는 **온반구형**이어야 하며 **이음매**가 **없어야** 한다.
④ 몸체의 표면은 기능에 나쁜 영향을 미칠 수 있는 홈, 균열 및 주름 등의 결함이 없고 매끈하여야 한다.
⑤ 몸체의 외부 각 부분은 녹슬지 아니하도록 방청가공을 하여야 하며 내부는 부식되거나 녹슬지 아니하도록 **내식가공** 또는 **방청가공**을 하여야 한다. 다만, 내식성이 있는 재료를 사용하는 경우에는 그러하지 아니하다.
⑥ 배관과의 접속부에는 쉽게 접속시킬 수 있는 **관용나사** 또는 **플랜지**를 사용하여야 한다.

예제 **소화설비에 사용하는 안전밸브의 구비조건을 3가지만 쓰시오.**

○

○

○

해답 ① 설정압력에서 즉시 개방될 것
② 개방후 설정압력 이하가 되면 즉시 폐쇄될 것
③ 평상시 누설되지 않을 것

(3) 기능시험(제10조)

압력챔버의 안전밸브는 **호칭압력**과 **호칭압력**의 **1.3배**의 압력범위내에서 작동되어야 한다.

(4) 기밀시험(제12조)

압력챔버의 용기는 **호칭압력**의 **1.5배**에 해당하는 압력을 공기압 또는 질소압으로 **5분**간 가하는 경우에 누설되지 아니하여야 한다.

(5) 내압시험(제4조)

호칭압력의 **2배**에 해당하는 압력을 수압력으로 **5분**간 가하는 시험에서 물이 새거나 현저한 변형이 생기지 아니하여야 한다.

12 충압펌프의 설치기준(NFSC 103⑤)

① 펌프의 정격토출압력은 그 설비의 최고위 살수장치의 **자연압**보다 적어도 0.2MPa 더 크거나 가압송수장치의 정격토출압력과 같게 하여야 한다.
② 펌프의 정격토출량은 정상적인 누설량보다 적어서는 아니되며 스프링클러설비가 자동적으로 작동할 수 있도록 충분한 토출량을 유지하여야 한다.

Key Point

※ 안전밸브의 구비조건
① 설정압력에서 즉시 개방될 것
② 개방 후 설정압력 이하가 되면 즉시 폐쇄될 것
③ 평상시 누설되지 않을 것
④ 작동압력이 적정할 것
⑤ 기계적 강도가 클 것
⑥ 설치가 간편하고 유지보수가 용이할 것

※ 시험방법
(1) 기능시험:호칭압력과 호칭압력의 1.3배
(2) 기밀시험:호칭압력의 1.5배
(3) 내압시험:호칭압력의 2배

※ 충압펌프의 정격토출압력
자연압+0.2MPa 이상

※ 충압펌프의 설치목적
배관내의 적은 양의 누수시 기동하여 주펌프의 잦은 기동을 방지한다.

Key Point

※ 폐쇄형설비의 방호 구역 면적
3000m²

※ 유수검지장치
물이 방사되는 것을 감지하는 장치로서 압력스위치가 사용된다.

13 폐쇄형설비의 방호구역 및 유수검지장치(NFSC 103⑥)

① 하나의 방호구역의 바닥면적은 $3,000m^2$를 초과하지 않아야 하다.
② 하나의 방호구역에는 1개 이상의 **유수검지장치**를 설치하여야 한다.
③ 하나의 방호구역은 **2개층**에 미치지 아니하도록 하되, 1개층에 설치되는 스프링클러 헤드의 수가 **10개 이하**인 경우에는 **3개층** 이내로 할 수 있다.
④ 유수검지장치는 바닥에서 0.8~1.5m 이하의 높이에 설치하여야 하며, 실내에 설치하는 때에는 가로 0.5m 이상 세로 1m 이상의 출입문을 설치하고 그 출입문 상단에 **"유수검지장치실"** 이라고 표시한 표지를 설치하여야 한다.
⑤ 스프링클러헤드에 공급되는 물은 **유수검지장치**를 지나도록 하여야 한다.(단, **송수구**를 통하여 공급되는 물은 제외)
⑥ 자연낙차에 의한 압력수가 흐르는 배관상에 설치된 유수검지장치는 화재시 물의 흐름을 검지할 수 있는 최소한의 압력이 얻어질 수 있도록 수조의 하단으로부터 낙차를 두어 설치하여야 한다.
⑦ **조기반응형 스프링클러헤드**를 설치하는 경우에는 **습식유수검지장치** 또는 **부압식스프링클러설비**를 설치할 것

14 개방형설비의 방수구역(NFSC 103⑦)

① 하나의 방수구역은 **2개층**에 미치지 아니하여야 한다.
② 방수구역마다 **일제개방밸브**를 설치하여야 한다.
③ 하나의 방수구역을 담당하는 헤드의 개수는 **50개** 이하로 하여야 한다. (단, 2개 이상의 방수구역으로 나눌 경우에는 **25개** 이상)

15 스프링클러 배관

(1) 급수관(NFSC 103 [별표 1])

‖스프링클러헤드수별 급수관의 구경‖

구분 \ 급수관의 구경	25mm	32mm	40mm	50mm	65mm	80mm	90mm	100mm
폐쇄형 헤드수	2개	3개	5개	10개	30개	60개	80개	100개
개방형 헤드수	1개	2개	5개	8개	15개	27개	40개	55개

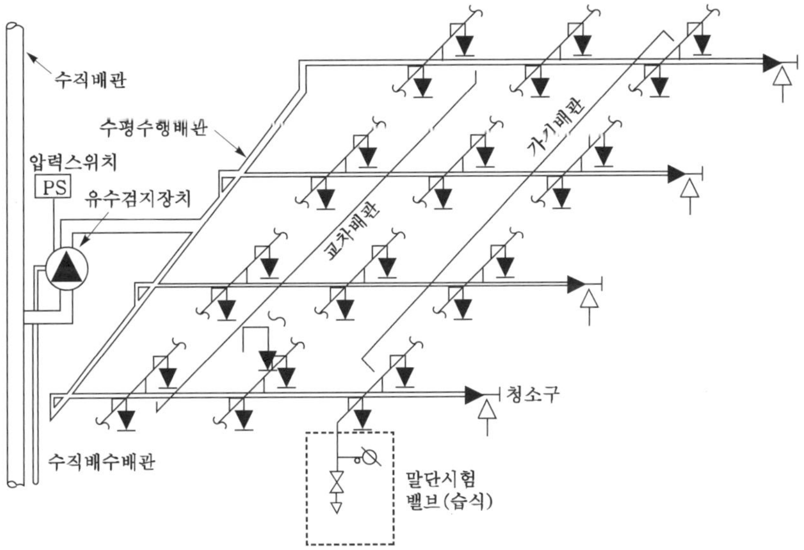

▌스프링클러 배관▐

① **폐쇄형 스프링클러헤드**를 사용하는 설비의 경우로서 1개층에서 하나의 급수배관 또는 밸브 등이 담당하는 구역의 최대면적은 **3000m²**를 초과하지 아니할 것

② **개방형 스프링클러헤드**를 설치하는 경우 하나의 방수구역이 담당하는 헤드의 개수가 **30개** 이하일 때는 위의 표에 의하고, 30개를 초과할 때는 수리계산방법에 의할 것.

※ **급수관** : 수원 및 옥외송수구로부터 스프링클러 헤드에 급수하는 배관

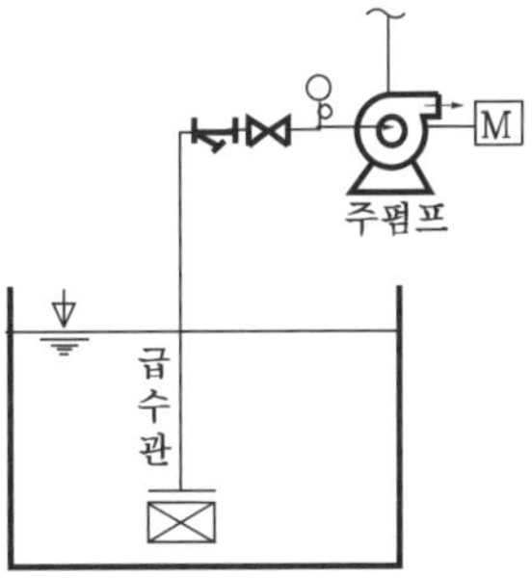

▌급수관▐

(2) 수직배수배관(NFSC 103⑧)

수직배수배관의 구경은 **50mm** 이상으로 하여야 한다.

※ **수직배수배관** : 층마다 물을 배수하는 수직배관

(3) 수평주행배관(NFSC 103⑧)

수평주행배관에는 **4.5m** 이내마다 1개 이상의 행거를 설치하여야 한다.

Key Point

✻ 수직배관
수직으로 층마다 물을 공급하는 배관

✻ 토너먼트 방식

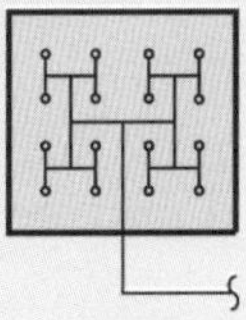

✻ 토너먼트방식 적용설비
① 분말소화설비
② 할로겐화합물 소화설비
③ 이산화탄소 소화설비
④ 청정소화약제 소화설비

✻ 교차회로방식 적용설비
① 분말소화설비
② 할로겐화합물 소화설비
③ 이산화탄소 소화설비
④ 준비작동식 스프링클러설비
⑤ 일제살수식 스프링클러설비
⑥ 청정소화약제 소화설비

✻ 시험배관 설치 목적
펌프(가압송수장치)의 자동기동여부를 확인하기 위해

Key Point

※ **수평주행배관** : 각 층에서 교차배관까지 물을 공급하는 배관

(4) 교차배관(NFSC 103⑧)

① 교차배관은 가지배관과 수평으로 설치하거나 가지배관 밑에 설치하고 구경은 40mm 이상이 되도록 한다.

※ 청소구
교차배관의 말단에 설치하며, 일반적으로 '앵글밸브'가 사용된다.

② 청소구는 교차배관 끝에 개폐밸브를 설치하고 호스 접결이 가능한 **나사식** 또는 **고정배수 배관식**으로 한다. 이 경우 나사식의 개폐밸브는 **옥내소화전 호스접결용**의 것으로 하고, 나사보호용의 캡으로 마감하여야 한다.

※ 행거
배관의 지지에 사용되는 기구

③ **교차배관**에는 가지배관과 가지배관 사이마다 1개 이상의 행거를 설치하되 가지배관 사이의 거리가 4.5m를 초과하는 경우에는 **4.5m** 이내마다 1개 이상 설치하여야 한다.

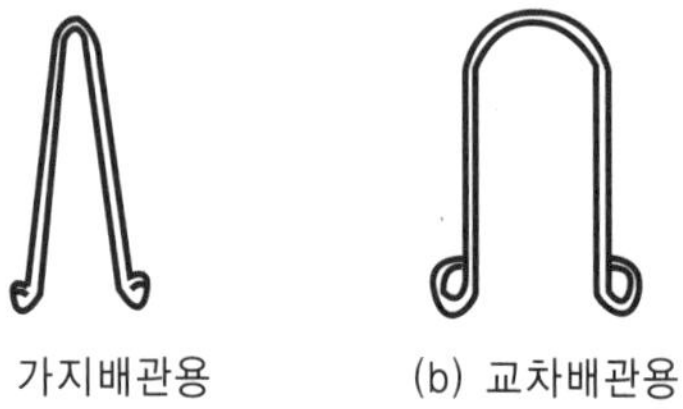

‖ 행거(hanger) ‖

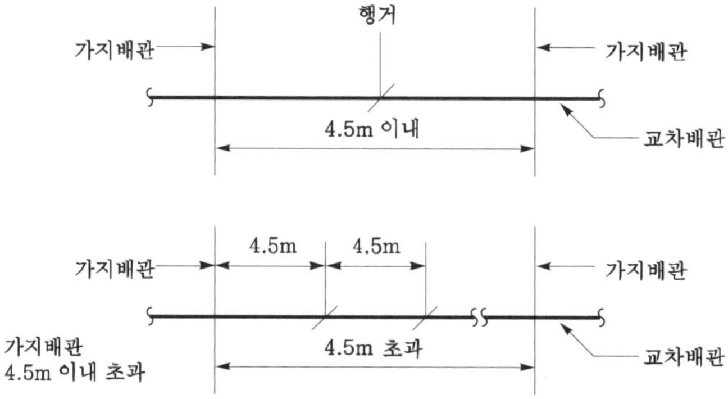

‖ 교차배관의 행거설치 ‖

④ 하향식 헤드를 설치하는 경우에 가지배관으로부터 헤드에 이르는 헤드 접속배관은 **가지관 상부**에서 분기하여야 한다. 다만, 소화설비용 수원의 수질이 먹는물 관리법에 의한 먹는물의 수질기준에 적합하고 덮개가 있는 저수조로부터 물을 공급받는 경우에는 **가지배관**의 **측면** 또는 **하부**에서 **분기**할 수 있다.

※ 상향식 헤드
반자가 없는 곳에 설치하며, 살수방향은 상향이다.

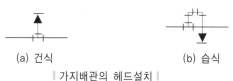

‖ 가지배관의 헤드설치 ‖

⑤ **가지배관**에는 헤드의 설치지점 사이마다 1개 이상의 행거를 설치하되, 상향식 헤드의 경우에는 그 헤드와 행거 사이에 **8cm** 이상의 간격을 두어야 한다. 다만, 헤드간의 거리가 **3.5m**를 초과하는 경우에는 3.5m 이내마다 1개 이상을 설치한다.

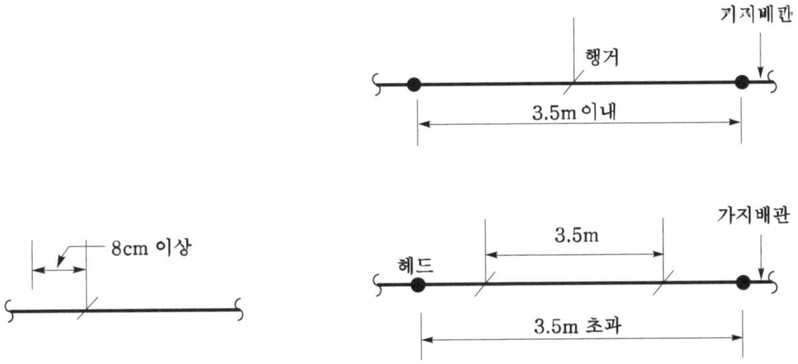

(a) 상향식 (b) 상향식, 하향식

‖ 가지배관의 행거 설치 ‖

※ **교차배관** : 직접 또는 수직배관을 통하여 가지배관에 급수하는 배관

(5) 가지배관(NFSC 103⑧)

① 가지배관의 배열은 **토너먼트방식**이 아니어야 한다.

중요 토너먼트방식이 아니어야 하는 이유

- 유체의 마찰손실이 너무 크므로 압력손실을 최소화하기 위하여
- 수격작용을 방지하기 위하여

② 교차배관에서 분기되는 지점을 기점으로 한쪽 가지배관에 설치되는 헤드의 개수는 **8개** 이하로 한다.

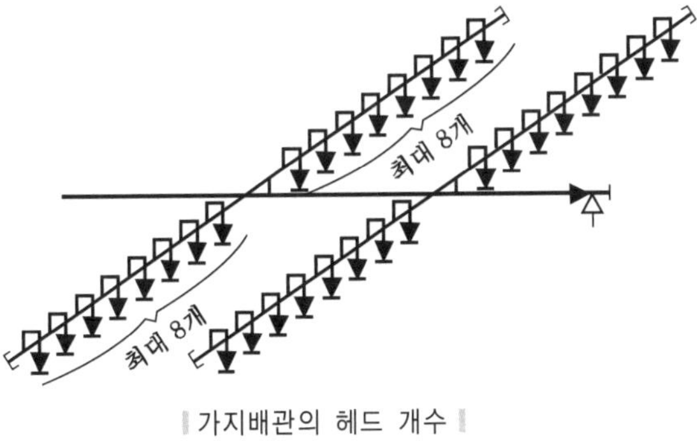

‖ 가지배관의 헤드 개수 ‖

③ 가지배관을 신축배관으로 하는 경우

㈎ 최고사용압력은 **1.4MPa** 이상이어야 한다.

㈏ 최고사용압력의 **1.5배**의 수압에서 변형·누수되지 않아야 한다.

㈐ 진폭 5mm, 진동수를 25회/s로 하여 6시간 작동시킨 경우 또는 0.35~

Key Point

❋ 토너먼트방식 적용설비
① 분말소화설비
② 할로겐화합물 소화설비
③ 이산화탄소 소화설비
④ 청정소화약제 소화설비

❋ 가지배관
① 최고 사용압력 :1.4MPa 이상
② 헤드 개수:8개 이하

❋ 습식·부압식 설비 외의 설비
① 수평주행배관 : $\frac{1}{500}$ 이상
② 가지배관 : $\frac{1}{250}$ 이상

Key Point

※ 물분무소화설비

배수설비: $\frac{2}{100}$ 이상

※ 연결살수설비

수평주행배관: $\frac{1}{100}$ 이상

3.5MPa/s까지의 압력변동을 4000회 실시한 경우에도 변형·누수되지 아니하여야 한다.

※ **가지배관** : 스프링클러 헤드가 설치되어 있는 배관

(6) 스프링클러설비 배관의 배수를 위한 기울기(NFSC 103⑧)

① **습식 스프링클러설비** 또는 **부압식 스프링클러설비**의 배관을 **수평**으로 할 것(단, 배관의 구조상 소화수가 남아있는 곳에는 배수밸브를 설치할 것)

② **습식 스프링클러설비** 또는 **부압식 스프링클러설비**외의 설비에는 헤드를 향하여 상향으로 **수평주행배관**의 기울기를 $\frac{1}{500}$이상, **가지배관**의 기울기를 $\frac{1}{250}$ 이상으로 할 것(단, 배관의 구조상 기울기를 줄 수 없는 경우에는 배수를 원활하게 할 수 있도록 **배수밸브**를 설치할 것)

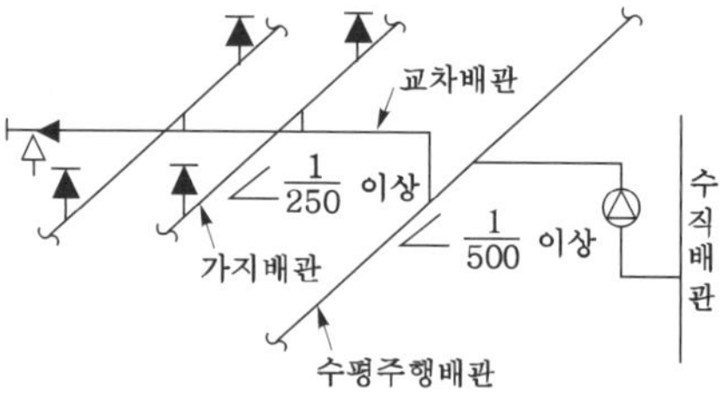

‖습식 설비외의 설비의 배관기울기‖

※ 반사판

스프링클러헤드의 방수구에서 유출되는 물을 세분시키는 작용을 하는 것으로서, '디플렉터(deflector)'라고도 부른다.

※ 프레임

스프링클러헤드의 나사부분과 디플렉터를 연결하는 이음쇠 부분

(7) 습식·건식 유수검지장치 시험장치의 설치기준(NFSC 103⑧)

① 유수검지장치에서 가장 먼 가지배관의 끝으로부터 연결·설치한다.

② 시험장치배관의 구경은 유수검지장치에서 가장 먼 가지배관의 구경과 동일한 구경으로 하고, 그 끝에 **개폐밸브** 및 **개방형 헤드**를 설치하는데, 이 경우 개방형 헤드는 **반사판** 및 **프레임을 제거한 오리피스**만으로 설치할 수 있다.

③ 시험배관의 끝에는 **물받이통** 및 **배수관**을 설치하여 시험중 방사된 물이 바닥에 흘러내리지 아니하도록 하여야 한다.(단, **목욕실**·**화장실** 등으로서 배수처리가 쉬운 장소에 설치한 경우는 제외)

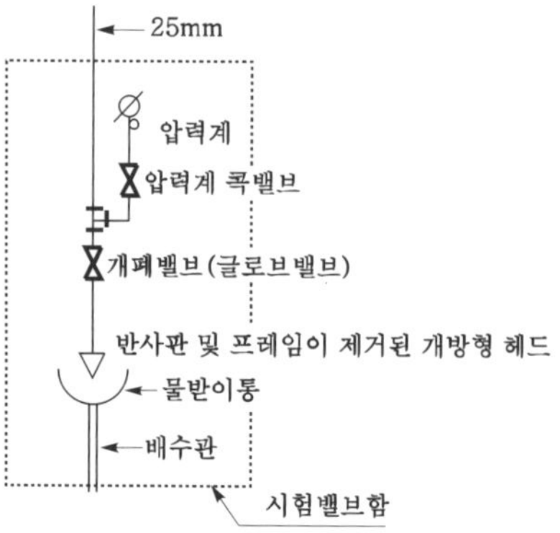

‖시험장치‖

(8) 송수구의 설치기준(NFSC 103⑪)

(a) 외형

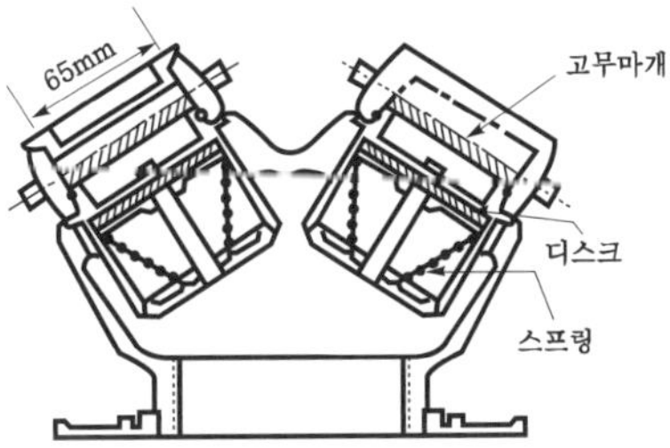

(b) 송수구

❙송수구❙

① 송수구는 화재층으로부터 지면으로 떨어지는 유리창 등이 **송수** 및 그 밖의 **소화작업**에 지장을 주지 아니하는 장소에 설치하여야 한다.

② 송수구로부터 스프링클러설비의 주배관에 이르는 연결배관에 개폐밸브를 설치한 때에는 그 개폐상태를 쉽게 확인 및 조작할 수 있는 **옥외** 또는 **기계실** 등의 장소에 설치하여야 한다

③ 구경 65mm의 **쌍구형**으로 할 것

④ 송수구에는 그 가까운 곳의 보기쉬운 곳에 송수압력범위를 표시한 표지를 할 것

⑤ 폐쇄형 스프링클러헤드를 사용하는 스프링클러설비의 송수구는 하나의 층의 바닥면적이 3000m^{2}를 넘을 때마다 1개 이상을 설치할 것(최대 **5개**)

⑥ 지면으로부터 높이가 0.5~1m 이하의 위치에 설치할 것

⑦ 송수구의 가까운 부분에 **자동배수밸브**(또는 직경 5mm의 **배수공**) 및 **체크밸브**를 설치할 것.

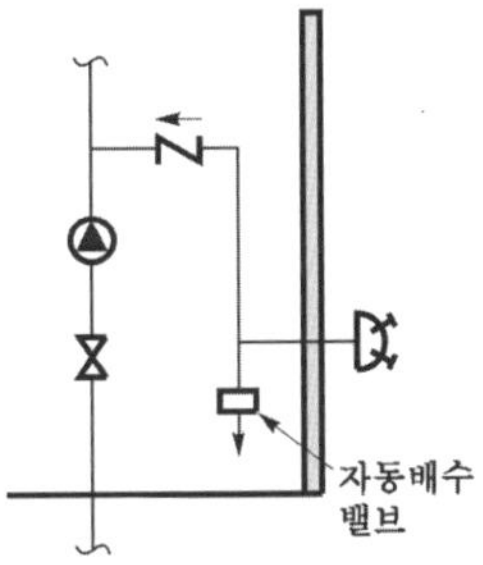

(a) 습식

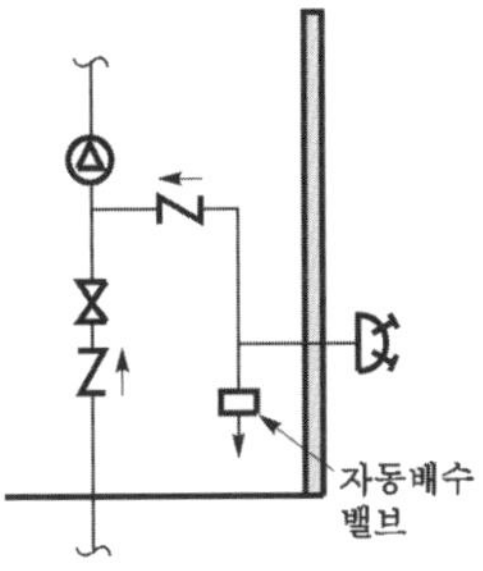

(b) 건식

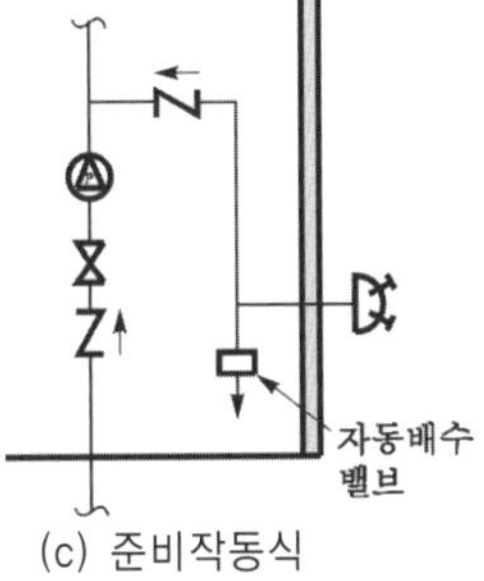

(c) 준비작동식

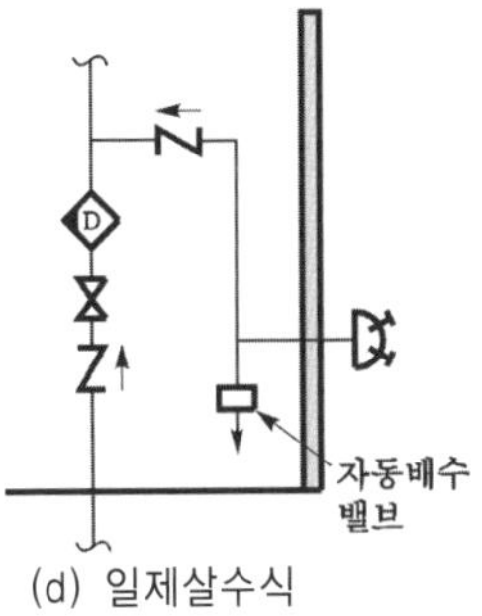

(d) 일제살수식

❙송수관 접속방법[단일설비의 경우(NFPA)]❙

Key Point

※ 송수구
배관으로 물을 보내기 위한 구멍

※ 송수구의 설치 이유
① 본격화재시 소방차에서 물을 공급하기 위하여
② 가압송수장치 등의 고장시 외부에서 물을 공급하기 위하여

※ 11층 이상의 쌍구형방수구 적용이유(연결송수관설비)
11층 이상은 소화활동에 대한 외부의 지원 및 피난에 여러 가지 제약이 따르므로 2개의 관창을 사용하여 신속하게 화재를 진압하기 위함

Key Point

(9) 일제개방밸브 2차측 배관의 부대설비기준(NFSC 103⑧)

① **개폐표시형밸브**를 설치한다.

(a)

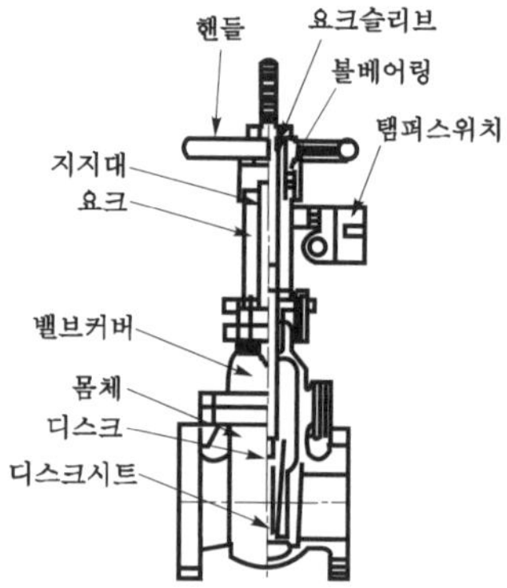

(b)

‖ 개폐표시형 밸브 ‖

② 개폐표시형밸브와 일제개방밸브 사이의 배관의 구조

㈎ 수직배수배관과 연결하고 동 연결배관상에는 **개폐밸브**를 설치한다.

㈏ **자동배수장치** 및 **압력스위치**를 설치한다.

㈐ 압력스위치는 수신부에서 일제개방밸브의 개방여부를 확인할 수 있게 설치한다.

(10) 유수제어밸브의 형식승인 및 제품검사기술기준(2012.2.9)

① 유수제어밸브의 정의(제2조)

수계소화설비의 펌프토출측에 사용되는 유수검지장치와 일제개방밸브

② 일제개방밸브의 구조(제13조)

㈎ 평상시 닫혀진 상태로 있다가 화재시 자동식 기동장치의 작동 또는 수동식 기동장치의 원격조작에 의하여 열려져야 한다.

㈏ 열려진 다음에도 송수가 중단되는 경우에는 닫혀져야 하고, 다시 송수되는 경우에는 열려져야 한다.

㈐ 퇴적물에 의하여 기능에 지장이 생기지 아니하여야 한다.

㈑ 배관과의 접속부에는 쉽게 접속시킬 수 있는 **관플랜지 · 관용나사** 또는 **그루브조인트**를 사용하여야 한다.

㈒ 유체가 통과하는 부분은 표면이 미끈하게 다듬질되어 있어야 한다.

㈓ 밸브의 본체 및 그 부품은 보수점검 및 교체를 쉽게 할 수 있어야 한다.

㈔ 밸브시트는 기능에 유해한 영향을 미치는 흠이 없는 것이어야 한다.

※ 개폐표시형밸브
스프링클러설비 또는 옥내소화전설비의 주밸브로 사용되는 밸브로서, 육안으로 밸브의 개폐를 직접 확인할 수 있다.
일반적으로 OS & Y 밸브를 말한다.

※ 유수제어밸브
수계소화설비의 펌프토출측에 사용되는 유수검지장치와 일제개방밸브

※ 자동배수장치
'오토드립(auto drip)' 이라고도 한다.

※ 밸브시트
밸브가 앉는 자리

16 드렌처설비(NFSC 103⑮)

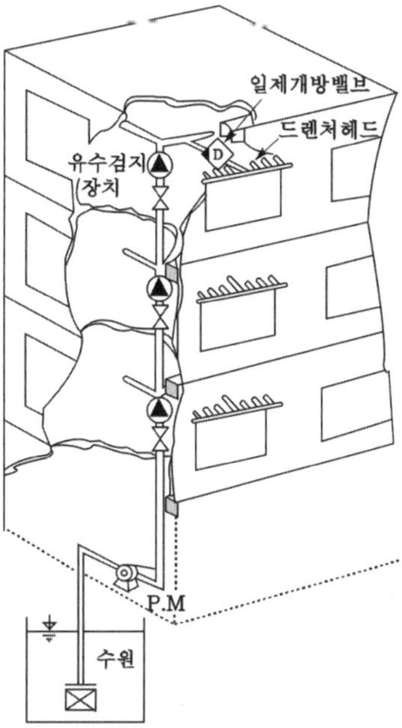

드렌처설비의 계통도

① 드렌처헤드는 개구부 위측에 2.5m 이내마다 1개를 설치한다.

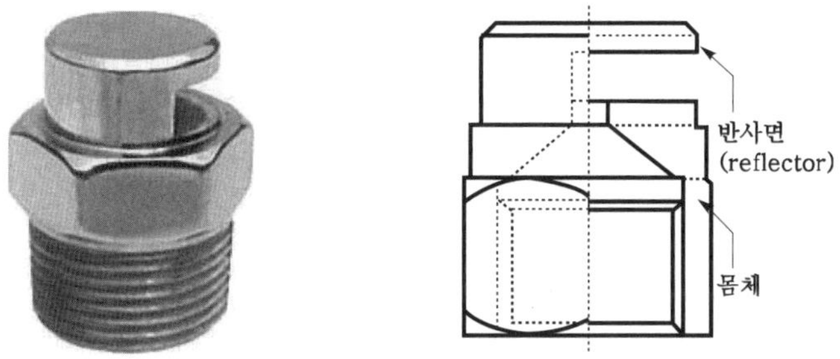

(a) (b)

드렌처헤드

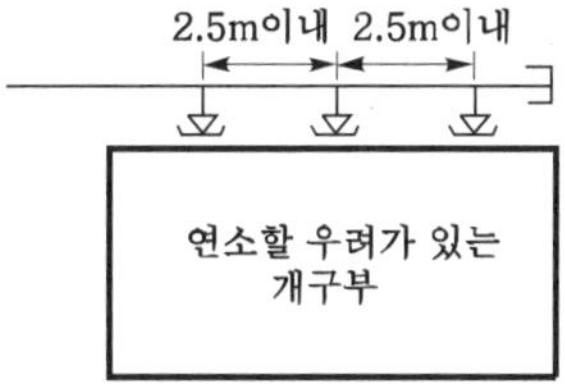

드렌처헤드의 설치

② 제어밸브는 바닥면으로부터 0.8~1.5m 이하의 위치에 설치한다.

③ 수원의 저수량은 가장 많이 설치된 제어밸브의 드렌처헤드 개수에 1.6m³를 곱한 수치 이상이어야 한다.

Key Point

※ 드렌처설비
건물의 창, 처마 등 외부화재에 의해 연소·파손하기 쉬운 부분에 설치하여 외부 화재의 영향을 막기 위한 설비

※ 개구부
수계소화설비의 펌프 토출측에 사용되는 유수검지장치와 일제개방밸브

※ 드렌처헤드의 수원의 양

$$Q = 1.6N$$

여기서,
Q : 수원의 양[m³]
N : 헤드개수

Key Point

※ 가압송수장치
물에 압력을 가하여 보내기 위한 장치로서, 일반적으로 '펌프'가 사용된다.

※ 지하가
지하에 있는 상가를 말한다.

④ 헤드 선단에 방수압력이 0.1MPa 이상, 방수량이 80l/min 이상이어야 한다.
⑤ 수원에 연결하는 가압송수장치는 점검이 쉽고 화재 등의 재해로 인한 피해우려가 없는 장소에 설치할 것

17 스프링클러설비의 설치대상(설치유지령 [별표 4])

설치대상	조 건
① 문화 및 집회시설, 운동시설 ② 종교시설	• 수용인원 – **100명** 이상 • 영화상영관 – 지하층 · 무창층 500m²(기타 1000m²) 이상 • 무대부 ① 지하층 · 무창층 · **4층** 이상 300m² 이상 ② 1~3층 500m² 이상
③ 판매시설, 운수시설, 물류터미널	• 수용인원 – **500명** 이상 • 3층이하 – 바닥면적합계 6000m² 이상 • 4층이상 – 바닥면적합계 5000m² 이상
④ 노유자시설 ⑤ 정신보건시설 ⑥ 수련시설(숙박시설이 있는 것)	• 연면적 600m² 이상
⑦ 지하가	• 연면적 1000m² 이상
⑧ 지하층 · 무창층 · 4층 이상	• 바닥면적 1000m² 이상
⑨ 10m 넘는 랙크식 창고	• 연면적 1500m² 이상
⑩ 복합건축물 ⑪ 기숙사	• 연면적 5000m² 이상 – 전 층
⑫ 11층 이상	• 전 층
⑬ 보일러실 · 연결통로	• 전부
⑭ 특수가연물 저장 · 취급	• 지정수량 **1000배** 이상

18 간이 스프링클러설비

(1) 수원(NFSC 103A ④)

① 상수도직결형의 경우에는 **수돗물**
② 수조를 사용하고자 하는 경우에는 적어도 **1개** 이상의 **자동급수장치**를 갖추어야 하며, **2개**의 **간이 헤드**에서 최소 **10분**(**근린생활시설**은 **20분**) 이상 방수할 수 있는 양 이상을 수조에 확보할 것

(2) 가압송수장치(NFSC 103A ⑤)

방수압력(상수도 직결형의 상수도압력)은 가장 먼 가지배관에서 **2개**의 **간이헤드**를 동시에 개방할 경우 각각의 간이헤드 선단 방수압력은 **0.1MPa** 이상, 방수량은 **50L/min** 이상이어야 한다.

(3) 배관 및 밸브(NFSC 103A ⑧)

① 상수도 직결형의 경우

수도용계량기, 급수차단장치, 개폐표시형밸브, 체크밸브, 압력계, 유수검지장치(압력스위치 등 포함), 시험밸브(2개)

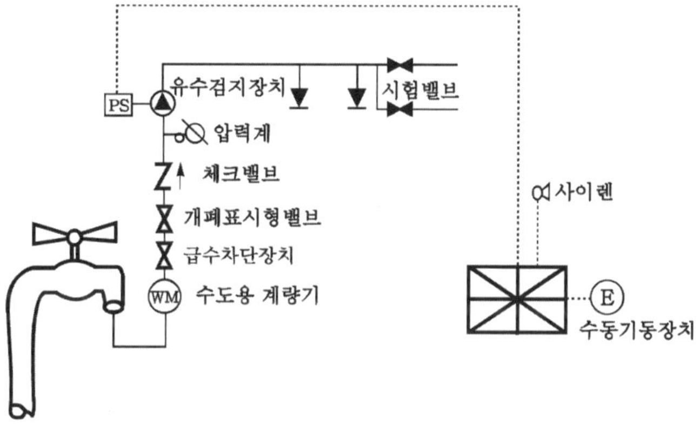

| 상수도 직결형 |

간이스프링클러설비 이외의 배관 : 화재시 배관을 차단할 수 있는 급수차단장치

② 펌프 등의 가압송수장치를 이용하여 배관 및 밸브 등을 설치하는 경우

수원, 연성계 또는 **진공계**(수원이 펌프보다 높은 경우 제외), **펌프** 또는 **압력수조, 압력계, 체크밸브, 성능시험배관, 개폐표시형밸브, 유수검지장치, 시험밸브**

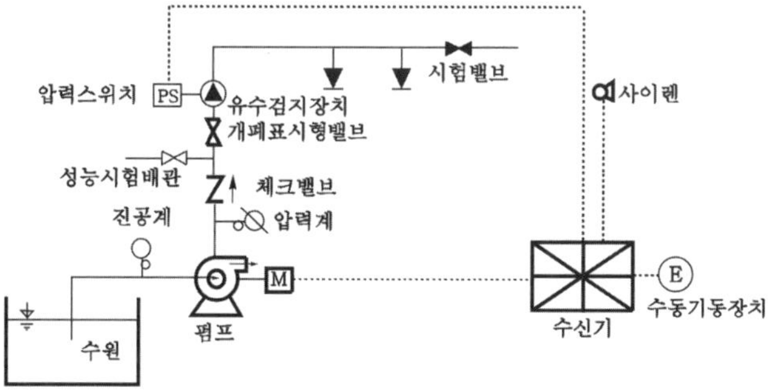

| 펌프 등의 가압송수장치 이용 |

③ 가압수조를 가압송수장치를 이용하여 배관 및 밸브등을 설치하는 경우

수원, 가압수조, 압력계, 체크밸브, 성능시험배관, 개폐표시형밸브, 유수검지장치, 시험밸브(2개)

Key Point

＊ 체크밸브
역류방지를 목적으로 한다.
① 리프트형
수평설치용으로 주배관상에 많이 사용
② 스윙형
수평·수직 설치용으로 작은 배관상에 많이 사용

＊ 수원
물을 공급하는 곳

＊ 개폐표시형밸브
옥내소화전설비 및 스프링클러설비의 주밸브로 사용되는 밸브로서, 육안으로 밸브의 개폐를 직접 확인할 수 있다. 일반적으로 'OS & Y 밸브'라고 부른다.

＊ 유수검지장치
스프링클러헤드 개방시 물흐름을 감지하여 경보를 발하는 장치

＊ 압력계
정의 게이지압력을 측정한다.

Key Point

※ 연성계
정 및 부의 게이지 압력을 측정한다.

※ 진공계
부의 게이지압력을 측정한다.

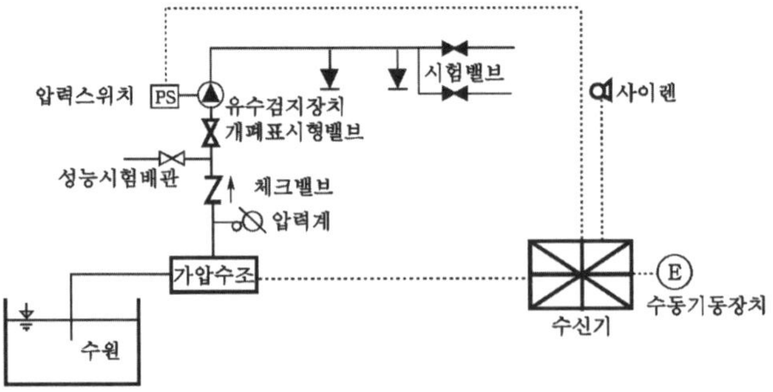

가압수조를 가압송수장치로 이용

④ 캐비닛형의 가압송수장치에 배관 및 밸브 등을 설치하는 경우
수원, 연성계 또는 진공계(수원이 펌프보다 높은 경우 제외), 펌프 또는 압력수조, 압력계, 체크밸브, 개폐표시형밸브, 시험밸브(2개)

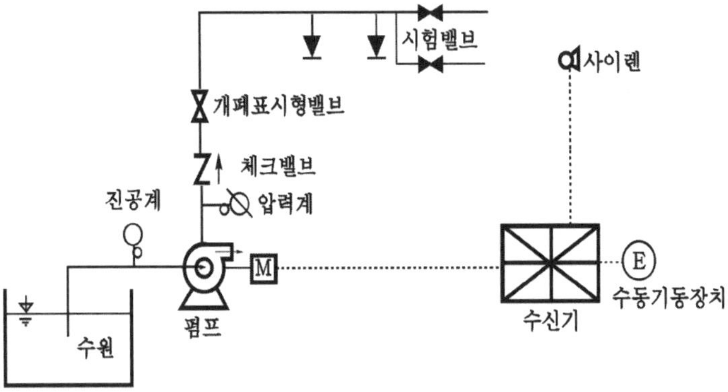

캐비닛형의 가압송수장치 이용

(4) 간이헤드의 적합기준(NFSC 103A ⑨)

① **폐쇄형 간이헤드**를 사용할 것

② 간이헤드의 작동온도는 실내의 최대주위천장온도가 0~38℃ 이하인 경우 공칭작동온도가 57~77℃의 것을 사용하고, 39~66℃ 이하인 경우에는 공칭작동온도가 79~109℃의 것을 사용할 것

※ 개폐표시형밸브
밸브의 개폐여부를 외부에서 식별이 가능한 밸브

③ **간이헤드**를 설치하는 천장·반자·천장과 반자사이·덕·선반 등의 각 부분으로부터 간이헤드까지의 **수평거리**는 2.3m 이하가 되도록 할 것

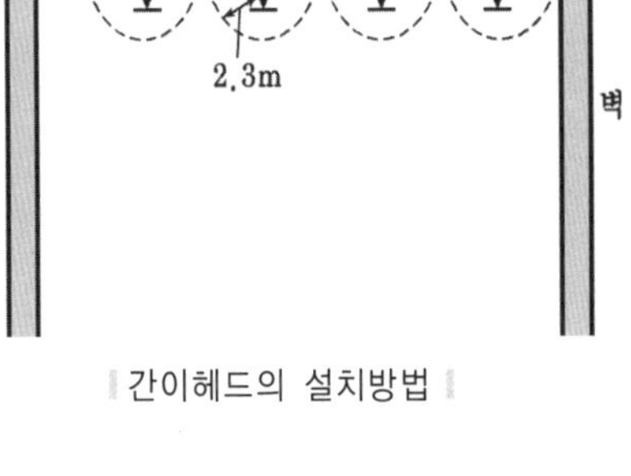

간이헤드의 설치방법

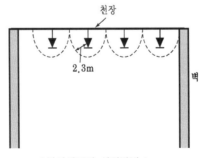

※ 방호면적
화재로부터 보호하기 위한 면적

④ **상향식 간이헤드** 또는 **하향식 간이헤드**의 경우에는 간이헤드의 디플렉터에서 천장 또는 반자까지의 거리는 25~102mm 이내가 되도록 설치하여야 하며, **측벽형 간이헤드**의 경우에는 102~152mm 사이에 설치할 것

⑤ 간이헤드는 천장 또는 반자의 **경사 · 대들보 · 조명장치** 등에 따라 살수 장애의 영향을 받지 아니하도록 설치할 것

(5) 음향장치 · 기동장치의 설치기준(NFSC 103A⑩)

① 습식유수검지장치를 사용하는 설비에 있어서는 간이헤드가 개방되면 **유수검지장치**가 **화재신호**를 **발신**하고 그에 따라 **음향장치**가 **경보**되도록 할 것

② 음향장치는 습식유수검지장치의 담당구역마다 설치하되 그 구역의 각 부분으로부터 하나의 음향장치까지의 **수평거리**는 25m 이하가 되도록 할 것

③ 음향장치는 **경종** 또는 **사이렌**(전자식 사이렌을 포함한다)으로 하되, 주위의 소음 및 다른 용도의 경보와 구별이 가능한 음색으로 할 것. 경종 또는 사이렌은 **자동화재탐지설비 · 비상벨설비** 또는 **자동식사이렌설비**의 음향장치와 겸용할 수 있다.

④ 주음향장치는 수신기의 **내부** 또는 그 **직근**에 설치할 것

(6) 송수구의 설치기준(NFSC 103A⑪)

① 송수구는 화재층으로부터 지면으로 떨어지는 유리창 등이 송수 및 그 밖의 소화작업에 지장을 주지 아니하는 장소에 설치할 것

② 송수구로부터 간이스프링클러설비의 주배관에 이르는 연결배관에 개폐밸브를 설치한 때에는 그 개폐상태를 쉽게 확인 및 조작할 수 있는 옥외 또는 기계실 등의 장소에 설치할 것

③ 구경 65mm의 **단구형** 또는 **쌍구형**으로 하여야 하며, 송수배관의 안지름은 40mm 이상으로 할 것

④ 지면으로부터 높이가 0.5~1m 이하의 위치에 설치할 것

⑤ 송수구의 가까운 부분에 **자동배수밸브**(또는 직경 5mm의 **배수공**) 및 **체크밸브**를 설치할 것

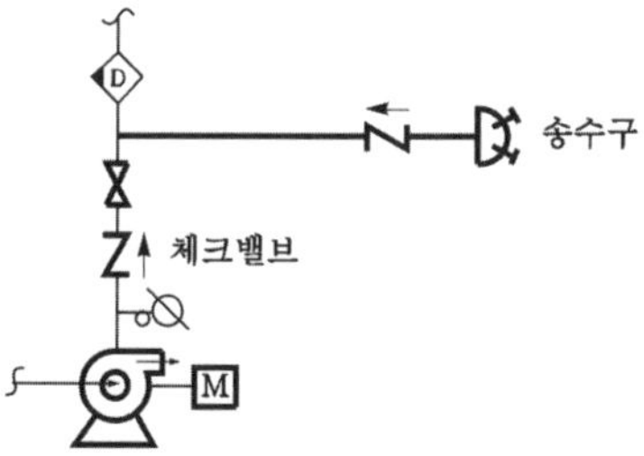

‖ 송수구의 설치 ‖

Key Point

※ 측벽형
가압된 물이 분사될 때 축심을 중심으로 한 반원상에 균일하게 분산시키는 헤드

※ 반자
천장 밑 또는 지붕 밑에 설치되어 열차단, 소음방지 및 장식용으로 꾸민 부분

※ 음향장치
경종, 사이렌 등을 말한다.

※ 송수구
물을 배관에 공급하기 위한 구멍

chapter 04 스프링클러설비

Key Point

※ 화재조기진압용 스프링클러설비
화재를 초기에 진압할 수 있도록 정해진 면적에 충분한 물을 방사할 수 있는 빠른 작동능력의 스프링클러헤드를 사용한 설비

※ 내화구조
화재시 수리하여 재차 사용할 수 있는 구조

※ 목재트러스 구조
2개 이상의 목재를 삼각형으로 조립해서 뼈대를 만든 구조

※ 수원
물을 공급하는 곳

19 화재조기진압용 스프링클러설비

(1) 설치장소의 구조(NFSC 103B④)

① 당해층의 높이가 13.7m 이하일 것.(단, **2층** 이상일 경우에는 당해층의 바닥을 **내화구조**로 하고 다른부분과 방화구획할 것)

② 천장의 기울기가 $\frac{168}{1000}$을 초과하지 않아야 하고, 이를 초과하는 경우에는 반자를 지면과 **수평**으로 설치할 것

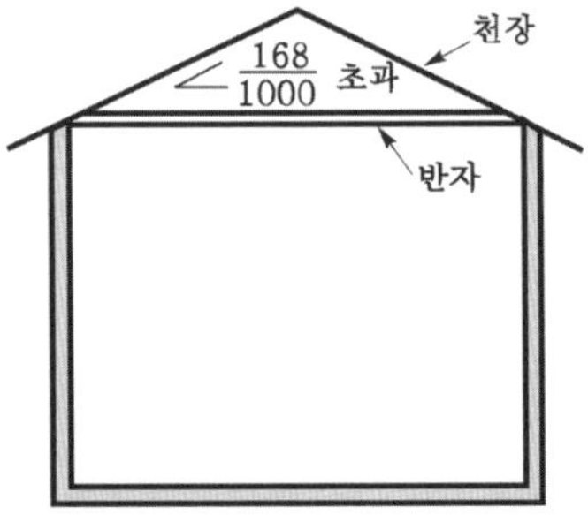

기울어진 천장의 경우

③ 천장은 평평하여야 하며 철재나 목재 트러스 구조인 경우 철재나 목재의 돌출부분이 102mm를 초과하지 아니할 것

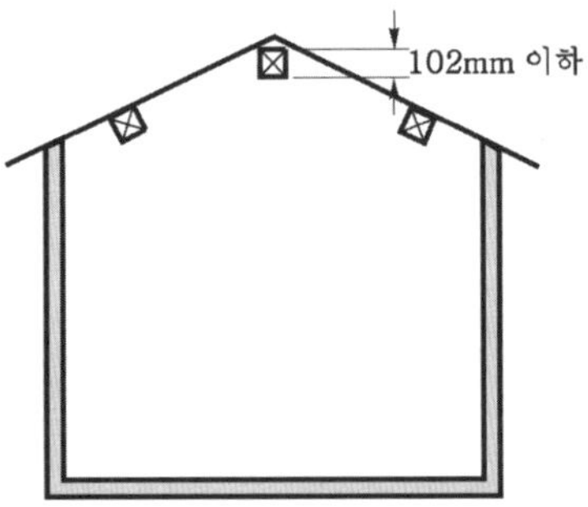

철재 또는 목재의 돌출치수

④ 보로 사용되는 목재·콘크리트 및 철재사이의 간격이 0.9~2.3 m 이하일 것(단, 보의 간격이 2.3 m 이상인 경우에는 스프링클러헤드의 동작을 원활히 하기 위하여 보로 구획된 부분의 천장 및 반자의 넓이가 28 m^2를 초과하지 아니할 것)

⑤ 창고내의 선반의 형태는 하부로 물이 침투되는 구조로 할 것

(2) 수원(NFSC 103B⑤)

화재조기진압용 스프링클러설비의 수원은 수리적으로 가장 먼 가지배관 3개에 각각 4개의 스프링클러헤드가 동시에 개방되었을 때 헤드 선단의 압력이 별도로 정한 값 이상으로 **60분**간 방사할 수 있는 양으로 계산식은 다음과 같다.

$$Q = 12 \times 60 \times K\sqrt{10P}$$

여기서, Q : 방사량[l]

K : 상수[l/min/MPa$^{\frac{1}{2}}$]

P : 압력[MPa]

(3) 헤드(NFSC 103B⑩)

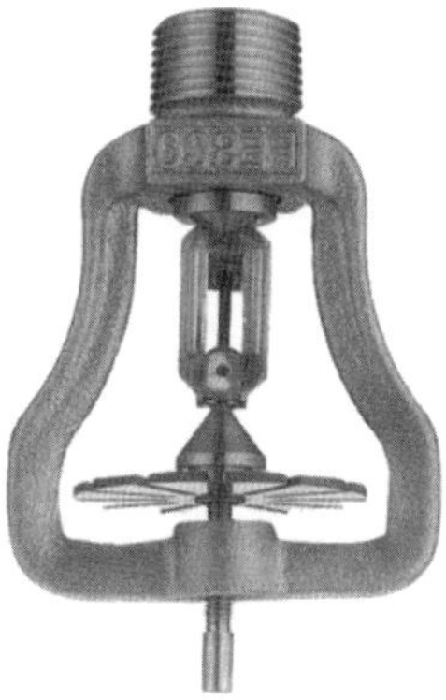

(a)

(b)

‖ 화재조기진압용 헤드 ‖

① 헤드 하나의 방호면적은 6.0~9.3m^2 이하로 할 것

② 가지배관의 헤드 사이의 거리는 천장의 높이가 9.1m 미만인 경우에는 2.4~3.7m 이하로, 9.1~13.7m 이하인 경우에는 3.0m 이상으로 할 것

③ 헤드의 반사판은 천장 또는 반자와 평행하게 설치하고 저장물의 최상부와 914mm 이상 확보되도록 할 것

④ 상향식 헤드의 감지부 중앙은 천장 또는 반자와 101~152mm 이하이어야 하며 반사판의 위치는 스프링클러 배관의 윗부분에서 최소 178mm 상부에 설치되도록 할 것

⑤ 헤드와 벽과의 거리는 헤드 상호간 거리의 $\frac{1}{2}$을 초과하지 않아야 하며 최소 102mm 이상일 것

⑥ 헤드의 작동온도는 74℃ 이하일 것

Key Point

※ 스프링클러헤드
화재시 가압된 물이 내뿜어져 분산됨으로써 소화기능을 하는 헤드

※ 반사판
스프링클러 헤드의 방수구에서 유출되는 물을 세분시키는 작용을 하는 것으로, '디플렉터(deflector)'라고도 부른다.

※ 헤드
화재시 가압된 물이 내뿜어져 분산됨으로써 소화기능을 하는 헤드

Key Point

❋ 환기구와 같은 의미
① 통기구
② 배기구

❋ 제4류 위험물
① 특수인화물
② 제1~4석유류
③ 알코올류
④ 동식물유류

❋ 방호구역
화재로부터 보호하기 위한 구역

‖ 장애물의 하단과 헤드반사판 사이의 수직거리 ‖

장애물과 헤드사이의 수평거리	장애물의 하단과 헤드의 반사판 사이의 수직거리
0.3m 미만	0mm
0.3~0.5m 미만	40mm
0.5~0.6m 미만	75mm
0.6~0.8m 미만	140mm
0.8~0.9m 미만	200mm
0.9~1.1m 미만	250mm
1.1~1.2m 미만	300mm
1.2~1.4m 미만	380mm
1.4~1.5m 미만	460mm
1.5~1.7m 미만	560mm
1.7~1.8m 미만	660mm
1.8m 이상	790mm

(4) 저장물품의 간격(NFSC 103B ⑪)

저장물품 사이의 간격은 모든 방향에서 152mm 이상의 간격을 유지하여야 한다.

(5) 환기구(NFSC 103B ⑫)

화재조기진압용 스프링클러 설비의 환기구는 다음에 적합하여야 한다.

① 공기의 유동으로 인하여 헤드의 작동온도에 영향을 주지 않는 구조일 것

② 화재감지기와 연동하여 동작하는 **자동식 환기장치**를 설치하지 아니할 것. 다만, 자동식 환기장치를 설치할 경우에는 최소작동온도가 180℃ 이상일 것

(6) 설치제외(NFSC 103B ⑰)

다음에 해당하는 물품의 경우에는 화재조기진압용 스프링클러를 설치하여서는 아니 된다. (단, 물품에 대한 화재시험 등 공인기관의 시험을 받은 것은 제외)

① **제4류 위험물**

② **타이어**, **두루마리 종이** 및 **섬유류**, **섬유제품** 등 연소시 화염의 속도가 빠르고, 방사된 물이 하부까지에 도달하지 못하는 것

연습문제

문제 01

스프링클러헤드의 설치방향에 따른 종류를 4가지로 구분하시오.

해답 ① 상향형 ② 하향형 ③ 측벽형 ④ 상하 양용형

문제 02

스프링클러헤드를 방호반경 2.3m로 하여 정방형(정사각형)으로 배열할 때 헤드가 담당하는 면적이 최대가 될 수 있는 헤드간의 직선거리〔m〕는?

해답 ○ 계산과정 : $2 \times 2.3 \times \cos 45° = 3.252 \fallingdotseq 3.25\text{m}$
○ 답 : 3.25m

문제 03

스프링클러헤드를 방호반경 2.3m로 하여 그림과 같이 사각형으로 배열할 때 헤드가 담당하는 면적이 최대가 될 수 있는 헤드간의 직선거리 a 의 값은 몇 〔m〕인가?

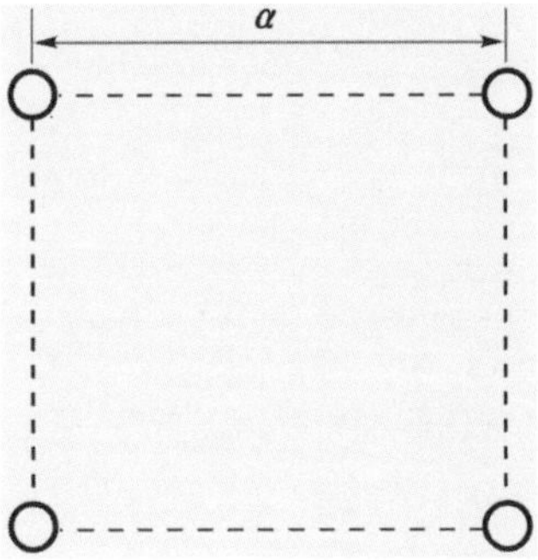

해답 ○ 계산과정 : $2 \times 2.3 \times \cos 45° = 3.252 \fallingdotseq 3.25\text{m}$
○ 답 : 3.25m

문제 04

스프링클러헤드를 방호반경 2.1m로 하여 정방형으로 배열할 때 헤드가 담당하는 면적이 최대가 될 수 있는 헤드간의 직선거리는 몇 〔m〕인가?

해답 ○ 계산과정 : $2 \times 2.1 \times \cos 45° = 2.969 \fallingdotseq 2.97\text{m}$
○ 답 : 2.97m

문제 05

스프링클러헤드는 소방대상물의 각부분으로부터 하나의 헤드까지의 수평거리가 2.1m 이하가 되도록 설치하여야 한다. 헤드를 정방형으로 그림과 같이 배치하고자 할 때 헤드와 헤드간의 간격은 몇 〔m〕 이하로 하여야 하는가? (단, 소수점 이하는 절상할 것)

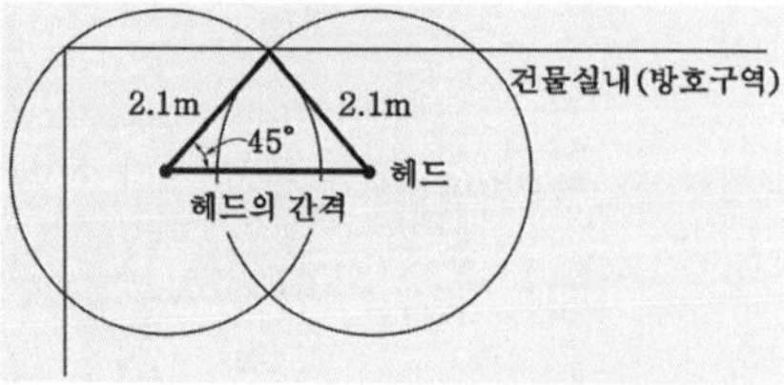

해답 ○ 계산과정 : $2 \times 2.1 \times \cos 45° = 2.969 \fallingdotseq 3m$

○ 답 : 3m

문제 06

가로 30m, 세로 20m의 내화구조로 된 소방대상물의 스프링클러헤드를 설치하려고 한다. 헤드를 정사각형으로 설치할 때 헤드의 소요개수는?

해답 ○ 계산과정 : $\frac{30}{3.25} = 9.23 \fallingdotseq 10$

$\frac{20}{3.25} = 6.15 \fallingdotseq 7$

10×7=70개

○ 답 : 70개

문제 07

그림과 같은 일반건축물에 스프링클러헤드를 설치하려고 한다. 헤드의 소요개수를 산출하시오. (단, 헤드는 정방형으로 배치한다.)

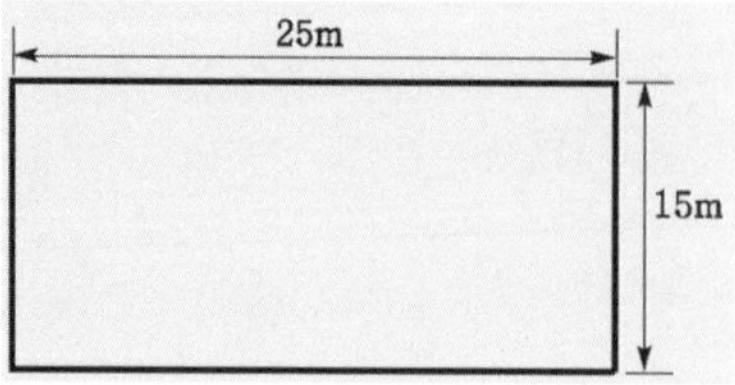

해답 ○ 계산과정 : $2 \times 2.1 \times \cos 45° = 2.969 \fallingdotseq 2.97m$

$\frac{25}{2.97} = 8.41 \fallingdotseq 9$개

$\frac{15}{2.97} = 5.05 \fallingdotseq 6$개

9×6=54개

○ 답 : 54개

문제 08

다음과 같은 방호대상물에 스프링클러헤드를 장방형(직사각형)으로 배치할 경우 ( ) 안에 각각의 대각선의 헤드간격을 기입하시오.

방호대상물	대각선의 헤드간격〔m〕
극장의 무대부	( )
일반건축물	( )
내화건축물	( )
랙크식 창고	( )
아파트	( )

해답

방호대상물	대각선의 헤드간격〔m〕
극장의 무대부	(3.4)
일반건축물	(4.2)
내화건축물	(4.6)
랙크식 창고	(5)
아파트	(6.4)

문제 09

다음 그림은 가로 20m, 세로 10m인 직사각형 형태의 실의 평면도이다. 이 실의 내부에는 기둥이 없고 실내 상부는 반자로 고르게 마감되어 있다. 이 실내에 방호 반경 2.3m로 스프링클러헤드를 직사각형 형태로 설치하고자 할 때 배열할 수 있는 헤드의 최소 개수를 답안지의 산출과정 순으로 작성하여 산출하시오. (단, 반자속에는 헤드를 설치하지 아니하며, 전등 또는 공조용 디퓨져 등의 모듈(module)은 무시하는 것으로 한다.

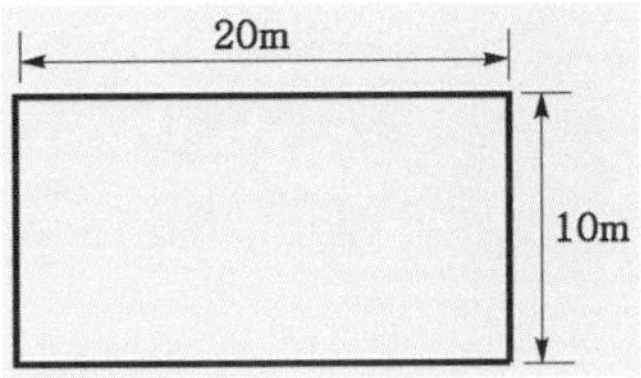

[유의 사항]

산출과정의 작성 "예"

가로변의 최소개수-최대개수가 8~11

세로변의 최소개수-최대개수가 7~9라면

세로열의 헤드수 \ 가로열의 헤드수	8	9	10	11
7	56	63	70	77
8	64	72	80	88
9	72	81	90	99

해답

세로열의 헤드수 \ 가로열의 헤드수	6	7	8	9
3	18	21	24	27
4	24	28	32	36
5	30	35	40	45

그러므로 27개를 선정한다.

문제 10

천장의 기울기가 1/10을 초과하는 소방대상물에 그림과 같이 스프링클러헤드를 설치하고자 한다. X 부분의 간격[m]은 얼마 이하로 하여야 하는가? (단, X는 천장의 최상부의 가지관상 최고의 헤드간의 간격임)

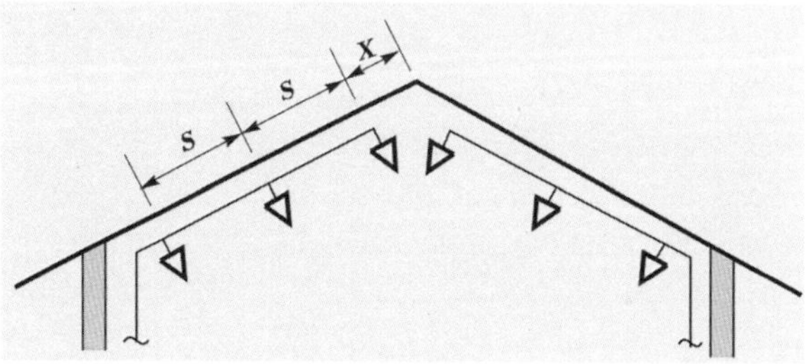

해답 $\frac{S}{2}$ 이하 (최소 1m 이상)

문제 11

스프링클러헤드의 시험방법을 4가지만 쓰시오.

해답
① 강도시험
② 진동시험
③ 수격시험
④ 부식시험

문제 12

폐쇄형 스프링클러헤드에 표시되어야 할 사항을 5가지 쓰시오.

해답
① 종별
② 형식
③ 형식승인번호
④ 제조년도
⑤ 제조번호 또는 로트번호

문제 13

스프링클러헤드(glass bulb형)의 제품검사시험순서로서 정수압력(수압강도시험) 시험을 실시하기 전에 꼭 해야 할 사항을 7가지만 쓰시오.

해답 ① 서류검토
② 중량
③ 구조
④ 재질
⑤ 외관
⑥ 표시
⑦ 부착나사

문제 14

스프링클러설비를 설치할 소방대상물에 어떤 설비를 유효하게 설치할 경우 당해 스프링클러설비를 면제할 수 있는지 적당한 설비를 쓰시오.

해답 물분무소화설비

문제 15

스프링클러설비용 송수펌프의 토출측과 흡입측 배관 주위에 설치하는 기기를 각각 5가지씩 나열하시오. (단, 배관 및 관부속품은 제외한다.)

○ 토출측 배관 :
○ 흡입측 배관 :

해답 ○ 토출측 배관 : 플렉시블 조인트, 압력계, 체크밸브, 개폐표시형 밸브(게이트밸브), 유량계
○ 흡입측 배관 : 후드밸브, Y형 스트레이너, 개폐표시형 밸브(게이트밸브), 연성계(진공계), 플렉시블 조인트

문제 16

그림은 폐쇄형 습식 스프링클러설비의 계통도이다. 다음 각 물음에 답하시오.

(가) 잘못된 곳 3가지를 지적하시오.
(나) 누락된 곳 3가지를 지적하시오.
(다) 최상층의 말단에 설치하는 시험 장치의 기능 2가지를 쓰시오.

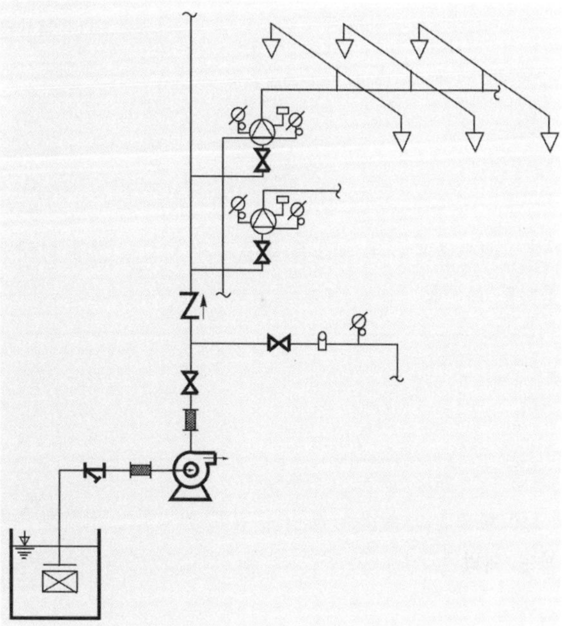

해답 (가) ① 펌프 토출측의 체크밸브와 게이트밸브의 위치 바뀜
② 경보밸브(습식)의 도시기호 잘못됨
③ 스프링클러헤드의 배관분기가 잘못됨

(나) ① 펌프 흡입측의 연성계(진공계)
② 펌프 토출측의 압력계
③ 압력챔버

(다) ① 규정 방수압 및 규정 방수량 확인
② 유수검지장치의 작동 확인

문제 17

그림은 폐쇄형 습식 스프링클러설비의 계통도이다. 다음 각 물음에 답하시오.

(가) 잘못된 곳 3가지를 지적하시오.

(나) 누락된 곳 3가지를 지적하시오.

(단, 충압펌프 · 수압개폐장치 및 Alarm Valve 주위의 기기상세에 대하여는 제외한다.)

(다) 최상층의 말단에 설치하는 시험 장치(Test Connection)의 기능 2가지를 쓰시오.

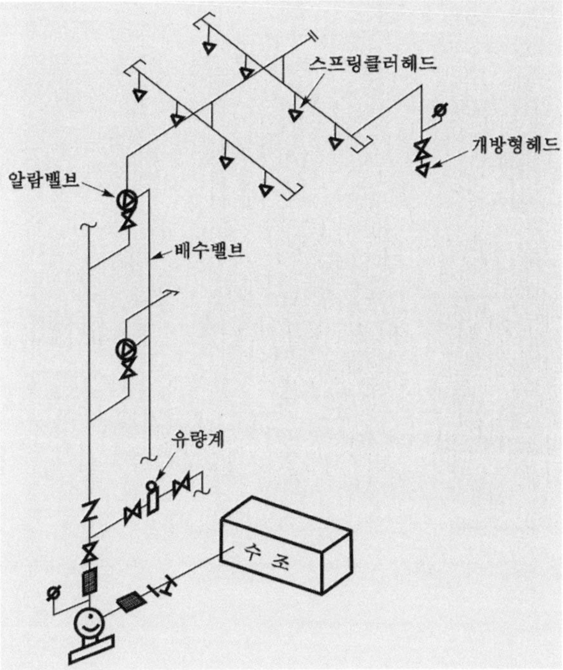

해답 (가) ① 펌프 토출측의 체크밸브와 게이트밸브의 위치 바뀜
② 경보밸브(습식)의 도시기호 잘못됨
③ 스프링클러헤드의 배관분기가 잘못됨

(나) ① 펌프 흡입측의 개폐표시형 밸브(게이트 밸브)
② 교차배관 끝의 청소구
③ 시험배관 끝의 물받이통 및 배수관

(다) ① 규정 방수압 및 규정 방수량 확인
② 유수검지장치의 작동 확인

문제 18

도면은 습식 스프링클러설비의 계통도이다. 미완성된 부분을 완성하고 시험밸브함에 설치하는 것 3가지를 쓰시오. (단, 실선은 배관, 점선은 전선으로 한다.)

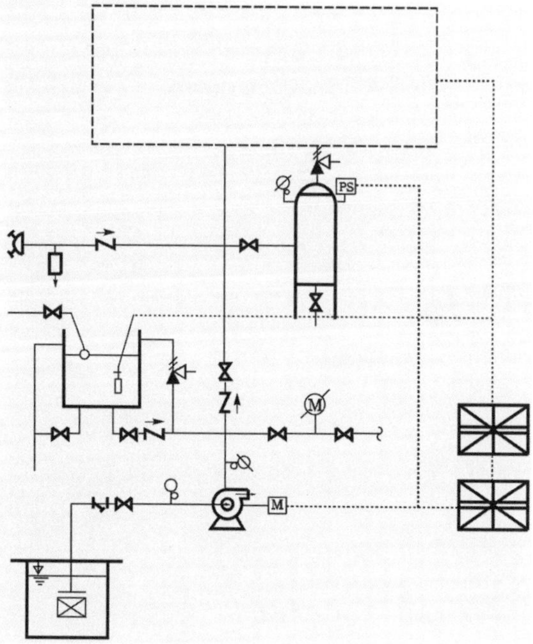

해답 ① 미비된 곳

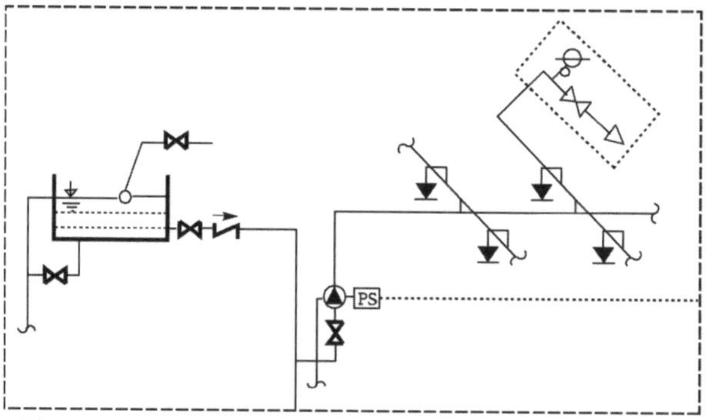

② 시험밸브함에 설치하는 것

㉠ 압력계

㉡ 개폐밸브

㉢ 반사판 및 프레임이 제거된 개방형 헤드

문제 19

다음 물음에 답하시오.

(가) 습식 스프링클러시스템의 구성과 구조를 나타낼 수 있는 계통도를 그리시오.

(나) 시스템의 작동방식(작동순서 포함)을 설명하시오.

(다) 시스템의 유지관리를 위한 작동 기능점검 사항으로서 필요한 것 2가지만 선택하여 설명하시오.

해답 (가)

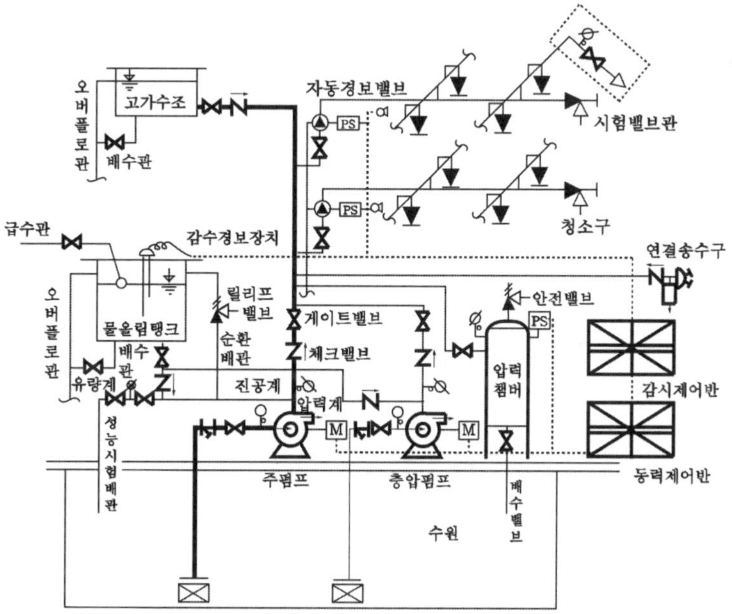

(나) ① 화재에 의해 헤드개방
② 유수검지장치 작동
③ 감시제어반에 화재표시등 점등 및 밸브개방신호 표시, 사이렌 경보
④ 압력챔버의 압력스위치 작동
⑤ 동력제어반에 신호
⑥ 가압송수장치 기동
⑦ 소화

(다) ① 수원의 수위계 : 정상적인 작동여부
② 수원의 밸브류 : 개폐조작이 쉬운지의 여부

문제 20

다음 도면은 압력탱크 기동방식에 의한 스프링클러설비 중 펌프 토출측 부근에 대한 계통도로서 본도면에는 잘못 작성된 부분이 많이 있다. 이 도면의 잘못된 부분을 수정하여 계통도를 다시 작성하시오.

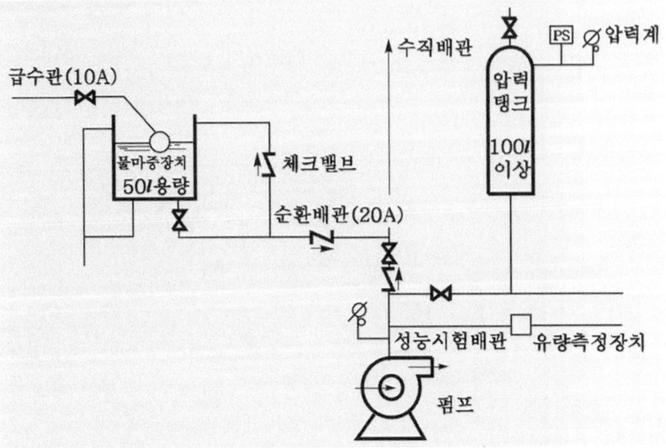

해답

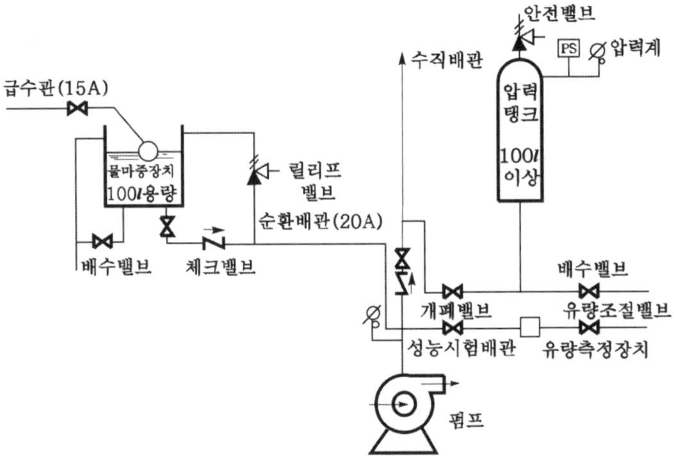

문제 21

그림은 스프링클러용 소화펌프의 계통도이다. 적당한 곳에 주펌프, 죠키 펌프(jockey pump), 체크밸브를 연결하여 답안지의 도면을 완성하시오.

〔범례〕

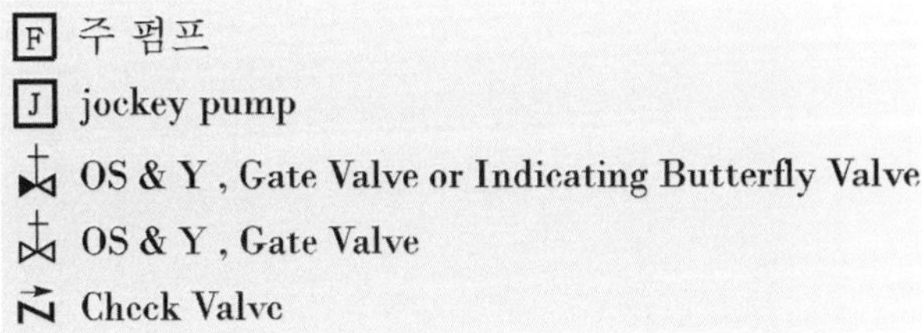

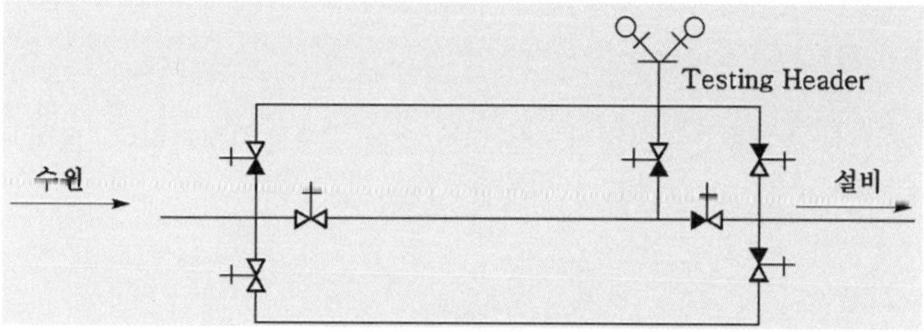

해답

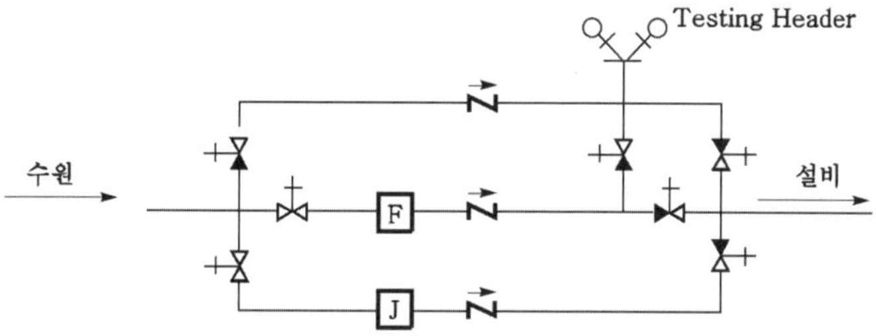

문제 22

스프링클러설비에서 배관내의 물의 흐름을 검지하여 자동으로 경보를 발하며, 설비를 기동시키는 장치는 무엇인가?

해답 유수검지장치

문제 23

스프링클러설비에서 유수검지장치의 작동시험은 어떻게 하는가?

해답 말단시험밸브 또는 유수검지장치의 배수밸브를 개방하여 유수검지장치에 부착되어 있는 압력스위치의 작동여부를 확인한다.

문제 24

유수검지장치의 호칭압력이 1MPa일 때 최고사용압력의 수압력의 범위는 얼마인가?

해답 1~1.4MPa

문제 25

다음의 그림은 폐쇄형 습식 스프링클러설비에 사용되는 습식 유수검지장치이다. 습식 유수검지장치를 구성하는 구성품 6가지를 쓰고, 각 구성품의 기능을 말하시오.

① ┌ 명칭
　 └ 기능
② ┌ 명칭
　 └ 기능
③ ┌ 명칭
　 └ 기능
④ ┌ 명칭
　 └ 기능
⑤ ┌ 명칭
　 └ 기능
⑥ ┌ 명칭
　 └ 기능

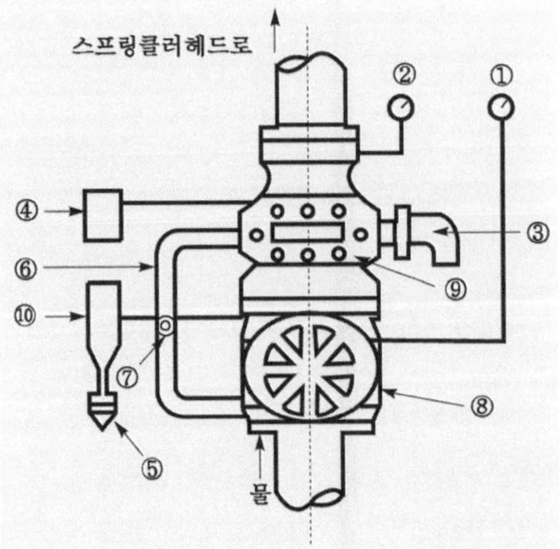

해답 ① ┌ 명칭 : 1차압력계
　 └ 기능 : 유수검지장치의 1차측 압력을 측정한다.
② ┌ 명칭 : 2차압력계
　 └ 기능 : 유수검지장치의 2차측 압력을 측정한다.
③ ┌ 명칭 : 배수밸브
　 └ 기능 : 유수검지장치로부터 흘러나온 물을 배수시키고, 유수검지장치의 작동시험시에 사용한다.
④ ┌ 명칭 : 압력스위치
　 └ 기능 : 유수검지장치가 개방되면 작동하여 사이렌경보를 울림과 동시에 감시제어반에 신호를 보낸다.
⑤ ┌ 명칭 : 오리피스
　 └ 기능 : 리타딩챔버내로 유입되는 적은 양의 물을 자동배수시킨다.
⑥ ┌ 명칭 : 시험배관
　 └ 기능 : 유수검지장치의 기능시험을 하기 위한 배관이다.

문제 26

스프링클러설비의 자동경보장치의 구성부품 중 6가지만 쓰시오.

해답 ① 알람체크밸브　② 개폐표시형 밸브(게이트밸브)
③ 배수밸브　④ 시험밸브
⑤ 압력스위치　⑥ 압력계

문제 27

알람체크밸브의 리타딩 챔버(retarding chamber)에 관하여 다음 각 물음에 답하시오.

(가) 기능은 무엇인가?
(나) 구조도를 그리고 각부의 명칭을 쓰시오.
(다) 작동원리를 설명하시오.

해답 (가) 알람체크밸브의 오동작 방지
(나)

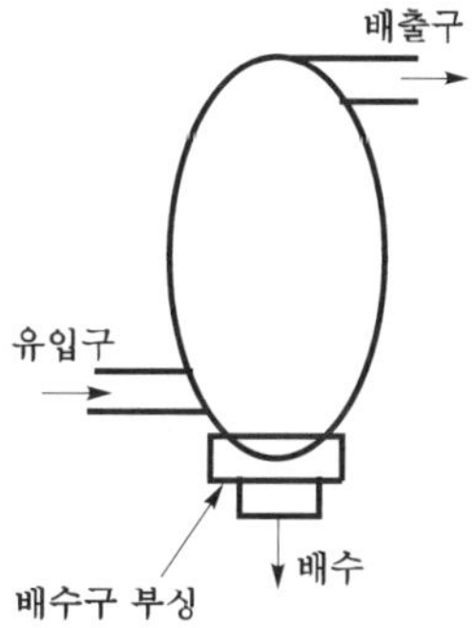

(다) 경보체크밸브 2차측 압력의 누수 등으로 인해 유입된 물을 자동배수시킴으로서 오동작으로 인한 압력스위치의 작동을 방지한다.

문제 28

알람체크밸브가 설치된 습식 스프링클러설비에서 비화재시에도 수시로 오보가 울릴 경우 그 원인을 찾기 위하여 점검하여야 할 사항 3가지를 쓰시오. (단, 알람체크밸브에는 리타딩챔버가 설치되어 있는 것으로 한다.)

해답 ① 리타딩챔버 상단의 압력스위치 점검
② 리타딩챔버 상단의 압력스위치 배선의 누전상태 점검
③ 리타딩챔버 하단의 오리피스 점검

문제 29

어느 스프링클러 습식 설비에서 임의의 헤드를 개방시켜 보았더니 처음에는 약간의 물이 새어 나오다가 그것마저도 중지되었다. 그 원인으로 우선 다음 두 가지의 가능성을 조사해 보았으나 아무런 이상이 없었다.

① 전동기의 고장유무
② 전동기에 동력을 공급하는 설비의 고장유무

그러므로 위의 두 가지 경우가 아닌 경우로서 반드시 그 원인이 있을 것인 바, 조사해 볼 수 있는 가능성들 중 5가지만 열거하고 그 이유를 설명하시오. (단, 이 설비는 고가수조와는 연결되어 있지 않고 전동기식 송수펌프에 의해 물이 공급되는 구조이며 모든 배관의 연결부분이 끊어지거나 외부로 물이 새는 곳은 없다.)

① ┌ 원인
 └ 이유

② ┌ 원인
 └ 이유

③ ┌ 원인
 └ 이유

④ ┌ 원인
 └ 이유

⑤ ┌ 원인
 └ 이유

해답 ① ┌ 원인 : 후드밸브의 막힘
└ 이유 : 펌프 흡입측 배관에 물이 유입되지 못하므로
② ┌ 원인 : 펌프 흡입측의 게이트밸브 폐쇄
└ 이유 : 펌프 흡입측의 게이트밸브 2차측에 물이 공급되지 못하므로
③ ┌ 원인 : 펌프 토출측의 게이트밸브 폐쇄
└ 이유 : 펌프 토출측의 게이트밸브 2차측에 물이 공급되지 못하므로
④ ┌ 원인 : 알람체크밸브 개방 불가
└ 이유 : 알람체크밸브 2차측에 물이 공급되지 못하므로
⑤ ┌ 원인 : 압력챔버내의 압력스위치 고장
└ 이유 : 펌프가 기동되지 않으므로

문제 30

습식 스프링클러설비에서 알람체크밸브의 1차측에 개폐밸브를 설치하는 이유를 두 가지만 설명하시오.

해답 ① 헤드 교환시 물이 방출되지 않게 하기 위하여
② 알람체크밸브 및 알람체크밸브 2차측 배관의 유지보수를 위하여

문제 31

습식 스프링클러설비 배관의 동파방지법 3가지를 기술하시오.

해답 ① 보온재를 이용한 배관보온법 ② 히팅코일을 이용한 가열법
③ 순환펌프를 이용한 물의 유동법

문제 32

습식 스프링클러설비의 가압송수장치로서 압력수조를 설치할 경우 압력수조내에 유지시켜 주어야 할 공기의 최소압력(게이지압)을 구하시오. (단, 계산시의 조건은 다음과 같다.)

[조건] ① 대기압은 0.1MPa(절대압력)이다.
② 압력수조의 송수구와 헤드간의 배관마찰손실은 무시한다.
③ 압력수조의 송수구는 최고위 스프링클러헤드와 같은 높이에 있으며, 수조내의 수면과 송수구간의 낙차는 무시한다.
④ 수조내에는 항상 내용량의 3/4에 달하는 물을 채워두고 있다.
⑤ 수조로부터 최원거리에 있는 헤드의 개방시 방수압은 최소한 0.1MPa(게이지압)가 되어야 한다.
⑥ 공기의 분자운동은 이상기체의 성질을 따른다고 가정한다.

해답 ○계산과정 : $P = 0 + 0 + 0.1 = 0.1\text{MPa}$

$$P_o = \frac{1}{1/4}(0.1 + 0.1) - 0.1 = 0.7\text{MPa}$$

○답 : 0.7MPa

문제 33

스프링클러설비에서 습식설비와 건식설비의 차이점을 5가지만 쓰시오.

해답

습 식	건 식
① 습식 밸브의 1·2차측 배관내에 가압수가 상시 충수되어 있다.	① 건식 밸브의 1차측에는 가압수, 2차측에는 압축공기 또는 질소로 충전되어 있다.
② 구조가 간단하다.	② 구조가 복잡하다.
③ 설치비가 저가이다.	③ 설치비가 고가이다.
④ 보온이 필요하다.	④ 보온이 불필요하다.
⑤ 소화활동시간이 빠르다.	⑤ 소화활동시간이 느리다.

문제 34

다음은 스프링클러 건식 설비의 압축공기 공급장치의 배관도를 나타낸 것으로 다음 각 물음에 답하시오.

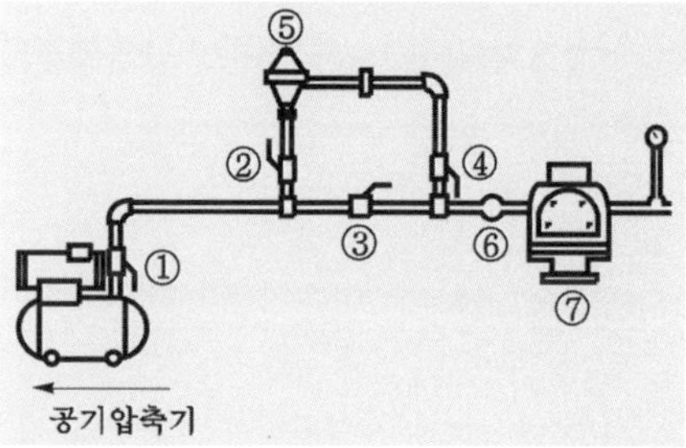

(가) 평상시 닫혀있는 개폐밸브의 번호를 기입하시오.
(나) ⑤, ⑥, ⑦번의 장치명을 기입하시오.

해답 (가) ③
(나) ⑤ 에어레귤레이터(공기조절기)
⑥ 체크밸브
⑦ 건식 밸브

문제 35

스프링클러 건식배관시스템에 설치하는 건식밸브(dry valve)의 기능을 두 가지만 쓰시오.

해답 ① 자동경보기능
② 체크밸브기능

문제 36

건식 스프링클러설비에서 건식 밸브의 클래퍼 상부에 일정한 수면(priming water level)을 유지하는 이유를 5가지만 쓰시오.

해답 ① 저압의 공기로 클래퍼 상 · 하부의 동일압력 유지
② 저압의 공기로 클래퍼의 닫힌 상태 유지
③ 화재시 클래퍼의 쉬운 개방
④ 화재시 신속한 소화활동
⑤ 클래퍼 상부의 기밀 유지

문제 37

건식 스프링클러 자동소화설비는 2차측 배관에 공기압이 채워져 있어서 헤드작동후 공기의 저항으로 소화에 악영향을 미치지 않도록 설치하는 Quick-Opening Devices(Q.O.D) 2가지를 쓰시오.

해답 ① 엑셀레이터 ② 익져스터

문제 38

건식 스프링클러설비에 사용하는 엑셀레이터(accelerator)의 설치목적을 간단히 쓰시오.

해답 건식밸브 개방시 압축공기의 배출속도를 가속시켜 신속한 소화를 하기 위하여

문제 39

건식 스프링클러설비에서 익져스터(exhauster)의 설치이유를 간단히 설명하시오.

해답 건식밸브 개방시 압축공기의 배출속도를 가속시켜 신속한 소화를 하기 위하여

문제 40

스프링클러설비 중 폐쇄형헤드를 사용하고 경보밸브의 1차측에만 물을 채우고 가압한 상태를 유지하며 2차측에는 대기압상태로 두게 되고, 화재의 발견은 자동화재탐지설비의 감지기의 작동에 의해 이루어지며 감지기의 작동에 따라 밸브를 미리 개방, 2차측의 배관내에 송수시켜 두었다가 화재의 열에 의해 헤드가 개방되면 살수되게 하는 방식을 무엇이라 하는가?

해답 준비작동식

문제 41

준비작동식 스프링클러설비의 작동원리를 간단히 설명하시오.

해답 준비작동밸브의 1차측에는 가압수, 2차측에는 대기압상태로 있다가 화재발생시 감지기에 의하여 준비작동밸브(pre—action valve)를 개방하여 헤드까지 가압수를 송수시켜 놓고 있다가 열에 의해 헤드가 개방되면 소화하는 방식

문제 42

습식 스프링클러시스템과 준비작동식 시스템의 차이점을 2가지만 쓰시오.

해답

습 식	준 비 작 동 식
① 습식 밸브의 1·2차측 배관내에 가압수가 상시 충수되어 있다. ② 습식 밸브(자동경보밸브, 알람체크밸브)를 사용한다.	① 준비작동밸브의 1차측에는 가압수, 2차측에는 대기압상태로 되어 있다. ② 준비작동밸브를 사용한다.

문제 43

폐쇄형 스프링클러헤드를 사용하는 스프링클러설비는 구조 및 작동상의 특성에 따라 습식, 건식, 준비작동식의 3가지로 구분하는데, 이 중 건식과 준비작동식의 차이점을 2가지로 구분하여 설명하시오.

해답

건 식	준 비 작 동 식
① 건식밸브의 1차측에는 가압수, 2차측에는 압축공기로 충전되어 있다. ② 건식밸브를 사용한다.	① 준비작동밸브의 1차측에는 가압수, 2차측에는 대기압상태로 되어 있다. ② 준비작동밸브를 사용한다.

문제 44

준비작동식 스프링클러설비는 준비작동밸브의 작동방식에 따라 전기식, 기계식, 뉴메틱식이 있다. 이 중 전기식에 대하여 간단히 설명하시오.

해답 준비작동밸브의 1차측에는 가압수, 2차측에는 대기압상태로 있다가 감지기가 화재를 감지하면 감시제어반에 신호를 보내 솔레노이드밸브를 동작시켜 준비작동밸브를 개방하여 소화하는 방식

문제 45

일제살수식 델류지밸브의 개방방식의 종류를 쓰시오.

해답 ① 가압개방식 ② 감압개방식

문제 46

스프링클러설비 중 일제개방밸브의 개방방식 2가지를 쓰고 간단히 설명하시오.

해답 ① 가압개방식 : 화재감지기가 화재를 감지해서 전자개방밸브를 개방시키거나, 수동개방밸브를 개방하면 가압수가 실린더실을 가압하여 일제개방밸브가 열리는 방식

② 감압개방식 : 화재감지기가 화재를 감지해서 전자개방밸브를 개방시키거나, 수동개방밸브를 개방하면 가압수가 실린더실을 감압하여 일제개방밸브가 열리는 방식

문제 47

일제개방밸브를 사용하는 스프링클러설비에 있어서 펌프의 기동방법 2가지를 쓰시오.

해답 ① 감지기를 이용한 방식
② 기동용 수압개폐장치를 이용한 방식

문제 48

지상 10층 백화점건물에 습식 스프링클러설비를 설계하고자 한다. 수원의 저수량〔m^3〕은 얼마인가? (단, 헤드는 50개를 설치한다.)

해답 ○ 계산과정 : $1.6 \times 30 = 48m^3$
○ 답 : $48m^3$ 이상

문제 49

스프링클러설비의 스프링클러헤드에서 방사되는 방수량〔l/min〕을 최소방수량과 최대방수량으로 구분하여 계산하시오. (단, 방출계수 K=80으로 하고 속도수두는 계산에 포함하지 아니하며 정수로 표시한다.)

○ 최소방수량(계산과정 및 답) :
○ 최대방수량(계산과정 및 답) :

해답 ○ 최소방수량 : $80\sqrt{10 \times 0.1} = 80l/\text{min}$ ○ 답 : $80l$/min
○ 최대방수량 : $80\sqrt{10 \times 1.2} = 277.128 \fallingdotseq 277l/\text{min}$ ○ 답 : $277l$/min

문제 50

그림과 같이 내용적 $3m^3$의 압력수조에 $2m^3$의 물이 채워져 있다. 압력수조 하부에 방출계수가 80인 스프링클러헤드가 설치되어 있고 수조의 압력계는 0.5MPa을 지시하고 있다. 스프링클러헤드가 개방되어 물이 $1m^3$ 소모되는 순간 헤드로부터 방사되는 물의 양〔l/min〕은? (단, 수조와 헤드의 마찰손실은 무시하며 대기압은 절대압력으로 0.1MPa이다.)

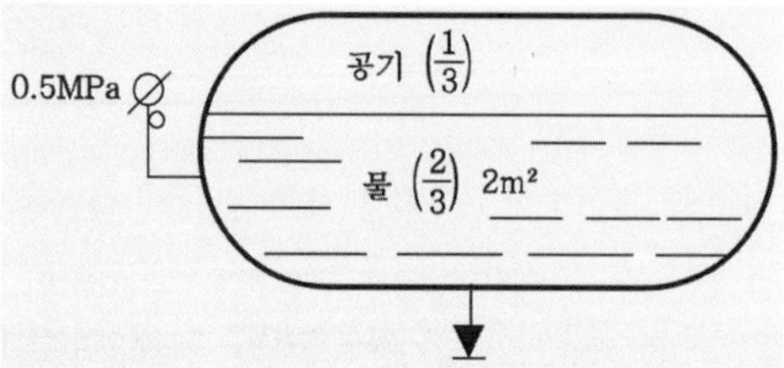

해답 ○ 계산과정 : $0.6 \times \frac{1}{3} = P_2 \times \frac{2}{3}$ $\therefore P_2 = 0.3\text{MPa}$
0.3−0.1=0.2MPa
$Q = 80\sqrt{10 \times 0.2} = 113.137 = 113.14l/\text{min}$
○ 답 : $113.14l$/min

문제 51

스프링클러설비의 오리피스 내경이 25mm이고 방수량이 100l/min 일 때 방수압력〔kPa〕를 계산하시오.

해답 ○계산과정 : $P=\frac{1}{10}\left(\frac{100}{0.653\times(25)^2}\right)^2 \fallingdotseq 0.006\text{MPa}=6\text{kPa}$

○답 : 6kPa

문제 52

그림에서 충압펌프의 정격토출압력〔MPa〕을 계산하시오.

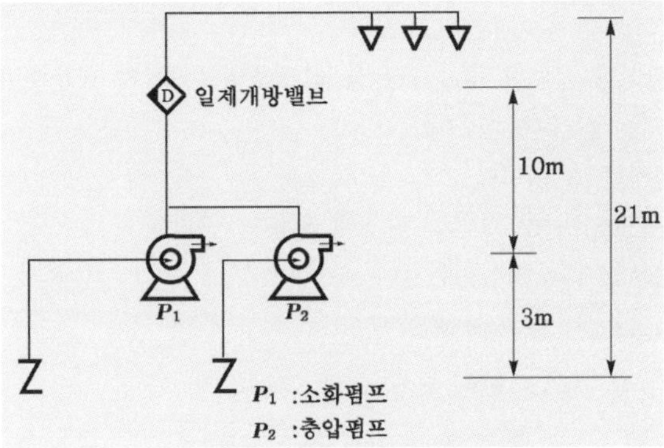

해답 ○계산과정 : 0.1+0.2=0.3MPa

○답 : 0.3MPa 이상

문제 53

11층의 백화점건물에 습식 스프링클러설비를 설치하고자 한다. 설비의 전양정은 89m이고, 소화펌프의 효율은 60%, 전달계수 K=1.1이다. 다음 각 물음에 답하시오.

(가) 소화수조에 저장하여야 할 수원의 양〔m^3〕은?

(나) 소화펌프의 최소 토출량〔l/min〕은?

(다) 내연기관의 용량〔HP〕은?

(라) 최상단에 설치된 헤드의 방사압 0.15MPa, 방수량 150l/min 일 때 방출계수 K를 구하시오.

(마) 스프링클러헤드의 규격방수압과 규격방수량을 쓰시오.

○규격방수압 :

○규격방수량 :

해답 (가) ○계산과정 : $1.6 \times 30 = 48m^3$
○답 : $48m^3$ 이상
(나) ○계산과정 : $30 \times 80 = 2400l/min$
○답 : $2400l/min$
(다) ○계산과정 : $\frac{1}{0.746} \times 63.83 = 85.563 \fallingdotseq 85.56HP$
○답 : 85.56HP 이상
(라) ○계산과정 : $\frac{150}{\sqrt{10 \times 0.15}} = 122.474 \fallingdotseq 122.47$
○답 : 122.47
(마) ○규격방수압 : 0.1MPa
○규격방수량 : $80l/min$

문제 54

그림과 같이 스프링클러설비를 설치할 경우 조건을 참조하여 다음 각 물음에 답하시오.

[조건] ① 화재시 개방되는 헤드수는 10개로 한다.
② 직관장의 길이는 70 m이다.
③ 배관상 마찰손실수두는 직관장 길이의 30%로 한다.
④ 펌프 모터소요동력의 계산식은
$P\,[\mathrm{kW}] = \frac{0.1635\,QHK}{E}$ 로 한다.
⑤ 펌프효율은 60%, 전동기직결이며 $K = 1.1$이다.

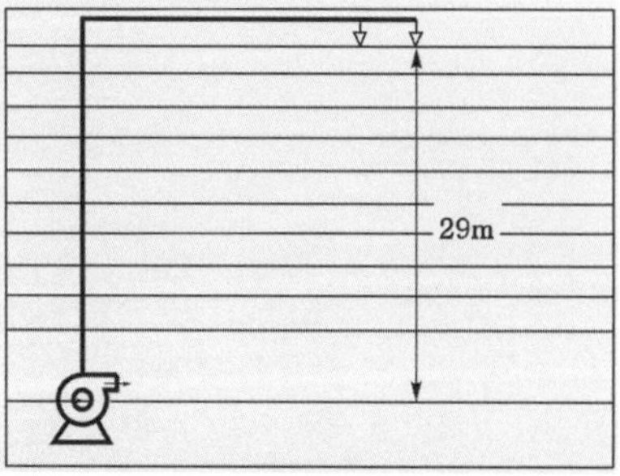

(가) 펌프의 최소 토출량[l/min]은?
(나) 전양정[m]은?
(다) 펌프모터의 소요동력[kW]은?

해답 (가) ○계산과정 : $10 \times 80 = 800l/min$
○답 : $800l/min$
(나) ○계산과정 : $(70 \times 0.3) + 29 + 10 = 60m$
○답 : 60m 이상
(다) ○계산과정 : $\frac{0.1635 \times 0.8 \times 60 \times 1.1}{0.6} = 14.388 \fallingdotseq 14.39kW$
○답 : 14.39kW 이상

문제 55

지하 2층 지상 12층의 사무실건물에 있어서 11층 이상에 화재안전기준과 아래 조건에 따라 스프링클러 설비를 설계하려고 한다. 다음 각 물음에 답하시오.

〔조건〕

① 11층 및 12층에 설치하는 폐쇄형 스프링클러헤드의 수량은 각각 80개이다.
② 수직배관의 내경은 150 mm이고, 높이는 40 m이다.
③ 펌프의 후드밸브로부터 최상층 스프링클러헤드까지의 실고는 50 m이다.
④ 수직배관의 마찰손실수두를 제외한 펌프의 후드밸브로부터 최상층 즉, 가장 먼 스프링클러헤드까지의 마찰 및 저항 손실수두는 15 m이다.
⑤ 모든 규격치는 최소량을 적용한다.
⑥ 펌프의 효율은 65%이다.

(가) 펌프의 최소유량〔l /min〕을 산정하시오.
(나) 수원의 최소유효저수량〔m^3〕을 산정하시오.
(다) 수직배관에서의 마찰손실수두〔m〕를 계산하시오. (단, 수직배관은 직관으로 간주, DARCY-WEISBACH의 식을 사용, 마찰손실계수는 0.02이다.)
(라) 펌프의 최소양정〔m〕을 계산하시오.
(마) 펌프의 축동력〔kW〕을 계산하시오.
(바) 불연재료로 된 천장에 헤드를 아래 그림과 같이 정방형으로 배치하려고 한다. A 및 B의 최대길이를 계산하시오. (단, 건물은 내화구조이다.)
○ A(계산과정 및 답) :
○ B(계산과정 및 답) :

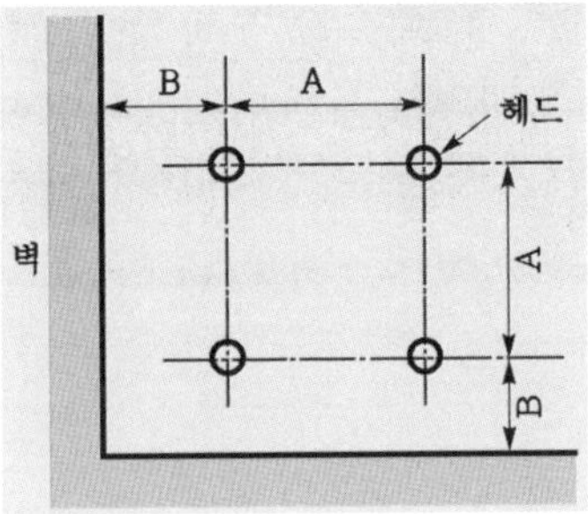

해답

(가) ○ 계산과정 : $30 \times 80 = 2400 l/\text{min}$
○ 답 : $2400 l/\text{min}$

(나) ○ 계산과정 : $1.6 \times 30 = 48\text{m}^3$
○ 답 : 48m^3

(다) ○ 계산과정 : $V = \dfrac{2.4/60}{\dfrac{\pi}{4} \times (0.15)^2} = 2.263 ≒ 2.26\text{m/s}$

$$H = \frac{0.02 \times 40 \times 2.26^2}{2 \times 9.8 \times 0.15} = 1.389 ≒ 1.39\text{m}$$

○ 답 : 1.39m

(라) ○ 계산과정 : $(1.39 + 15) + 50 + 10 = 76.39\text{m}$
○ 답 : 76.39m

(마) ○ 계산과정 : $\frac{0.163 \times 2.4 \times 76.39}{0.65} = 45.975 ≒ 45.98\text{kW}$

○ 답 : 45.98kW 이상

(바) ○ A : $2 \times 2.3 \times \cos 45° = 3.252 ≒ 3.25\text{m}$　　○ 답 : 3.25m

○ B : $\frac{3.25}{2} = 1.625 ≒ 1.63\text{m}$　　○ 답 : 1.63m

문제 56

그림은 스프링클러설비의 계통도이다. 관부속품을 산출하여 빈칸에 적당한 수치를 넣으시오. (단, 관경이 큰쪽에 따르며, 관부속품이 없을 경우 공백으로 놓아둘 것.)

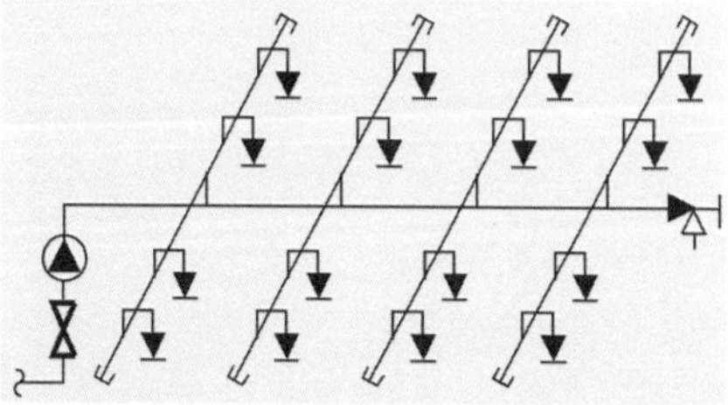

배관구경(mm)	관 부 속 품		
	엘보	티	리듀셔
25			
32			
40			
50			
65			

해답

배관구경(mm)	관 부 속 품		
	엘보	티	리듀셔
25	32	16	16
32			
40		5	8
50		1	1
65	2	2	1

문제 57

그림과 같은 스프링클러설비의 알람체크밸브 2차측의 시스템 평면도에서 시공시 배관상 설치하여야 할 리듀셔(reducer)의 규격 및 최소수량을 산출하시오.

(단, ○ 배관에 설치되는 티는 직류 방향상에 있는 두 접속부의 구경이 동일한 것만을 사용하는 것으로 한다.

○ 답안작성은 "예시"와 같이 작성한다.

"예시" 규격(25×15), 수량(3), 규격이 큰 쪽의 호칭구경 25 mm, 작은쪽 15 mm를 뜻한다.

스프링클러헤드 수별 급수관의 구경									
급수관의 구경(mm)	25	32	40	50	65	80	100	125	150
헤드수(개)	2	3	5	10	20	40	100	160	275

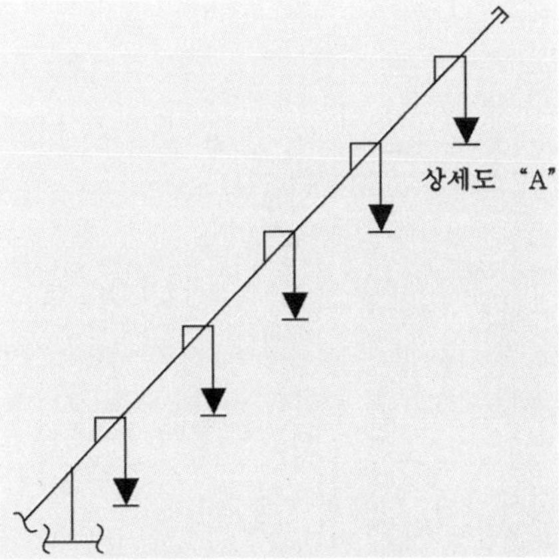

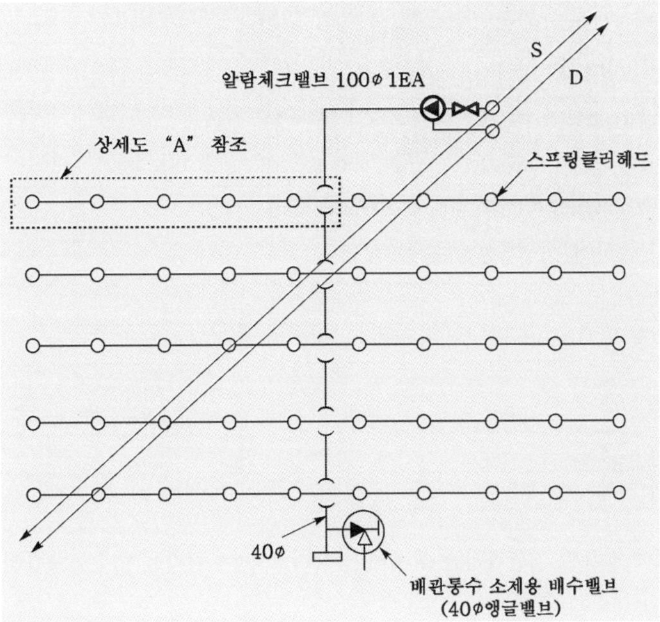

해답
- 규격(100×80), 수량(1)
- 규격(80×65), 수량(1)
- 규격(65×50), 수량(1)
- 규격(50×40), 수량(11)
- 규격(40×32), 수량(10)
- 규격(32×25), 수량(10)
- 규격(25×15), 수량(50)

문제 58

폐쇄형 헤드를 사용한 스프링클러설비에서 나타난 스프링클러헤드 중 A점에 설치된 헤드 1개만이 개방되었을 때 A점에서의 헤드방사압력은 몇 〔MPa〕인가?

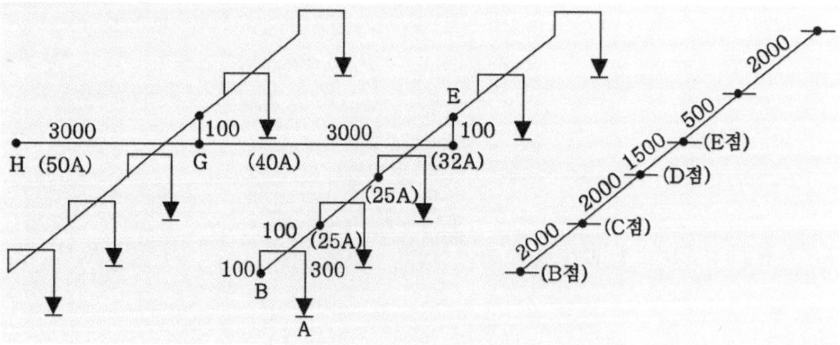

〔조건〕

① 급수관 중 「H점」에서의 압력은 0.15 MPa로 계산한다.

② 티 및 엘보는 직경이 다른 티 및 엘보는 사용하지 않는다.

③ 스프링클러헤드는 「15A」용 헤드가 설치된 것으로 한다.

④ 직관마찰손실(100m 당)

(단위 : m)

유량	25A	32A	40A	50A
80l/min	39.82	11.38	5.40	1.68

(A점에서의 헤드방수량은 80l/min으로 계산한다.)

⑤ 관이음쇠 마찰손실에 해당하는 직관길이

(단위 : m)

구분	25A	32A	40A	50A
엘보(90°)	0.90	1.20	1.50	2.10
리듀셔	(25×15A) 0.54	(32×25A) 0.72	(40×32A) 0.90	(50×40A) 1.20
티(직류)	0.27	0.36	0.45	0.60
티(분류)	1.50	1.80	2.10	3.00

⑥ 방사압력산정에 필요한 계산과정을 상세히 명시하고, 방사압력을 소수점 4자리까지 구하시오. (소수점 4자리 미만은 삭제)

해답 ㅇ계산과정 :

구간	호칭 구경	유량	직관 및 등가길이	마찰손실 수두
H~G	50A	80l/min	• 직관 : 3 m • 관부속품 티(식류) : 1×0.60=0.60m 리듀셔(50×40) : 1×1.20=1.20m 4.8 m	$4.8\times\frac{1.68}{100}$ =0.0806 m
G~E	40A	80l/min	• 직관 : 3+0.1=3.1 m • 관부속품 엘보(90°) : 1×1.50=1.50 m 티(분류) : 1×2.10=2.10 m 리듀셔(40×32A) : 1×0.90=0.90 m 7.6 m	$7.6\times\frac{5.40}{100}$ =0.4104 m
E~D	32A	80l/min	• 직관 : 1.5 m • 관부속품 티(직류) : 1×0.36=0.36 m 리듀셔(32×25A) : 1×0.72=0.72 m 2.58 m	$2.58\times\frac{11.38}{100}$ =0.2936 m
D~A	25A	80l/min	• 직관 : 2+2+0.1+0.1+0.3=4.5 m • 관부속품 티(직류) : 1×0.27=0.27 m 엘보(90°) : 3×0.90=2.70 m 리듀셔(25×15A) : 1×0.54=0.54 m 8.01 m	$8.01\times\frac{39.82}{100}$ =3.1895 m
				3.9741 m

$0.1+0.1-0.3=-0.1\text{m}$

$-0.1+3.9741=3.8741\,\text{m}$

$0.15-0.0387=0.1113\text{MPa}$

ㅇ답 : 0.1113MPa

문제 59

폐쇄형 헤드를 사용한 스프링클러설비의 말단 배관 중 K점에 필요한 압력수의 수압을 주어진 조건을 이용하여 산정하시오.

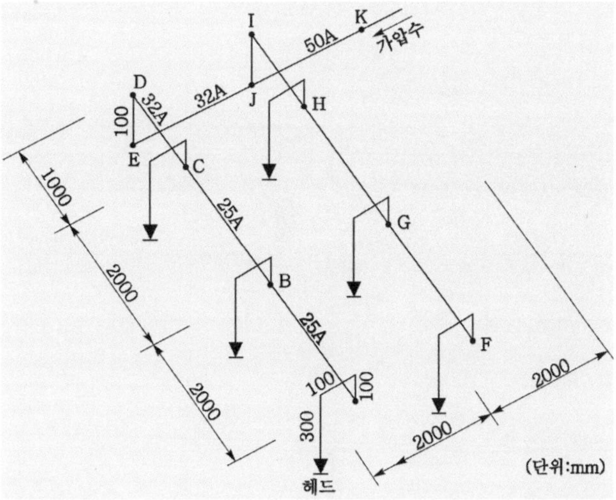

[조건]

① 직관 마찰손실수두(10m당) (단위 : m)

개수	유량	25A	32A	40A	50A
1	80l/min	39.82	11.38	5.40	1.68
2	160l/min	150.42	42.84	20.29	6.32
3	240l/min	307.77	87.66	41.51	12.93
4	320l/min	521.92	148.66	70.40	21.93
5	400l/min	789.04	224.75	106.31	32.99
6	480l/min		321.55	152.26	47.43

② 관이음쇠 및 마찰손실에 해당하는 직관길이 (단위 : m)

구분	25A	32A	40A	50A
엘보(90°)	0.9	1.2	1.5	2.1
리듀셔	0.54	0.72	0.9	1.2
티(직류)	0.27	0.36	0.45	0.6
티(분류)	1.5	1.8	2.1	3.0

※ 티는 직류만 사용할 것

③ 헤드나사는 PT 1/2(15A) 기준

④ 헤드 방사압은 0.1 MPa 기준

⑤ 수압산정에 필요한 계산과정을 상세히 명시할 것

⑥ 물음(다)는 소수점 셋째자리까지 구하시오.

구간	마찰손실수두
헤드~B	
B~C	
C~J	
J~K	

※ 위의 표는 별도로 작성할 것

(가) 배관 및 관부속품의 마찰손실수두[m]를 구하시오.

(나) 위치수두[m]를 구하시오.

(다) K점에 필요한 압력 P를 구하시오.

해답

구간	마찰손실수두
헤드~B	$5.74\text{m} \times \dfrac{39.82}{10} = 22.856 \fallingdotseq 22.86\text{m}$
B~C	$2.27\text{m} \times \dfrac{150.42}{10} = 34.145 \fallingdotseq 34.15\text{m}$
C~J	$6.58\text{m} \times \dfrac{87.66}{10} = 57.680 \fallingdotseq 57.68\text{m}$
J~K	$3.8\text{m} \times \dfrac{47.43}{10} = 18.023 \fallingdotseq 18.02\text{m}$

(가) ○계산과정 : $22.86+34.15+57.68+18.02=132.71\text{m}$
○답 : 132.71m
(나) ○계산과정 : 0.1+0.1−0.3 = −0.1 m
○답 : −0.1m
(다) ○계산과정 : $1.3271+(-0.001)+0.1=1.4261 \fallingdotseq 1.426\text{MPa}$
○답 : 1.426MPa

문제 60

도면과 주어진 조건을 참고하여 다음 각 물음에 답하시오.

[조건]

① 주어지지 않은 조건은 무시한다.

② 직류 Tee 및 리듀셔는 무시한다.

③ 다음의 하젠-윌리암 식을 이용한다.

$$\Delta P_m = \frac{6\times 10^4 \times Q^2}{C^2 \times D^5}$$

여기서, ΔP_m : 배관 1 m당 마찰손실압〔MPa〕

Q : 유량〔l /min〕

C : 조도(120)

D : 관경〔mm〕

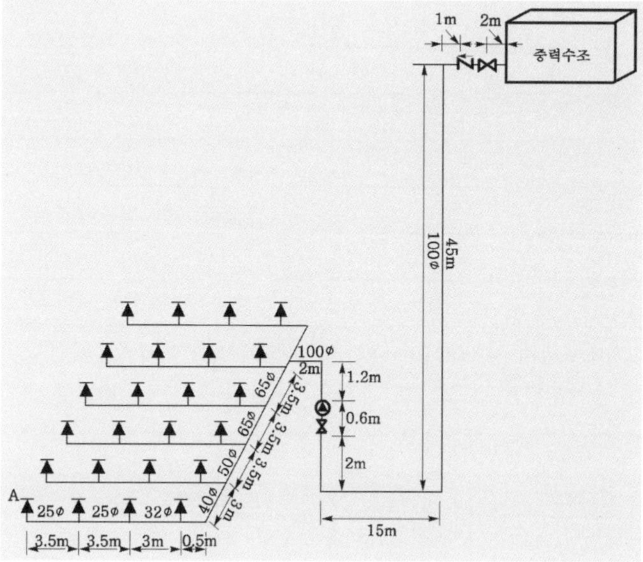

배관의 호칭구경별 안지름〔mm〕							
호칭 구경	25	32	40	50	65	80	100
내 경	28	36	42	53	66	79	103

관이음쇠 및 밸브류 등의 마찰손실에 상당하는 직관길이〔m〕

관이음쇠 및 밸브의 호칭경〔mm〕	90° 엘보	90° T(측류)	알람체크밸브	게이트밸브	체크밸브
25	0.9	0.27	4.5	0.18	4.5
32	1.2	0.36	5.4	0.24	5.4
40	1.8	0.54	6.2	0.32	6.8
50	2.1	0.6	8.4	0.39	8.4
65	2.4	0.75	10.2	0.48	10.2
100	4.2	1.2	16.5	0.81	16.5

(가) 각 배관의 관경에 따라 다음 빈칸을 채우시오.

관경〔mm〕	산 출 근 거	상당관 길이〔m〕
25		
32		
40		
50		
65		
100		

(나) 다음 표의 ( )안을 채우시오.

관경〔mm〕	관마찰손실압〔MPa〕
25	( )$\times 10^{-7} \times Q^3$
32	( )$\times 10^{-8} \times Q^3$
40	( )$\times 10^{-8} \times Q^3$
50	( )$\times 10^{-9} \times Q^3$
65	( )$\times 10^{-9} \times Q^3$
100	( )$\times 10^{-9} \times Q^3$

(다) A점 헤드에서 고가수조까지 낙차〔m〕를 구하시오.

(라) A점 헤드의 분당 방수량〔l/min〕을 계산하시오. (단, 방출계수는 80이다.)

해답 (가)

관경〔mm〕	산 출 근 거	상당관 길이〔m〕
25	• 직관 : 3.5+3.5=7 m • 관부속품 90° 엘보 : 1개×0.9 m=0.9 m 소계 : 7.9 m	7.9
32	• 직관 : 3 m	3
40	• 직관 : 3+0.5=3.5 m • 관부속품 90° 엘보 : 1개×1.8 m=1.8 m 소계 : 5.3 m	5.3

50	• 직관 : 3.5 m	3.5
65	• 직관 : 3.5+3.5=7 m	7
100	• 직관 : 2+1+45+15+2+1.2+2=68.2 m • 관부속품 게이트밸브 : 2개×0.81 m=1.62 m 체크밸브 : 1개×16.5 m=16.5 m 90° 엘보 : 4개×4.2 m=16.8 m 알람체크밸브 : 1개×16.5 m=16.5 m 90° T(측류) : 1개×1.2 m=1.2 m 소계 : 120.82 m	120.82

(나)

관경[mm]	관마찰손실압[MPa]
25	(19.13)$\times 10^{-7} \times Q^2$
32	(20.67)$\times 10^{-8} \times Q^2$
40	(16.9)$\times 10^{-8} \times Q^2$
50	(34.87)$\times 10^{-9} \times Q^2$
65	(23.29)$\times 10^{-9} \times Q^2$
100	(43.43)$\times 10^{-9} \times Q^2$

(다) ○ 계산과정 : 45−2−0.6−1.2=41.2 m

○ 답 : 41.2m

(라) ○ 계산과정 : 총 관마찰손실압 $= 19.13 \times 10^{-7} \times Q^2 + 20.67 \times 10^{-8} \times Q^2 + 16.9 \times 10^{-8} \times Q^2 + 34.87 \times 10^{-9} \times Q^2 + 23.29 \times 10^{-9} \times Q^2 + 43.43 \times 10^{-9} \times Q^2 = 23.90 \times 10^{-7} \times Q^2$

$$P = 0.412 - 23.90 \times 10^{-7} \times Q^2$$

$$Q = 80\sqrt{10(0.412 - 23.90 \times 10^{-7} \times Q^2)}$$

$$Q^2 = 80^2(4.12 - 23.90 \times 10^{-6} \times Q^2)$$

$$Q^2 + 0.15\,Q^2 = 26368$$

$$Q = \sqrt{\frac{26368}{1.15}} = 151.422 ≒ 151.42 l/\text{min}$$

○ 답 : 151.42l/min

문제 61

다음 그림은 어느 스프링클러설비의 Isometric Diagram이다. 이 도면과 주어진 조건에 의하여 헤드 A만을 개방하였을 때 실제 방수압과 방수량을 계산하시오.

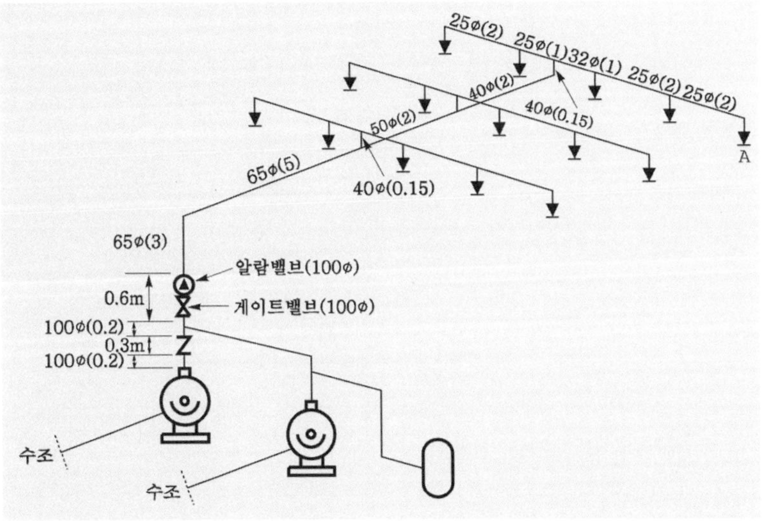

※ (   )안은 배관의 길이[m]임.

Isomatric 계통도(축척 : 없음)

[조건]

① 펌프의 양정은 토출량에 관계없이 일정하다고 가정한다.
(펌프토출압 = 0.3MPa)

② 헤드의 방출계수(K)는 90이다.

③ 배관의 마찰손실은 하젠-윌리암의 공식을 따르되 계산의 편의상 다음 식과 같다고 가정한다.

$$\Delta P = \frac{6 \times 10^4 \times Q^2}{120^2 \times d^5}$$

여기서, ΔP : 배관 1m당 마찰손실압력[MPa]
Q : 배관 내의 유수량[l/min]
d : 배관의 안지름[mm]

④ 배관의 호칭구경별 안지름은 다음과 같다.

호칭구경	25φ	32φ	40φ	50φ	65φ	80φ	100φ
내경	28	37	43	54	69	81	107

⑤ 배관 부속 및 밸브류의 등가길이[m]는 아래 표와 같으며, 이 표에 없는 부속 또는 밸브류의 등가길이는 무시해도 좋다.

배관 부속 \ 호칭구경	25mm	32mm	40mm	50mm	65mm	80mm	100mm
90° 엘보	0.8	1.1	1.3	1.6	2.0	2.4	3.2
티(측류)	1.7	2.2	2.5	3.2	4.1	4.9	6.3
게이트밸브	0.2	0.2	0.3	0.3	0.4	0.5	0.7
체크밸브	2.3	3.0	3.5	4.4	5.6	6.7	8.7
알람밸브	–	–	–	–	–	–	8.7

⑥ 배관의 마찰손실, 등가길이, 마찰손실압력은 호칭구경 25ϕ와 같이 구하도록 한다.

⑦ 문제 (마)는 소수점 넷째자리에서 반올림하여 소수점 셋째자리까지 구하시오.

(가) 다음 표에서 빈칸을 채우시오.

호칭구경	배관의 마찰손실 〔MPa/m〕	등가길이〔m〕	마찰손실압력 〔MPa〕
25ϕ	$\Delta P = 2.421 \times 10^{-7} \times Q^2$	직관 : 2+2=4 90° 엘보 : 1개×0.8=0.8 계 : 4.8 m	$1.162 \times 10^{-6} \times Q^2$
32ϕ			
40ϕ			
50ϕ			
65ϕ			
100ϕ			

(나) 배관의 총 마찰손실압력〔MPa〕은?

(다) 실층고의 환산수두〔m〕는?

(라) A점의 방수량〔l/min〕은?

(마) A점의 방수압〔MPa〕은?

해답 (가)

호칭 구경	배관의 마찰손실 〔MPa〕	등가길이〔m〕	마찰손실압력 〔MPa〕
25ϕ	$\Delta P = 2.421 \times 10^{-7} \times Q^2$	직관 : 2+2=4 90° 엘보 : 1개×0.8=0.8 계 : 4.8 m	$1.162 \times 10^{-6} \times Q^2$
32ϕ	$\Delta P = 6.008 \times 10^{-8} \times Q^2$	직관 : 1 계 : 1 m	$6.008 \times 10^{-8} \times Q^2$
40ϕ	$\Delta P = 2.834 \times 10^{-8} \times Q^2$	직관 : 2+0.15=2.15 90° 엘보 : 1개×1.3=1.3 티(측류) : 1개×2.5=2.5 계 : 5.95 m	$1.686 \times 10^{-7} \times Q^2$
50ϕ	$\Delta P = 9.074 \times 10^{-9} \times Q^2$	직관 : 2 계 : 2 m	$1.814 \times 10^{-8} \times Q^2$
65ϕ	$\Delta P = 2.664 \times 10^{-9} \times Q^2$	직관 : 3+5=8 90° 엘보 : 1개×2.0=2.0 계 : 10 m	$2.664 \times 10^{-8} \times Q^2$

100φ	$\Delta P = 2.970 \times 10^{-10} \times Q^2$	직관 : 0.2+0.2=0.4 체크밸브 : 1개×8.7=8.7 게이트밸브 : 1개×0.7=0.7 알람밸브 : 1개×8.7=8.7 계 : 18.5 m	$5.494 \times 10^{-9} \times Q^2$

(나) ○ 계산과정 : $1.162 \times 10^{-6} \times Q^2 + 6.008 \times 10^{-8} \times Q^2 + 1.686 \times 10^{-7} \times Q^2$
$+ 1.814 \times 10^{-8} \times Q^2 + 2.664 \times 10^{-8} \times Q^2 + 5.494 \times 10^{-9} \times Q^2$
$= 1.44 \times 10^{-6} \times Q^2\ \text{kg/cm}^2$

○ 답 : $1.44 \times 10^{-6} \times Q^2$ MPa

(다) ○ 계산과정 : $0.2 + 0.3 + 0.2 + 0.6 + 3 + 0.15 = 4.45\text{m}$

○ 답 : 4.45 m

(라) ○ 계산과정 : $0.3 - 0.045 - 1.44 \times 10^{-6} \times Q^2 = (0.255 - 1.44 \times 10^{-6} \times Q^2)$

$$Q = 90\sqrt{10 \times (0.255 - 1.44 \times 10^{-6} \times Q^2)}$$

$$Q^2 = 90^2 \times 2.55 - 90^2 \times 1.44 \times 10^{-5} \times Q^2$$

$$Q = \sqrt{\frac{20655}{1.12}} = 135.801 \fallingdotseq 135.8l/\text{min}$$

○ 답 : 135.8l/min

(마) ○ 계산과정 : $(0.255 - 1.44 \times 10^{-6} \times 135.8^2) = 0.2284 \fallingdotseq 0.228\text{MPa}$

○ 답 : 0.228MPa

문제 62

그림은 어느 스프링클러설비의 배관계통도이다. 이 도면과 주어진 조건을 참고하여 다음 각 물음에 답하시오.

〔조건〕

① 배관마찰손실압력은 하젠-윌리암의 공식을 따르되 계산의 편의상 다음 식과 같다고 가정한다.

$$\Delta P = 6 \times 10^4 \times \frac{Q^2}{C^2 \times D^5} \times L$$

여기서, ΔP : 배관마찰손실압력〔MPa〕, Q : 유량〔l/min〕
C : 조도, D : 내경〔mm〕
L : 배관길이〔m〕

② 배관의 호칭구경과 내경은 같다고 본다.

③ 관부속품의 마찰손실은 무시한다.

④ 헤드는 개방형이며 조도 C는 120으로 한다.

⑤ 배관의 호칭구경은 15φ, 20φ, 25φ, 32φ, 40φ, 50φ, 65φ, 80φ, 100φ로 한다.

⑥ A헤드의 방수압은 0.1MPa, 방수량은 80l/min으로 계산한다.

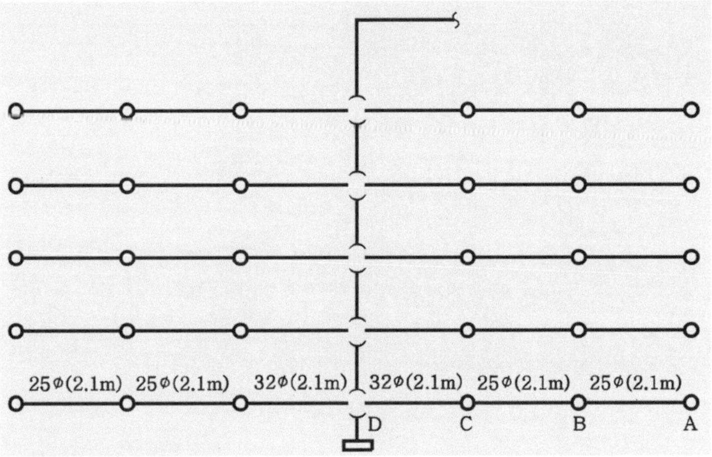

(가) A~B사이의 마찰손실압[MPa]은?
(나) B헤드에서의 방수량[l/min]은?
(다) B~C사이의 마찰손실압[MPa]은?
(라) C헤드에서의 방수량[l/min]은?
(마) D점에서의 방수압[MPa]은?
(바) ②지점의 방수량[l/min]은?
(사) ②지점의 배관최소구경을 선정하시오. (단, 화재안전기준에 의할 것)
(아) 물음 (가), (다), (마)는 소수점 네째자리에서 반올림하여 소수점 세째자리 까지 구할것

해답

(가) ○ 계산과정 : $6 \times 10^4 \times \dfrac{80^2}{120^2 \times 25^5} \times 2.1 = 0.0057 ≒ 0.006\text{MPa}$

○ 답 : 0.006MPa

(나) ○ 계산과정 : $\dfrac{80}{\sqrt{10 \times 0.1}} = 80$

$P = 0.1 + 0.006 = 0.106$

$Q = 80\sqrt{10 \times 0.106} = 82.365 ≒ 82.37 l/\text{min}$

○ 답 : 82.37l/min

(다) ○ 계산과정 : $6 \times 10^4 \times \dfrac{(80 + 82.37)^2}{120^2 \times 25^5} \times 2.1 = 0.0236 ≒ 0.024\text{MPa}$

○ 답 : 0.024MPa

(라) ○ 계산과정 : $P = 0.1 + 0.006 + 0.024 = 0.13\text{MPa}$

$Q = 80\sqrt{10 \times 0.13} = 91.214 ≒ 91.21 l/\text{min}$

○ 답 : 91.21l/min

(마) ○ 계산과정 : $\Delta P = 6 \times 10^4 \times \dfrac{(80 + 82.37 + 91.21)^2}{120^2 \times 32^5} \times 2.1 = 0.0169 ≒ 0.017\text{MPa}$

$P = 0.1 + 0.006 + 0.024 + 0.017$

$= 0.147\text{MPa}$

○ 답 : 0.147MPa

(바) ○ 계산과정 : $Q = (80 + 82.37 + 91.21) \times 2 = 507.16 l/\text{min}$

○ 답 : 507.16l/min

(사) ○ 계산과정 : $D = \sqrt{\dfrac{4 \times 0.50716/60}{\pi \times 10}} = 0.0328 = 32.8\text{mm}$

○ 답 : 40ϕ

문제 63

그림은 어느 일제개방형 스프링클러설비의 계통을 나타내는 Isometric Diagram이다. 주어진 조건을 참조하여 이 설비가 작동되었을 경우 방수압, 방수량 등을 답란의 요구순서대로 수리계산하여 산출하시오.

〔조건〕

① 설치된 개방형헤드의 방출계수(K)는 80이다.

② 살수시 최저방수압이 걸리는 헤드에서의 방수압은 0.1MPa이다. (각 헤드의 방수압이 같이 않음을 유의할 것)

③ 사용배관은 KSD 3507 탄소강관으로서 아연도강관이다.

④ 가지관으로부터 헤드까지의 마찰손실은 무시한다.

⑤ 호칭구경 50 mm 이하의 배관은 나사접속식, 65 mm 이상의 배관은 용접접속식이다.

⑥ 배관내의 유수에 따른 마찰손실압력은 하젠-윌리암스공식을 적용하되, 계산의 편의상 공식은 다음과 같다고 가정한다.

$$\Delta P = \frac{6 \times Q^2 \times 10^4}{120^2 \times d^5}$$

단, ΔP : 배관의 길이 1 m 당 마찰손실압력〔MPa〕

Q : 배관내의 유수량〔l/분〕

d : 배관의 내경〔mm〕

⑦ 배관의 내경은 호칭별로 다음과 같다고 가정한다.

호칭구경〔mm〕	25	32	40	50	65	80	100
내경〔mm〕	27	36	42	53	69	81	105

⑧ 배관부속 및 밸브류의 등가길이는 다음 표와 같다.

관부속 및 밸브 등의 등가길이〔m〕

종별		호칭구경	25	32	40	50	65	80	90	100	125	150
관부속	나사식	90° 엘보	0.8	1.1	1.3	1.6	2.0	2.4	2.8	3.2	3.9	4.7
		티 또는 크로스(측류)	1.7	2.2	2.5	3.2	4.1	4.9	5.6	6.3	7.9	9.3
	용접식	90° 엘보	0.5	0.6	0.7	0.9	1.1	1.3	1.5	1.7	2.1	2.5
		티 또는 크로스(측류)	1.3	1.6	1.9	2.4	3.1	3.6	4.2	4.7	5.9	7.0
밸브류		게이트 밸브	0.2	0.2	0.3	0.3	0.4	0.5	0.6	0.7	0.8	1.0
		체크밸브(스윙형)	2.3	3.0	3.5	4.4	5.6	6.7	7.7	8.7	10.9	12.9
		알람체크밸브	–	–	–	–	–	6.7	–	8.7	–	12.9
		준비작동식밸브	–	–	–	5.5	–	8.9	–	10.7	–	10.1

(KSD 3507 탄소강관 중 백관을 사용하는 경우)

⑨ 수리계산시 속도수두는 무시한다.

⑩ 계산시 소수점 이하의 숫자는 소수점 이하 셋째자리에서 반올림 할 것.

예) 4.267 → 4.27 12.441 → 12.44

⑪ 살수시 중력수조내의 수위의 변동은 없다고 가정한다.

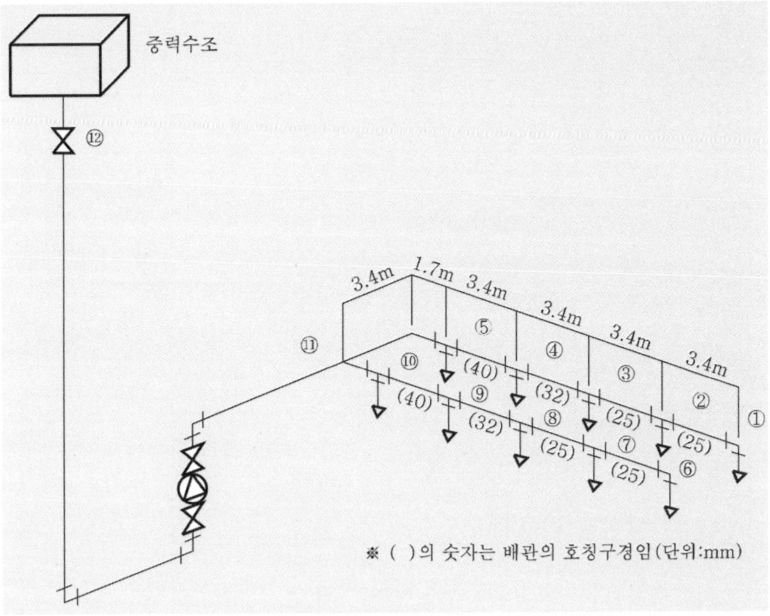

※ 계산은 도면을 참조하여 다음의 순서대로 삭성하시오.

(가) 스프링클러 헤드 및 방수압 및 방수량 계산

항목	헤드 번호	방수압[MPa]	방수량[l /min]
1	①	P_1 =0.1MPa	$q_1 = K\sqrt{10P} = 80\times\sqrt{.01\times10} = 80lpm$
2	②	계산 : ① 노즐방사압 + ① · ②간 관로손실압	계산 : $q_2 = K\sqrt{10P}$
3	③	계산 : ② 노즐방사압 + ② · ③간 관로손실압	계산 : $q_3 = K\sqrt{10P}$
4	④	계산 : ③ 노즐방사압 + ③ · ④간 관로손실압	계산 : $q_4 = K\sqrt{10P}$
5	⑤	계산 : ④ 노즐방사압 + ④ · ⑤간 관로손실압	계산 : $q_5 = K\sqrt{10P}$

(나) 도면의 배관구간 ⑤~⑪의 매분 유수량 q_A [l/min] (단, ⑤~⑪ 구간의 배관 호칭구경은 40mm로 한다.)

(다) 도면의 배관구간 ⑩~⑪의 매분 유수량 q_B [l/min] (단, ⑩~⑪ 구간의 배관의 호칭구경은 40mm로 한다.)

(라) 스프링클러 전헤드에서 매분 살수되는 총살수량 Q [l/min]

해답 (가)

항목	헤드 번호	방수압[MPa]	방수량[l/min]
1	①	$P_1 = 0.1\text{MPa}$	$q_1 = K\sqrt{10P} = 80\times\sqrt{10\times0.1}$ $= 80l/\min$
2	②	계산 : ① 노즐방사압 + ①·②간 관로손실압 $= 1 + \dfrac{6\times80^2\times10^4}{120^2\times27^5}\times(3.4+0.8)$ $= 0.107 ≒ 0.11\text{MPa}$	계산 : $q_2 = K\sqrt{10P}$ $= 80\times\sqrt{10\times0.11} = 83.90$ $≒ 83.9l/\min$
3	③	계산 : ② 노즐방사압 + ②·③간 관로손실압 $= 1.1 + \dfrac{6\times(80+83.9)^2\times10^4}{120^2\times27^5}\times(3.4+1.7)$ $= 0.149 ≒ 0.15\text{MPa}$	계산 : $q_3 = K\sqrt{10P}$ $= 80\times\sqrt{10\times0.15} = 97.97$ $≒ 98l/\min$
4	④	계산 : ③ 노즐방사압 + ③·④간 관로손실압 $= 1.5 + \dfrac{6\times(80+83.9+98)^2\times10^4}{120^2\times36^5}\times(3.4+2.2)$ $= 0.176 ≒ 0.18\text{MPa}$	계산 : $q_4 = K\sqrt{10P}$ $= 80\times\sqrt{10\times0.18} = 107.33$ $≒ 107.3l/\min$
5	⑤	계산 : ④ 노즐방사압 + ④·⑤간 관로손실압 $= 1.8 + \dfrac{6\times(80+83.9+98+107.3)^2\times10^4}{120^2\times42^5}\times(3.4+2.5)$ $= 0.205 ≒ 0.21\text{MPa}$	계산 : $q_5 = K\sqrt{10P}$ $= 80\times\sqrt{10\times0.21} = 115.93$ $≒ 115.9l/\min$

(나) ○ 계산과정 : $80+83.9+98+107.3+115.9 = 485.1l/\min$
○ 답 : $485.1l/\min$

(다) ○ 계산과정 : $P_{⑤1입} = \dfrac{6\times485.1^2\times10^4}{120^2\times42^5}\times(1.7+2.5) = 0.031 ≒ 0.03\text{MPa}$

$P_{1입} = 0.21+0.03 = 0.24\text{MPa}$

$P_{1입⑪} = \dfrac{6\times485.1^2\times10^4}{120^2\times42^5}\times(3.4+1.3) = 0.035 ≒ 0.04\text{MPa}$

$P_{2입} = 0.24+0.04 = 0.28\text{MPa}$

$q_B = \dfrac{485.1\times\sqrt{2.8}}{\sqrt{2.4}} = 523.96 ≒ 524l/\min$

○ 답 : $524l/\min$

(라) ○ 계산과정 : $Q = 485.1+524 = 1009.1l/\min$
○ 답 : $1009.1l/\min$

문제 64

스프링클러설비에서 헤드선단의 허용방수압의 범위는 얼마인가?

해답 0.1MPa 이상 1.2MPa 이하

문제 65

스프링클러설비에 사용하는 압력챔버의 기능 2가지를 쓰시오.

해답 ① 배관내의 압력저하시 충압펌프 또는 주펌프의 자동기동
② 수격작용 방지

문제 66

소화설비에 사용되는 압력챔버의 안전밸브의 작동압력범위는?

해답 호칭압력과 호칭압력의 1.3배

문제 67

스프링클러설비의 가지배관의 배관은 토너먼트방식이 아니어야 한다. 그 이유는 무엇인지 두 가지를 쓰시오.

해답 ① 유체의 마찰손실이 너무 크므로
② 수격작용을 방지하기 위하여

문제 68

습식 스프링클러설비의 유수검지장치에서 가장 먼 가지배관의 끝부분에는 시험 밸브함을 설치하여야 한다. 이 시험밸브함내에 설치하여야 하는 것을 3가지만 쓰시오.

해답 ① 압력계
② 개폐밸브
③ 반사판 및 프레임이 제거된 개방형 헤드

문제 69

스프링클러설비의 송수구의 설치기준 5가지를 쓰시오.

해답 ① 송수구는 화재층으로부터 지면으로 떨어지는 유리창 등이 송수 및 소화작업에 지장을 주지 아니하는 장소에 설치할 것
② 송수구에서 스프링클러설비의 주배관의 연결배관에 개폐밸브를 설치한 때에는 옥외 또는 기계실 등에 설치할 것(쉽게 개폐상태를 조작 · 확인하기 위해)
③ 구경 65mm의 쌍구형일 것
④ 송수구에는 그 가까운 곳의 보기쉬운 곳에 송수압력범위를 표시한 표지를 할 것
⑤ 폐쇄형 스프링클러헤드를 사용하는 송수구는 하나의 층의 바닥면적이 3000m^2를 넘을 때마다 1개 이상 설치할 것(최대 5개)

문제 70

다음은 습식 스프링클러설비와 건식 스프링클러설비의 송수구 주위 배관을 나타낸 것이다. 체크밸브, 게이트밸브, 자동배수밸브 및 배관을 추가하여 그림을 완성시키시오. (단, 도시기호를 참작한다.)

[도시기호]

: 스프링클러송수구　　: 스프링클러헤드　　: 습식경보밸브
: 건식 경보밸브　　: 체크밸브　　: 게이트밸브
: 자동배수밸브

(가) 습식 스프링클러설비　　(나) 건식 스프링클러설비

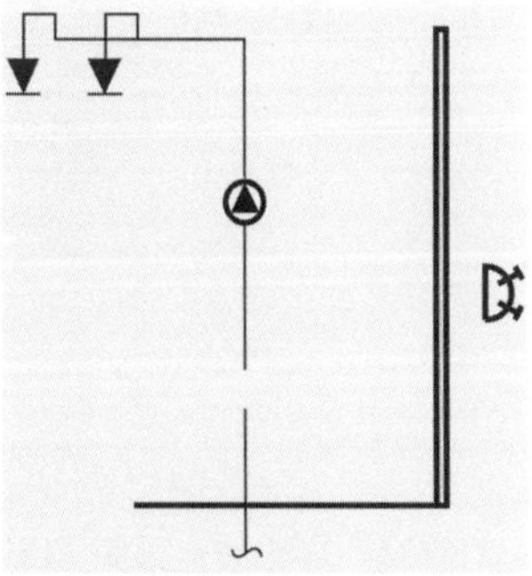

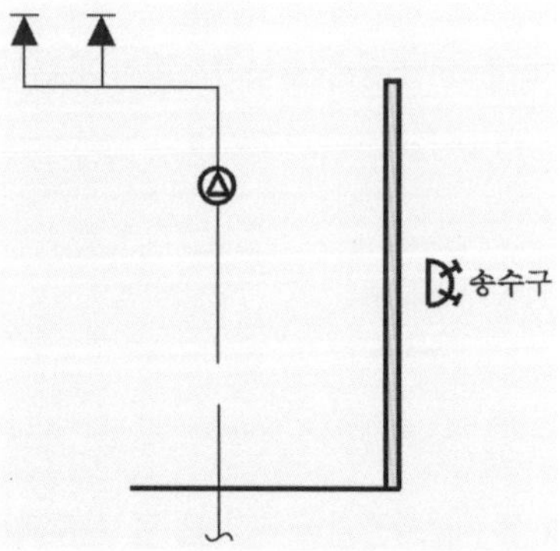

해답 (가) 습식 스프링클러설비　　(나) 건식 스프링클러설비

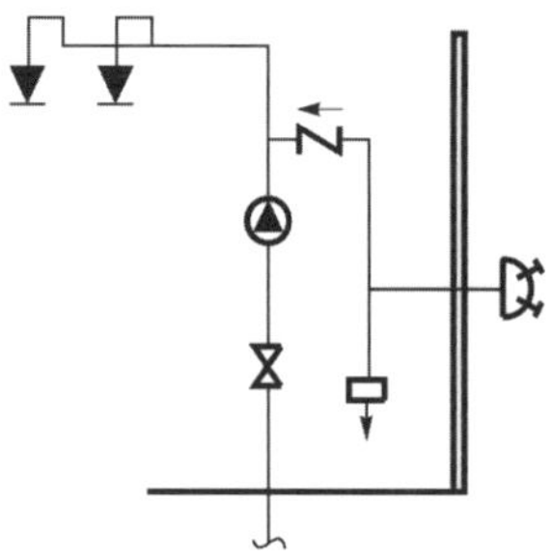

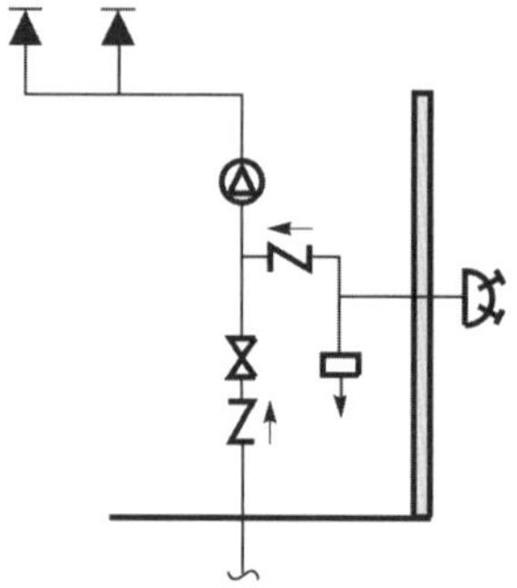

문제 71

스프링클러설비에는 소방대 연결송수구설비를 함께 갖추도록 하는 이유를 두 가지만 설명하시오.

해답 ① 초기진화에 실패한 후 본격화재시 소방차에서 물을 공급하기 위하여
② 가압송수장치 등의 고장시 소방차에서 물을 공급하기 위하여

문제 72

스프링클러설비의 반응시간지수(response time index)에 대하여 설명하시오.

해답 기류의 온도, 속도 및 작동시간에 대하여 스프링클러헤드의 반응시간을 예상한 지수

CHAPTER

05 물분무소화설비

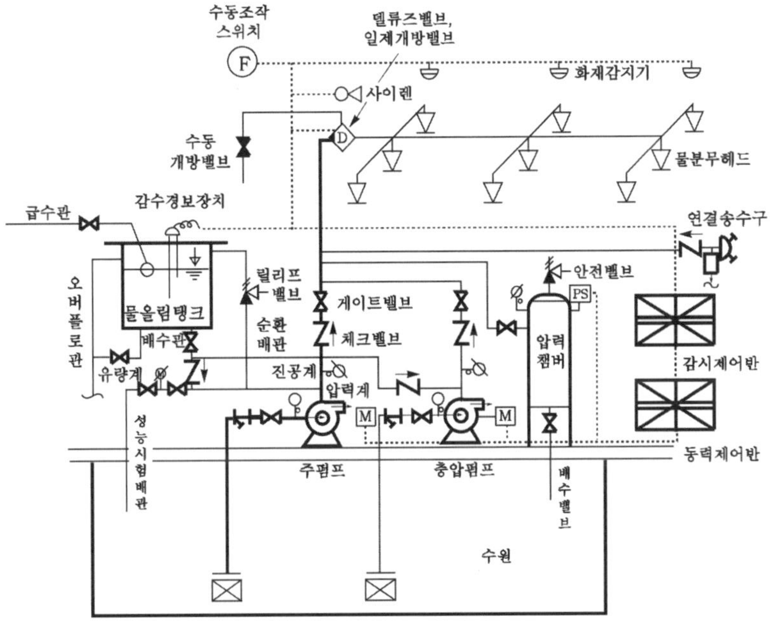

물분무소화설비의 계통도

1 주요구성

① 수원
② 가압송수장치
③ 배관
④ 제어반
⑤ 비상전원
⑥ 동력장치
⑦ 기동장치
⑧ 제어밸브
⑨ 배수밸브
⑩ 물분무헤드

Key Point

※ 유화효과와 희석효과

1. 유화효과
유류표면에 유화층의 막을 형성시켜 공기의 접촉을 막는 방법
2. 희석효과
다량의 물을 방사하여 가연물의 농도를 연소농도 이하로 낮추는 방법

※ 물분무소화설비

① 질식효과
② 냉각효과
③ 유화효과
④ 희석효과

Key Point

❋ 물분무가 전기설비에 적합한 이유
분무상태의 물은 비전도성을 나타내므로

❋ 케이블트레이
케이블을 수용하기 위한 관로로 사용되며 윗부분이 개방되어 있다.

❋ 케이블덕트
케이블을 수용하기 위한 관로로 사용되며 윗부분이 밀폐되어 있다.

❋ 고가수조에만 있는 것
오버플로관

❋ 고가수조의 구성요소
① 배수관
② 수위계
③ 급수관
④ 맨홀
⑤ 오버플로관

❋ 압력수조의 구성요소
① 배수관
② 수위계
③ 급수관
④ 맨홀
⑤ 급기관
⑥ 안전장치
⑦ 압력계
⑧ 자동식 공기압축기

2 수원(NFSC 104⑤)

| 물분무 소화설비의 수원 |

소방대상물	토출량	비고
콘베이어밸브·절연유 봉입변압기	10 l/min·m^2	–
특수가연물	10 l/min·m^2	최소 50 m^2
케이블트레이·덕트	12 l/min·m^2	–
차고·주차장	20 l/min·m^2	최소 50 m^2

※ 모두 **20분**간 방수할 수 있는 양 이상으로 하여야 한다.

3 가압송수장치(NFSC 104⑤)

(1) 고가수조방식

$$H \geq h_1 + h_2$$

여기서, H : 필요한 낙차〔m〕
h_1 : 물분무헤드의 설계압력 환산수두〔m〕
h_2 : 배관 및 관부속품의 마찰손실수두〔m〕

※ 고가수조 : 수위계, 배수관, 급수관, 오버플로관, 맨홀 설치

(2) 압력수조방식

$$P \geq P_1 + P_2 + P_3$$

여기서, P : 필요한 압력〔MPa〕
P_1 : 물분무 헤드의 설계압력〔MPa〕
P_2 : 배관 및 관부속품의 마찰손실수두압〔MPa〕
P_3 : 낙차의 환산수두압〔MPa〕

※ **압력수조** : 수위계, 급수관, 급기관, 압력계, 안전장치, 자동식 공기압축기, 맨홀 설치

(3) 펌프방식(지하수조방식)

$$H \geq h_1 + h_2 + h_3$$

여기서, H : 필요한 낙차〔m〕

Key Point

h_1 : 물분무헤드의 설계압력 환산수두〔m〕
h_2 : 배관 및 관부속품의 마찰손실수두〔m〕
h_3 : 실양정(흡입양정 + 토출양정)〔m〕

4 기동장치(NFSC 104⑧)

(1) 수동식 기동장치

① 직접조작 또는 원격조작에 의하여 각각의 가압송수장치 및 **수동식 개방밸브** 또는 **가압송수장치** 및 **자동개방밸브**를 개방할 수 있도록 설치하여야 한다.
② 기동장치의 가까운 곳의 보기쉬운 곳에 '기동장치' 라고 표시한 표지를 하여야 한다.

(2) 자동식 기동장치

자동식 기동장치는 자동화재탐지설비의 **감지기**의 작동 또는 **폐쇄형 스프링클러헤드**의 개방과 연동하여 경보를 발하고, 가압송수장치 및 자동개방밸브를 기동할 수 있는 것으로 하여야 한다. (단, 자동화재탐지설비의 수신기가 설치되어 있는 장소에 상시 사람이 근무하고 있고 화재시 물분무소화설비를 즉시 작동시킬 수 있는 경우에는 제외)

5 제어밸브(NFSC 104⑨)

① 바닥으로부터 0.8~1.5m 이하의 위치에 설치한다.
② 가까운 곳의 보기쉬운 곳에 **'제어밸브'** 라고 표시한 표지를 한다.

※ 수동식 개방밸브
바닥에서 0.8~1.5m 이하

6 배수밸브(NFSC 104⑪)

① **차량**이 주차하는 장소의 적당한 곳에 높이 10cm 이상의 경계턱으로 배수구를 설치한다.
② 배수구에는 새어나온 기름을 모아 소화할 수 있도록 길이 40m 이하마다 집수관·소화핏트 등 **기름분리장치**를 설치한다.
③ 차량이 주차하는 바닥은 배수구를 향하여 $\frac{2}{100}$ 이상의 기울기를 유지한다.
④ 배수설비는 가압송수장치의 **최대송수능력**의 수량을 유효하게 배수할 수 있는 크기 및 기울기를 유지한다.

Key Point

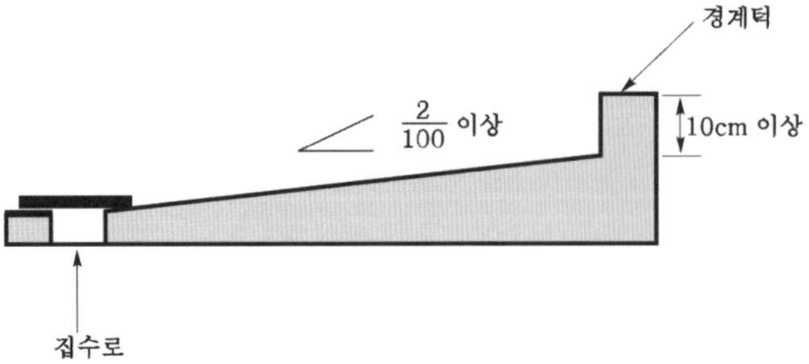

배수설비

7 물분무헤드(NFSC 104⑩)

물분무헤드의 이격거리

전 압	거 리
66〔kV〕 이하	70 cm 이상
67~77〔kV〕 이하	80 cm 이상
78~110〔kV〕 이하	110 cm 이상
111~154〔kV〕 이하	150 cm 이상
155~181〔kV〕 이하	180 cm 이상
182~220〔kV〕 이하	210 cm 이상
221~275〔kV〕 이하	260 cm 이상

8 물분무헤드의 성능인증 및 제품검사기술기준(2012. 2. 9)

물분무헤드의 종류는 다음과 같다.

(1) 충돌형 : 유수와 유수의 충돌에 의해 미세한 물방울을 만드는 물분무헤드

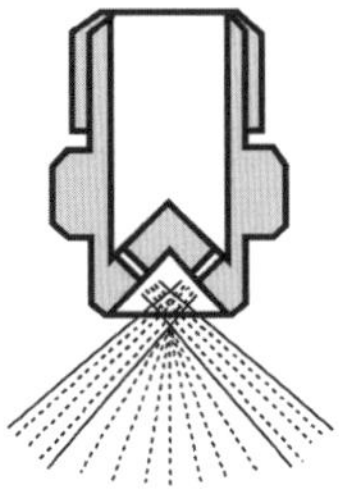

충돌형

※ OS & Y 밸브
밸브의 개폐상태여부를 용이하게 육안판별하기 위한 밸브로서, '개폐표시형밸브'라고도 부른다.

※ 배수밸브
'드레인밸브(drain valve)'라고도 부른다.

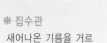

(2) 분사형 : 소구경의 오리피스로부터 고압으로 분사하여 미세한 물방울을 만드는 물분무헤드

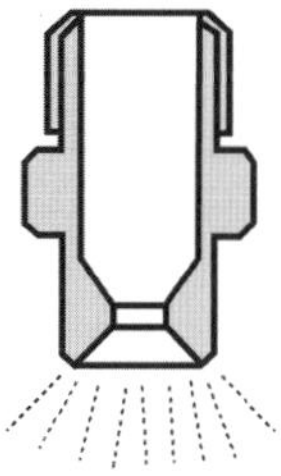

▮분사형▮

(3) 선회류형 : 선회류에 의해 확산 방출하든가 선회류와 직선류의 충돌에 의해 확산 방출하여 미세한 물방울을 만드는 물분무헤드

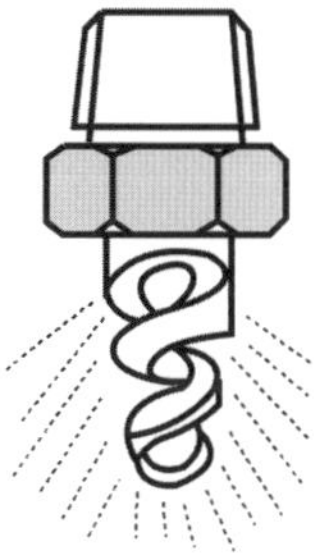

▮선회류형▮

(4) 디플렉터형 : 수류를 살수판에 충돌하여 미세한 물방울을 만드는 물분무헤드

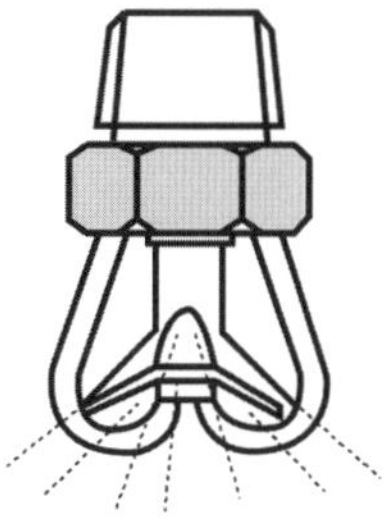

▮디플렉터형▮

(5) 슬리트형 : 수류를 슬리트에 의해 방출하여 수막상의 분무를 만드는 물분무헤드

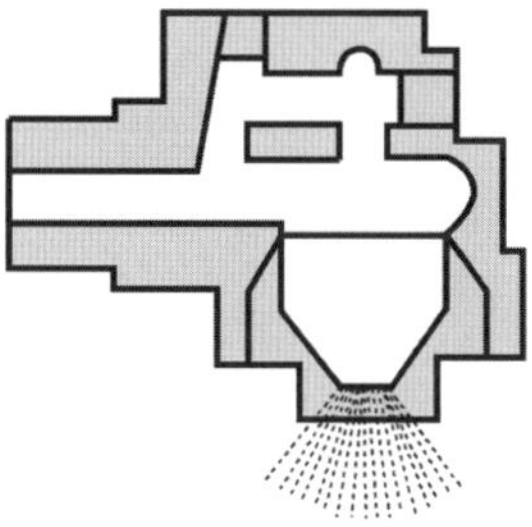

▮슬리트형▮

Key Point

※ 집수관
새어나온 기름을 거르기 위해서 만든 관

※ 표 〔물분무헤드의 이격거리〕
★ 꼭 기억하세요 ★

※ 물분무헤드
물을 미립상태로 방사하여 소화기능을 하는 헤드

※ 물분무헤드의 종류
자동화재 감지장치가 있어야 한다.
① 충돌형
② 분사형
③ 선회류형
④ 슬리트형
⑤ 디플렉터형

※ 물의 방사형태
1. 봉상주수
 ① 옥내소화전의 방수노즐
2. 적상주수
 ① 포워터 스프링클러헤드
 ② 스프링클러헤드
3. 무상주수
 ① 포워터 스프레이헤드
 ② 물분무헤드

※ 수막
물을 커텐처럼 길게 늘어뜨려 뿌리는 것

Key Point

※ 물분무설비 설치 제외 장소
① 물과 심하게 반응하는 물질 취급 장소
② 고온물질 취급장소
③ 표면온도 260℃ 이상

※승강기
'엘리베이터'를 말한다.

※항공기격납고
항공기를 수납하여 두는 장소

9 물분무소화설비의 설치제외 장소(NFSC 104⑮)

① **물과 심하게 반응하는 물질** 또는 물과 반응하여 위험한 물질을 생성하는 물질을 저장 또는 취급하는 장소

② **고온물질** 및 증류범위가 넓어 끓어넘치는 위험이 있는 물질을 저장 또는 취급하는 장소

③ 운전시에 표면의 온도가 **260℃** 이상으로 되는 등 직접 분무를 하는 경우 그 부분에 손상을 입힐 우려가 있는 기계장치 등이 있는 장소

10 물분무소화설비의 설치대상(설치유지령 [별표 4])

설치대상	조 건
① 차고、주차장	• 바닥면적 합계 $200m^2$ 이상
② 전기실、발전실、변전실 ③ 축전지실、통신기기실、전산실	• 바닥면적 $300m^2$ 이상
④ 주차용 건축물	• 연면적 $800m^2$ 이상
⑤ 기계식 주차장치	• 20대 이상
⑥ 항공기격납고	• 전부

연습문제

문제 01

물분무소화설비의 소화효과를 4가지만 쓰시오.

해답 ① 질식효과 ② 냉각효과
③ 유화효과 ④ 희석효과

문제 02

물분무소화설비의 소화효과 중 유화효과와 희석효과를 구분하여 설명하시오.
○ 유화효과 :
○ 희석효과 :

해답 ○ 유화효과 : 유류표면에 유화층의 막을 형성시켜 공기의 접촉을 막는 방법
○ 희석효과 : 고체 · 기체 · 액체에서 나오는 분해가스나 증기의 농도를 낮추어 연소를 중지시키는 방법

문제 03

주차장 건물에 물분무소화설비를 하려고 한다. 법정 수원의 용량은 몇 〔m^3〕 이상이어야 하는가? (단, 주차장 면적 : $100m^2$)

해답 ○ 계산과정 : $100 \times 20 \times 20 = 40000l = 40m^3$
○ 답 : $40m^3$

문제 04

절연유 봉입변압기에 물분무소화설비를 설치할 경우 다음 조건을 참고하여 방출계수(K)를 구하시오.
[조건]
① 표면적 : $100\ m^2$ (바닥면적 제외)
② 방사량 : $10l$ /min · m^2
③ 방사압력 : 0.4 MPa
④ 분사헤드는 8개가 설치되어 있다.

해답 ○ 계산과정 : $Q = 100 \times 10 = 1000l/\text{min}$

$$Q_1 = \frac{1000}{8} = 125l/\text{min}$$

$$K = \frac{125}{\sqrt{10 \times 0.4}} = 62.5$$

○ 답 : 62.5

문제 05

절연유 봉입 변압기에 물분무소화설비를 그림과 같이 적용하고자 한다. 바닥 부분을 제외한 변압기의 표면적을 $100m^2$라고 할 때 물분무 헤드의 K 상수를 구하시오. (표준 방사량은 $1m^2$당 $10l$ pm으로 하며, 물분무 헤드의 방사압력은 0.4MPa로 한다.)

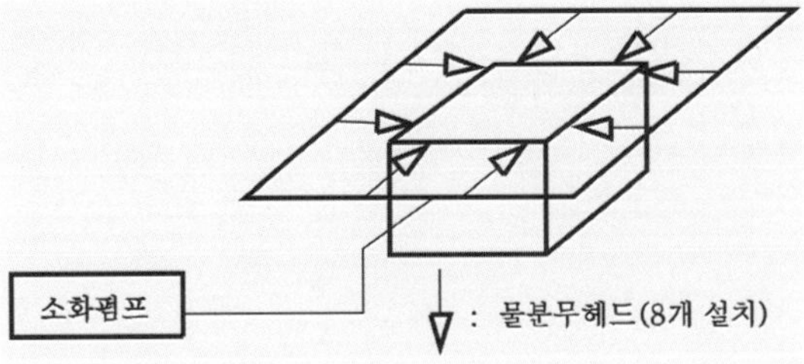

해답 ○계산과정 : $Q=100\times10=1000l/\text{min}$

$$Q_1=\frac{1000}{8}=125$$

$$K=\frac{125}{\sqrt{10\times0.4}}=62.5$$

○답 : 62.5

문제 06

포워터 스프링클러헤드와 포워터 스프레이헤드로 물을 방사하는 경우 방사형태의 차이점을 설명하시오.

○포워터 스프링클러헤드 :
○포워터 스프레이헤드 :

해답 ○포워터 스프링클러헤드 : 적상주수 형태
○포워터 스프레이헤드 : 무상주수 형태

문제 07

다음은 물분무헤드의 고압전기기기와의 이격거리를 나타낸 것이다. ( ) 안에 알맞은 수치를 넣으시오.

전압[kV]	거리[cm]	전압[kV]	거리[cm]
66 이하	70 이상	154 초과 181 이하	((다))
66 초과 77 이하	((가))	181 초과 220 이하	((라))
77 초과 110 이하	110 이상	220 초과 275 이하	((마))
110 초과 154 이하	((나))		

해답 (가) 80 이상 (나) 150 이상 (다) 180 이상 (라) 210 이상 (마) 260 이상

문제 08

물분무헤드의 분무상태를 만드는 방법에 따라 5가지로 구분하시오.

해답 ① 충돌형 ② 분사형 ③ 선회류형
④ 디플렉터형 ⑤ 슬리트형

해설 **문제 7 참조**

미분무소화설비

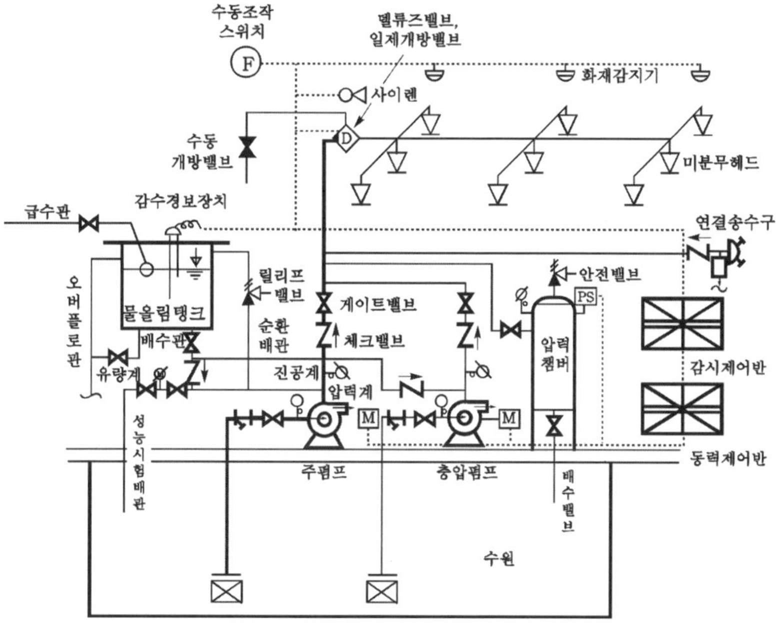

미분무소화설비의 계통도

1 주요구성

① 수원
② 가압송액장치
③ 배관
④ 제어반
⑤ 비상전원
⑥ 동력장치
⑦ 기동장치
⑧ 제어밸브
⑨ 배수밸브
⑩ 미분무헤드

Key Point

※ 미분무소화설비
가압된 물이 헤드 통과 후 미세한 입자로 분무됨으로써 소화성능을 가지는 설비

※ 미분무소화설비의 사용압력

구분	사용압력
저압	1.2MPa 이하
중압	1.2~3.5MPa 이하
고압	3.5MPa 초과

Key Point

※ 수원
사용되는 필터 또는 스트레이너의 메쉬는 헤드 오리피스 지름의 80% 이하

※ 수조의 재료
① 냉간압연 스테인리스 강판
② 강대의 STS 304

2 수 원(NFSC 104A ⑥)

$$Q = N \times D \times T \times S + V$$

여기서, Q : 수원의 양[m^3]
N : 방호구역(방수구역)내 헤드의 개수
D : 설계유량[m^3/min]
T : 설계방수시간[min]
S : 안전율(1.2 이상)
V : 배관의 총체적[m^3]

3 미분무 소화설비용 수조의 설치기준(NFSC 104A ⑦)

① **전용**으로 하며 점검에 편리한 곳에 설치할 것
② **동결방지조치**를 하거나 동결의 우려가 없는 장소에 설치할 것
③ 수조의 **외측**에 **수위계**를 설치할 것. 다만, 구조상 불가피한 경우에는 수조의 맨홀 등을 통하여 수조 내 물의 양을 쉽게 확인할 수 있도록 하여야 한다.
④ 수조의 상단이 바닥보다 **높은 때**에는 수조의 **외측**에 **고정식 사다리**를 설치할 것
⑤ 수조가 실내에 설치된 때에는 그 실내에 **조명설비**를 설치할 것
⑥ 수조의 밑부분에는 **청소용 배수밸브** 또는 **배수관**을 설치할 것
⑦ 수조 외측의 보기 쉬운 곳에 **"미분무설비용 수조"** 라고 표시한 표지를 할 것
⑧ 미분무펌프의 흡수배관 또는 수직배관과 수조의 접속부분에는 **"미분무설비용 배관"** 이라고 표시한 표지를 할 것.(단, 수조와 가까운 장소에 미분무펌프가 설치되고 미분무펌프에 표지를 설치한 때는 제외)

4 가압수송장치(NFSC 104A ⑧)

1 전동기 또는 내연기관에 따른 펌프를 이용하는 가압송수장치 설치기준

① **쉽게 접근**할 수 있고 점검하기에 충분한 공간이 있는 장소로서 화재 및 침수 등의 재해로 인한 피해를 받을 우려가 없는 곳에 설치할 것
② **동결방지조치**를 하거나 동결의 우려가 없는 장소에 설치할 것
③ 펌프는 **전용**으로 할 것
④ 펌프의 **토출측**에는 **압력계**를 체크밸브 이전에 펌프토출측 가까운 곳에 설치할 것

Key Point

⑤ 가압송수장치에는 정격부하 운전시 **펌프**의 **성능**을 **시험**하기 위한 **배관**을 설치할 것
⑥ 가압송수장치의 송수량은 최저설계압력에서 설계유량(L/min) 이상의 방수성능을 가진 기준개수의 **모든 헤드**로부터의 방수량을 충족시킬 수 있는 양 이상의 것으로할 것
⑦ 내연기관을 사용하는 경우에는 제어반에 따라 내연기관의 **자동기동** 및 **수동기동**이 가능하고, 상시 충전되어 있는 **축전지설비**를 갖출 것
⑧ 가압송수장치에는 **"미분무펌프"** 라고 표시한 표지를 할 것. 다만, 호스릴방식의 경우 **"호스릴방식 미분무펌프"** 라고 표시한 표지를 할 것
⑨ 가압송수장치가 기동되는 경우에는 **자동**으로 **정지**되지 **아니하도록** 할 것

2 압력수조를 이용하는 가압송수장치의 설치기준

① 압력수조는 **배관용 스테인리스 강관**(KS D 3676) 또는 이와 동등 이상의 강도・내식성, 내열성을 갖는 재료를 사용할 것
② 용접한 압력수조를 사용할 경우 **용접찌꺼기** 등이 남아 있지 아니하여야 하며, **부식**의 우려가 **없는 용접방식**으로 하여야 한다.
③ 쉽게 접근할 수 있고 점검하기에 충분한 공간이 있는 장소로서 **화재** 및 **침수** 등의 재해로 인한 피해를 받을 우려가 없는 곳에 설치할 것
④ **동결방지조치**를 하거나 동결의 우려가 없는 장소에 설치할 것
⑤ 압력수조는 **전용**으로 할 것
⑥ 압력수조에는 **수위계** · **급수관** · **배수관** · **급기관** · **맨홀** · **압력계** · **안전장치** 및 **압력저하방지**를 위한 **자동식 공기압축기**를 설치할 것
⑦ 압력수조의 **토출측**에는 사용압력의 **1.5배** 범위를 **초과**하는 **압력계**를 설치하여야 한다.

※ 작동장치의 구조 및 기능
① 화재감지기의 신호에 의하여 자동적으로 밸브를 개방하고 소화수를 배관으로 송출할 것
② 수동으로 작동할 수 있게 하는 장치를 설치할 경우에는 부주의로 인한 작동을 방지하기 위한 보호 장치를 강구할 것

3 가압수조를 이용하는 가압송수장치의 설치기준

① 가압수조의 압력은 **설계방수량** 및 **방수압**이 설계방수시간 이상 유지되도록 할 것
② 가압수조의 수조는 **최대상용압력 1.5배**의 수압을 가하는 경우 물이 새지 않고 변형이 없을 것
③ 가압수조 및 가압원은 「건축법 시행령」제46조에 따른 방화구획 된 장소에 설치할 것
④ 가압수조에는 **수위계** · **급수관** · **배수관** · **급기관** · **압력계** · **안전장치** 및 **수조**에 소화수와 압력을 보충할 수 있는 장치를 설치할 것
⑤ 가압수조를 이용한 가압송수장치는 한국소방산업기술원 또는 지정된 성능시험기관에서 그 성능을 인정받은 것으로 설치할 것
⑥ 가압수조는 **전용**으로 설치할 것

Key Point

※ 주차장의 미분무 소화설비
습식 외의 방식

5 방호구역 및 방수구역(NFSC 104A ⑨)

1 폐쇄형 미분무소화설비의 방호구역 적합기준

① 하나의 방호구역의 바닥면적은 **펌프용량**, **배관**의 **구경** 등을 수리학적으로 계산한 결과 헤드의 방수압 및 방수량이 방호구역 범위 내에서 소화목적을 달성할 수 있도록 산정하여야 한다.

② 하나의 방호구역은 **2개층**에 미치지 아니하도록 할 것

2 개방형 미분무소화설비의 방수구역 적합기준

① 하나의 방수구역은 **2개층**에 미치지 아니 할 것

② 하나의 방수구역을 담당하는 헤드의 개수는 **최대 설계개수 이하**로 할 것.(단, 2개 이상의 방수구역으로 나눌 경우에는 하나의 방수구역을 담당하는 헤드의 개수는 **최대설계개수**의 $\frac{1}{2}$ **이상**으로 할 것)

③ **터널**, **지하구**, **지하**가 등에 설치할 경우 동시에 방수되어야 하는 방수구역은 화재가 발생된 방수구역 및 접한 방수구역으로 할 것

6 미분무설비 배관의 배수를 위한 기울기 기준(NFSC 104A ①)

| 미분무설비 배관기울기 |

폐쇄형 미분무소화설비	개방형 미분무소화설비
배관을 **수평**으로 할 것(단, 배관의 구조상 소화수가 남아 있는 곳에는 **배수밸브**설치)	헤드를 향하여 상향으로 **수평주행배관**의 기울기를 $\frac{1}{500}$ 이상, **가지배관**의 기울기를 $\frac{1}{250}$ 이상으로 할 것(단, 배관의 구조상 기울기를 줄 수 없는 경우에는 배수를 원활하게 할 수 있도록 **배수밸브** 설치)

기계실·공동구 또는 덕트에 설치되는 배관은 다른 설비의 배관과 쉽게 구분이 될 수 있는 위치에 설치하거나, 그 배관표면 또는 배관 보온재표면의 색상은 **적색**으로 소방용설비의 배관임을 표시하여야 한다.

7 호스릴방식의 설치기준(NFSC 104A ⑪)

① 방호대상물의 각 부분으로부터 하나의 호스 접결구까지의 **수평거리**가 25m 이하가 되도록 할 것

Key Point

② 소화약제 저장용기의 개방밸브는 호스의 설치 장소에서 **수동**으로 개폐할 수 있는 것으로 할 것

③ 소화약제 저장용기의 가장 가까운 곳의 보기 쉬운 곳에 **표시등**을 설치하고 호스릴 미분무소화설비가 있다는 뜻을 표시한 표지를 할 것

8 폐쇄형 미분무헤드의 최고주위온도(NFSC 104A ⑬)

$$T_a = 0.9T_m - 27.3℃$$

여기서 T_a : 최고주위온도[℃]

T_m : 헤드의 표시온도[℃]

※ 미분무설비에 사용되는 헤드
조기반응형헤드

9 설계도서 작성기준

※ 설계도서작성 공통기준
건축물에서 발생 가능한 상황을 선정하되, 건축물의 특성에 따라 설계도서유형 중 일반설계도서와 특별설계도서 중 1개 이상 작성

‖ 설계도서 유형 ‖

설계도서 유형	설 명
일반설계도서	① 건물용도, 사용자 중심의 일반적인 화재를 가상한다. ② 설계도서에는 다음 사항이 필수적으로 명확히 설명되어야 한다. ㉮ 건물사용자 특성 ㉯ **사용자**의 수와 **장소** ㉰ **실 크기** ㉱ 가구와 실내 내용물 ㉲ 연소 가능한 물질들과 그 특성 및 발화원 ㉳ **환기조건** ㉴ 최초 발화물과 발화물의 위치 ③ 설계자가 필요한 경우 기타 설계도서에 필요한 사항을 추가할 수 있다.
특별설계도서 1	① **내부 문**들이 **개방**되어 있는 상황에서 피난로에 화재가 발생하여 급격한 화재연소가 이루어지는 상황을 가상한다. ② 화재시 가능한 **피난방법**의 **수**에 중심을 두고 작성한다.
특별설계도서 2	① **사람**이 **상주**하지 **않는 실**에서 화재가 발생하지만, 잠재적으로 많은 재실자에게 위험이 되는 상황을 가상한다. ② 건축물 내의 재실자가 없는 곳에서 화재가 발생하여 **많은 재실자**가 있는 공간으로 **연소확대**되는 상황에 중심을 두고 작성한다.

Key Point

특별설계도서 3	① **많은 사람**들이 **있는 실**에 인접한 벽이나 덕트 공간 등에서 화재가 발생한 상황을 가상한다. ② **화재감지기**가 **없는 곳**이나 **자동**으로 작동하는 **소화설비**가 **없는 장소**에서 화재가 발생하여 많은 재실자가 있는 곳으로의 연소 확대가 가능한 상황에 중심을 두고 작성한다.
특별설계도서 4	① **많은 거주자**가 있는 **아주 인접한 장소** 중 소방시설의 작동범위에 들어가지 않는 장소에서 아주 천천히 성장하는 화재를 가상한다. ② **작은 화재**에서 시작하지만 큰 **대형화재**를 일으킬 수 있는 화재에 중심을 두고 작성한다.
특별설계도서 5	① 건축물의 일반적인 사용 특성과 관련, **화재하중**이 **가장 큰 장소**에서 발생한 아주 심각한 화재를 가상한다. ② **재실자**가 있는 공간에서 **급격하게 연소 확대**되는 **화재**를 중심으로 작성한다.
특별설계도서 6	① **외부**에서 발생하여 **본 건물**로 **화재**가 **확대**되는 경우를 가상한다. ② **본 건물**에서 **떨어진 장소**에서 화재가 발생하여 본 건물로 화재가 확대되거나 피난로를 막거나 거주가 불가능한 조건을 만드는 화재에 중심을 두고 작성한다.

연습문제

문제 01

저압 · 중압 · 고압 미분무소화설비의 사용압력에 대하여 설명하시오.

해답
① 저압 미분무소화설비 : 1.2MPa 이하
② 중압 미분무소화설비 : 1.2MPa 초과 3.5MPa 이하
③ 고압 미분무소화설비 : 3.5MPa 초과

문제 02

어느 터널에 개방형 미분무 소화설비를 설치하고자 한다. 방호구역내 헤드의 개수는 30개, 설계유량 $3m^3$/min, 설계방수시간 20min, 안전율 1.2, 배관의 총체적은 $15m^3$ 일때 수원의 양[m^3]은 얼마인가?

해답
○계산과정 : $30 \times 3 \times 20 \times 1.2 + 15 = 2175m^3$
○답 : $2175m^3$

문제 03

어느 지하가의 미분무 소화설비에 설치되어 있는 폐쇄형 미분무헤드의 표시온도를 알아보고자 한다. 이 설치장소의 평상시 최고주위온도가 39℃일때 헤드의 표시온도는 몇 ℃로 추정되는가?

해답
○계산과정 : $\frac{39 + 27.3}{0.9} = 73.666 \fallingdotseq 73.67℃$
○답 : 73.67℃

MEMO

CHAPTER 07
포소화설비

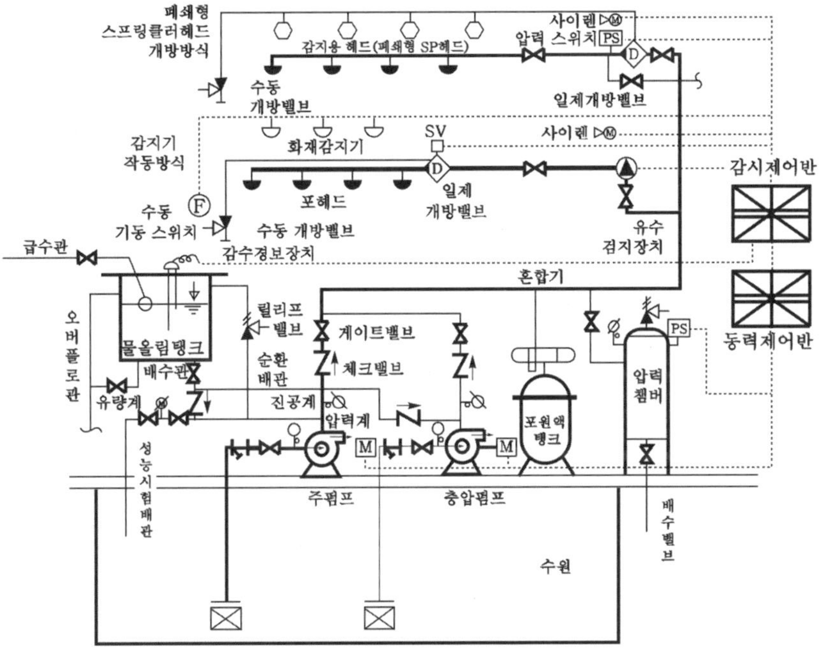

미분무소화설비의 계통도

1 주요구성

① 수원
② 가압송액장치
③ 배관
④ 제어반
⑤ 비상전원
⑥ 동력장치
⑦ 기동장치
⑧ 제어밸브
⑨ 배수밸브
⑩ 미분무헤드
⑪ 포헤드
⑫ 고정포 방출구

Key Point

※ 포소화설비의 특징
① 옥외소화에도 소화효력을 충분히 발휘한다.
② 포화 내화성이 커서 대규모 화재 소화에도 효과가 크다.
③ 재연소가 예상되는 화재에도 적응성이 있다.
④ 인접되는 방호대상물에 연소방지책으로 적합하다.
⑤ 소화제는 인체에 무해하다.

※ 기계포 소화약제
접착력이 우수하며 일반·유류화재에 적합하다.

※ 포워터 스프링클러 헤드
포디플렉터가 있다.

※ 포헤드
포디플렉터가 없다

Key Point

※ 특수가연물
화재가 발생하면 불길이 빠르게 번지는 물품

2 종류(NFSC 105⑤)

소방대상물에 따른 헤드의 종류

소방대상물	설비 종류
• 차고·주차장	• 포워터 스프링클러설비 • 포헤드 설비 • 고정포 방출설비
• 항공기 격납고 • 공장·창고(특수가연물 저장·취급)	• 포워터 스프링클러설비 • 포헤드 설비 • 고정포 방출설비
• 완전개방된 옥상 주차장 • 위험물제조소 등 • 고가 밑의 주차장(주된 벽이 없고 기둥뿐인 것)	• 호스릴포 소화설비 • 포소화전 설비

3 가압송수장치(NFSC 105⑥)

(1) 고가수조방식

$$H \geq h_1 + h_2 + h_3$$

여기서, H : 필요한 낙차〔m〕
h_1 : 방출구의 설계압력 환산수두 또는 노즐선단의 방사압력 환산수두〔m〕
h_2 : 배관의 마찰손실수두〔m〕
h_3 : 소방호스의 마찰손실수두〔m〕

※ **고가수조** : 수위계, 배수관, 급수관, 오버플로관, 맨홀 설치

※ 고가수조에만 있는 것
오버플로관

(2) 압력수조방식

$$P \geq P_1 + P_2 + P_3 + P_4$$

여기서, P : 필요한 압력〔MPa〕
P_1 : 방출구의 설계압력 환산수두 또는 노즐 선단의 방사압력〔MPa〕
P_2 : 배관의 마찰손실수두압〔MPa〕
P_3 : 소방호스의 마찰손실수두압〔MPa〕
P_4 : 낙차의 환산수두압〔MPa〕

※ **압력수조** : 수위계, 급수관, 급기관, 압력계, 안전장치, 자동식 공기압축기, 맨홀 설치

※ 압력수조에만 있는 것
① 급기관
② 압력계
③ 안전장치
④ 자동식 공기압축기

※ 편심리듀셔
배관흡입측의 공기고임방지

Key Point

(3) 펌프방식(지하수조방식)

$$H \geq h_1 + h_2 + h_3 + h_4$$

여기서, H : 펌프의 양정〔m〕
h_1 : 방출구의 설계압력 환산수두 또는 노즐선단의 방사압력 환산수두〔m〕
h_2 : 배관의 마찰손실수두〔m〕
h_3 : 소방호스의 마찰손실수두〔m〕
h_4 : 낙차〔m〕

(4) 감압장치(NFSC 105⑥)

가압송수장치에는 포헤드·고정포방출구 또는 이동식 포노즐의 방사압력이 설계압력 또는 방사압력의 허용범위를 넘지 않도록 감압장치를 설치하여야 한다.

(5) 표준방사량(NFSC 105⑥)

구 분	표준방사량
• 포워터 스프링클러헤드	75l/min 이상
• 포헤드 • 고정포 방출구 • 이동식 포노즐	각 포헤드ㆍ고정포 방출구 또는 이동식 포노즐의 설계압력에 의하여 방출되는 소화약제의 양

※ 포헤드의 표준방사량 : 10분

4 배관(NFSC 105⑦)

① 송액관은 포의 방출종료 후 배관 안의 액을 방출하기 위하여 적당한 기울기를 유지하고 그 낮은 부분에 **배액밸브**를 설치하여야 한다.

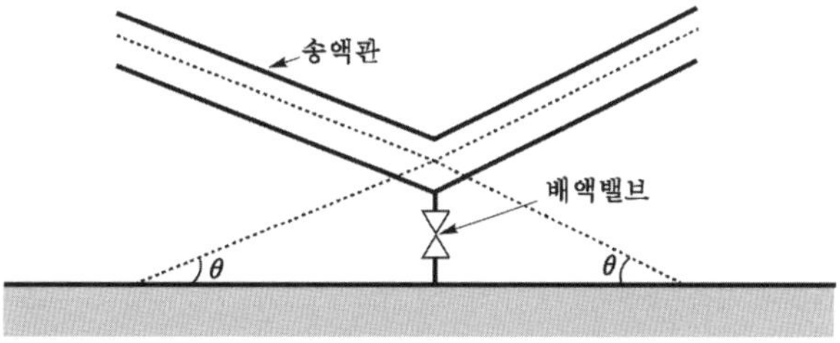

‖ 송액관의 기울기 ‖

※ 포챔버
지붕식 옥외저장탱크에서 포말(거품)을 방출하는 기구

※ 표준방사량
1. 포소화설비 (포워터 스프링클러헤드) : 75 l/min 이상
2. 스프링클러설비 : 80 l/min 이상
3. 옥내소화전설비 : 130 l/min 이상
4. 옥외소화전설비 : 350l /min 이상

※ 배액밸브
1. 설치목적:포의 방출 종료후 배관안의 액을 방출하기 위하여
2. 설치장소:송액관의 가장 낮은 부분

※ 토너먼트방식이 아니어야 하는 이유
유체의 마찰손실이 너무 크므로 압력손실을 최소화하기 위하여

Key Point

※ 토너먼트방식 적용설비
① 분말소화설비
② 할로겐화합물 소화설비
③ 이산화탄소 소화설비
④ 청정소화약제 소화설비

※ 교차회로방식 적용설비
① 분말소화설비
② 할로겐화합물 소화설비
③ 이산화탄소 소화설비
④ 준비작동식 스프링클러설비
⑤ 일제살수식 스프링클러설비
⑥ 청정소화약제 소화설비

※ 가지배관
헤드 8개 이하

※ 수동식 기동장치 설치기준
★꼭 기억하세요★

예제 **포소화설비의 배관방식에서 배액밸브의 설치목적과 설치장소를 간단히 설명하시오.**

○설치목적 :
○설치장소 :

해답 ○설치목적 : 포의 방출종료 후 배관 안의 액을 방출하기 위하여
○설치장소 : 송액관의 가장 낮은 부분

해설 송액관은 포의 방출종료 후 배관 안의 액을 방출하기 위하여 적당한 기울기를 유지하고 그 낮은 부분에 **배액밸브**를 설치하여야 한다.(NFSC 105⑦)

※ **배액밸브** : 배관 안의 액을 배출하기 위한 밸브

② 포워터 스프링클러설비 또는 포헤드설비의 가지배관의 배열은 **토너먼트 방식이 아니어야** 하며, 교차배관에서 분기하는 지점을 기준으로 한쪽 가지배관에 설치하는 헤드의 수는 **8개** 이하로 한다.

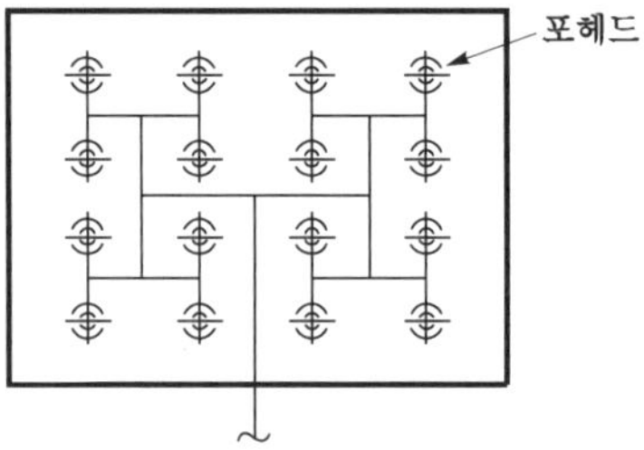

▮토너먼트방식▮

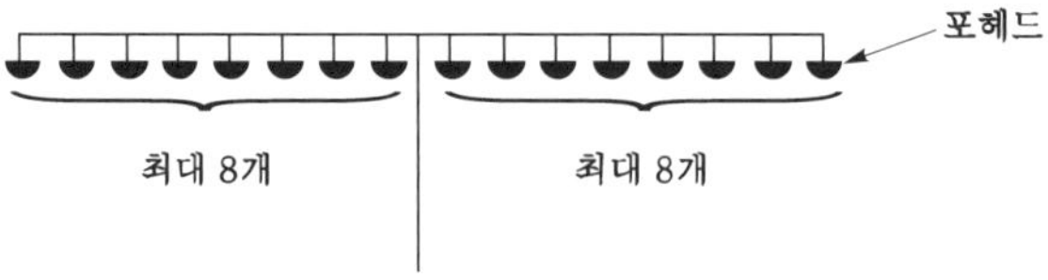

▮가지배관의 헤드개수▮

5 기동장치(NFSC 105⑪)

(1) 수동식 기동장치의 설치기준

① 직접조작 또는 원격조작에 의하여 **가압송수장치 · 수동식 개방밸브** 및 **소화약제 혼합장치**를 기동할 수 있는 것으로 한다.
② **2 이상**의 방사구역을 가진 포소화설비에는 방사구역을 선택할 수 있는 구조로 한다.
③ 기동장치의 조작부는 화재시 쉽게 접근할 수 있는 곳에 설치하되, 바닥으로부터 0.8~1.5m 이하의 위치에 설치하고, 유효한 보호장치를 설치한다.

④ 기동장치의 조작부 및 호스접결구에는 가까운 곳의 보기 쉬운 곳에 각각 **'기동장치의 조작부'** 및 **'접결구'** 라고 표시한 표지를 설치한다.

⑤ **차고** 또는 **주차장**에 설치하는 포소화설비의 수동식 기동장치는 방사구역마다 **1개** 이상 설치한다.

⑥ **항공기격납고**에 설치하는 포소화설비의 수동식 기동장치는 각 방사구역마다 **2개** 이상을 설치하되, 그 중 1개는 각 방사구역으로부터 가장 가까운 곳 또는 조작에 편리한 장소에 설치하고, 1개는 화재탐지수신기를 설치한 **감시실** 등에 설치한다.

Key Point

※ 호스접결구
호스를 연결하기 위한 구멍으로서, '방수구'를 의미한다.

(2) 자동식 기동장치의 설치기준

① 폐쇄형 스프링클러헤드 개방방식

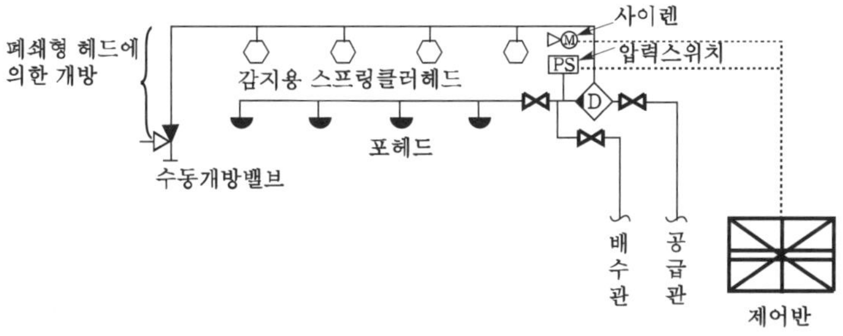

‖ 폐쇄형 스프링클러헤드 개방방식 ‖

㈎ 표시온도가 79℃ 미만인 것을 사용하고, 1개의 스프링클러헤드의 경계면적은 20 m^2 이하로 한다.

㈏ 부착면의 높이는 바닥으로부터 5 m 이하로 하고, 화재를 유효하게 감지할 수 있도록 한다.

㈐ 하나의 감지장치 경계구역은 **하나**의 **층**이 되도록 한다.

※ 포소화설비의 개방방식
① 폐쇄형 스프링클러헤드 개방방식
② 감지기에 의한 개방방식

※ 표시온도
스프링클러헤드에 표시되어 있는 온도

② 감지기 작동방식

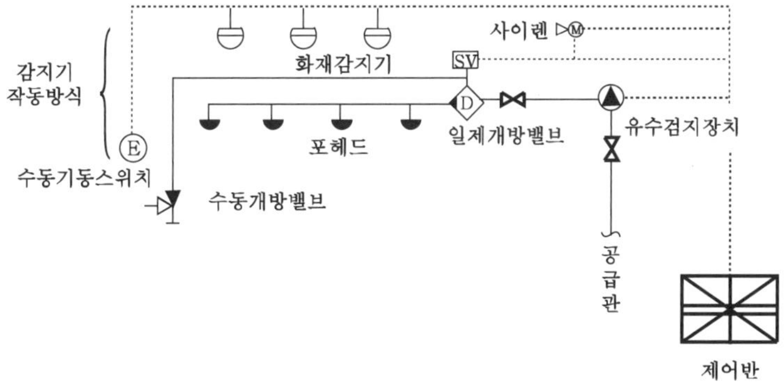

‖ 감지기에 의한 개방방식 ‖

㈎ 감지기는 **자동화재탐지설비**의 감지기에 관한 기준에 준하여 설치한다.

㈏ 자동화재탐지설비의 **발신기**에 관한 기준에 준하여 발신기를 설치한다.

Key Point

※ 동결우려가 있는 장소의 포소화설비의 자동식 기동장치는 **자동화재탐지설비**와 연동으로 하여야 한다.

(3) 기동용 수압개폐장치를 기동장치로 사용하는 경우의 충압펌프 설치기준(NFSC 105⑥)

① 펌프의 정격토출압력은 그 설비의 최고위 일제개방밸브·포소화전 또는 호스릴포방수구의 자연압보다 적어도 0.2MPa이 더 크도록 하거나 가압송수장치의 정격토출압력과 같게 할 것

② 펌프의 정격토출량은 정상적인 누설량보다 적어서는 아니되며, 포소화설비가 자동적으로 작동할 수 있도록 충분한 토출량을 유지할 것

※ 자동화재탐지설비
화재발생을 자동적으로 감지하여 관계인에게 통보할 수 있는 설비

6 개방밸브(NFSC 105⑩)

① 자동개방밸브는 화재감지장치의 작동에 의하여 **자동**으로 **개방**되는 것으로 한다.

② 수동식 개방밸브는 화재시 쉽게 접근할 수 있는 곳에 설치한다.

※ 호스릴
호스를 원통형의 호스감개에 감아놓고 호스의 말단을 잡아당기면 호스감개가 회전하면서 호스가 풀리는 것

7 포소화약제의 저장탱크(NFSC 105⑧)

① 화재 등의 재해로 인한 피해를 받을 우려가 없는 장소에 설치한다.

② **기온**의 변동으로 포의 발생에 장애를 주지 않는 장소에 설치한다.

③ 포소화약제가 변질될 우려가 없고 **점검**에 편리한 장소에 설치한다.

④ 가압송수장치 또는 포소화약제 혼합장치의 기동에 의하여 압력이 가해지는 것 또는 상시 가압된 상태로 사용되는 것에 있어서는 **압력계**를 설치한다.

⑤ 포소화약제 저장량의 확인이 쉽도록 **액면계** 또는 **계량봉** 등을 설치한다.

⑥ 가압식이 아닌 저장탱크는 **글라스게이지**를 설치하여 액량을 측정할 수 있는 구조로 한다.

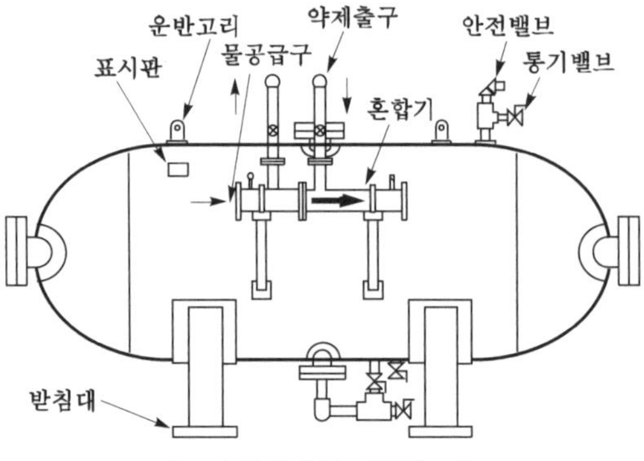

| 포소화약제의 저장탱크 |

※ 액면계
포소화약제 저장량의 높이를 외부에서 볼 수 있게 만든 장치

※ 계량봉
포소화약제 저장량을 확인하는 강선으로 된 막대

※ 글라스 게이지
포소화약제의 양을 측정하는 계기

Key Point

8 포소화약제의 저장량(NFSC 105⑧)

(1) 고정포 방출구 방식

① 고정포 방출구

$$Q = A \times Q_1 \times T \times S$$

여기서, Q : 포소화약제의 양[l]
A : 탱크의 액표면적[m^2]
Q_1 : 단위포 소화수용액의 양[l/m^2 · 분]
T : 방출시간[분]
S : 포소화약제의 사용농도

② 보조 포소화전

$$Q = N \times S \times 8000$$

여기서, Q : 포소화약제의 양[l]
N : 호스접결구 수(최대 **3개**)
S : 포소화약제의 사용농도

(2) 옥내포소화전방식 또는 호스릴방식

$$Q = N \times S \times 6000 \text{(바닥면적 } 200m^2 \text{ 미만은 } 75\%)$$

여기서, Q : 포소화약제의 양[l]
N : 호스접결구 수(최대 **5개**)
S : 포소화약제의 사용농도

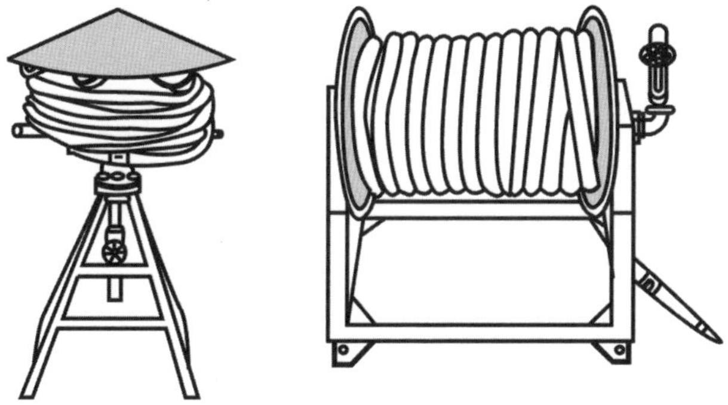

| 호스릴방식 |

※ 포헤드의 표준방사량 : 10분

※ 배관보정량

$Q = A \times L \times S \times 1000 l/m^3$

Q:배관보정량[l]
A:배관단면적[m^2]
L:배관길이[m]
S:포소화약제의 농도

※ 내경 75mm 초과시에만 적용

※ 8000을 적용한 이유

포소화전의 방사량이 400l/min 이므로 400 l/min×20min=8000l가 된다.

※ 6000을 적용한 이유

호스릴의 방사량이 300l/min이므로 300 l/min×20min=6000l가 된다.

chapter 07 포소화설비

Key Point

※ 수성막포
석유 · 벤젠 등과 같은 유기용매에 흡착하여 유면 위에 수용성의 얇은 막(경막)을 일으켜서 소화하며, 불소계의 계면활성제를 주성분으로 한다. AFFF (Aqueous Film Foaming Form)라고도 부른다.

중요 포소화약제

구 분	설 명
단백포	동물성 단백질의 가수분해 생성물에 안정제를 첨가한 것이다.
불화단백포	단백포에 불소계 계면활성제를 첨가한 것이다.
합성계면활성제포	합성물질이므로 변질 우려가 없다.
수성막포	**석유 · 벤젠** 등과 같은 유기용매에 흡착하여 유면 위에 수용성의 얇은 막(경막)을 일으켜서 소화하며, 불소계의 계면활성제를 주성분으로 한다. AFFF(Aqueous Film Foaming Form)라고도 부른다.
내알콜포	수용성 액체의 화재에 적합하다.

예제 포소화설비의 소화약제에는 다음과 같은 종류가 있다. (　) 안에 알맞은 답을 채우시오.

- (㈎)는 동물성 단백질의 가수분해 생성물에 안정제를 첨가한 것이다.
- 합성계면활성제포는 합성물질이므로 변질의 우려가 없다.
- (㈏)는 액면상에 수용액의 박막을 만드는 특징이 있으며, 불소계의 계면활성제를 주성분으로 한다.
- (㈐) 수용성 액체의 화재에 적합하다.
- 불화단백포는 단백포에 불소계 계면활성제를 첨가한 것이다.

해답 ㈎ 단백포
㈏ 수성막포
㈐ 내알콜포

참고

저발포용과 고발포용 소화약제

저발포용 소화약제(3%, 6%형)	고발포용 소화약제(1%, 1.5%, 2%형)
① 단백포 소화약제 ② 불화단백포 소화약제 ③ 합성계면활성제포 소화약제 ④ 수성막포 소화약제 ⑤ 내알콜포 소화약제	합성계면활성제포 소화약제

9 포소화약제의 혼합장치(NFSC 105⑨)

(1) 펌프 프로포셔너방식(펌프 혼합방식)

펌프의 토출관과 흡입관 사이의 배관 도중에 설치한 흡입기에 펌프에서 토출된 물의 일부를 보내고 **농도조정밸브**에서 조정된 포소화약제의 필요량을 포소화약제 탱크에서 펌프 흡입측으로 보내어 이를 혼합하는 방식으로 Pump proportioner type과 Suction proportioner type이 있다.

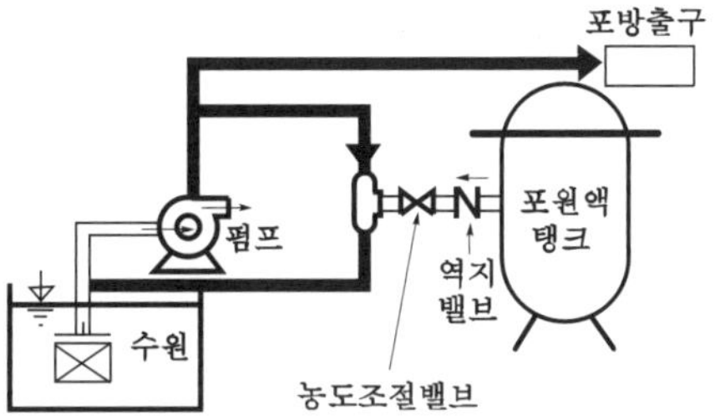

| Pump proportioner type |

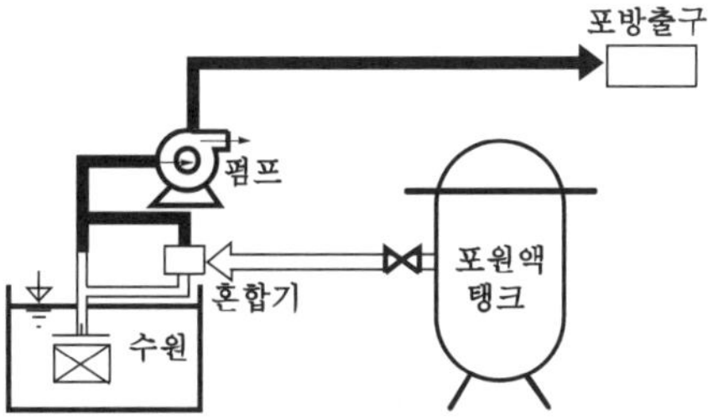

| Suction proportioner type |

(2) 라인 프로포셔너방식(관로 혼합방식)

펌프와 발포기의 중간에 설치된 벤츄리관의 **벤츄리 작용**에 의하여 포소화약제를 흡입·혼합하는 방식

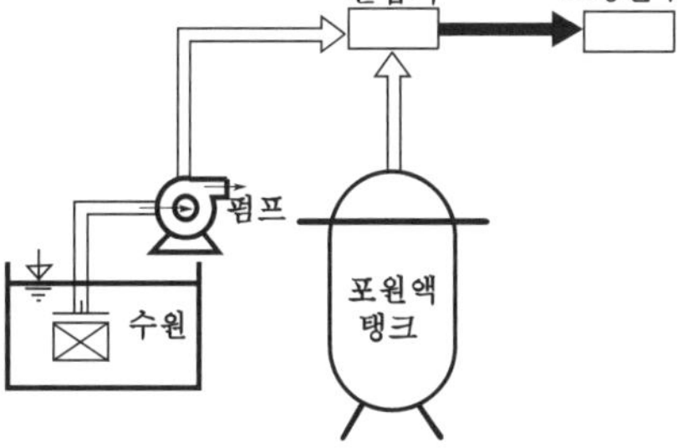

| 라인 프로포셔너방식 |

Key Point

※ 포혼합장치 설치 목적
일정한 혼합비를 유지하기 위해서

※ 역지밸브
펌프프로포셔너의 흡입기의 하류측에 있는 밸브

※ 라인 프로포셔너 방식
급수관의 배관도중에 포소화약제 흡입기를 설치하여 그 흡입관에서 소화약제를 흡입하여 혼합하는 방식

Key Point

※ 발포기
포를 발생시키는 장치

※ 벤츄리관
관의 지름을 급격하게 축소한 후 서서히 확대되는 관로의 도중에 설치하여 액체를 가압하면 압력차에 의하여 다른 액체를 흡입시키는 관

※ 프레져 프로포셔너 방식
① 가압송수관 도중에 공기포 소화원액 혼합조(P.P.T)와 혼합기를 접속하여 사용하는 방법
② 격막방식휨탱크를 쓰는 에어휨혼합방식
③ 펌프가 물을 가압해서 관로내로 보내면 비례 혼합기가 수량을 조정원액탱크내에 수량의 일부를 유입시켜서 혼합하는 방식

※ 프레져사이드 프로포셔너방식
① 소화원액 가압펌프(압입용 펌프)를 별도로 사용하는 방식
② 포말을 탱크로부터 펌프에 의해 강제로 가압송수관로 속으로 밀어 넣는 방식

(3) 프레져 프로포셔너방식(차압 혼합방식)

펌프와 발포기의 중간에 설치된 벤츄리관의 벤츄리 작용과 **펌프가압수**의 **포소화약제 저장탱크**에 대한 압력에 의하여 포소화약제를 흡입·혼합하는 방식으로 **압송식**과 **압입식**이 있다.

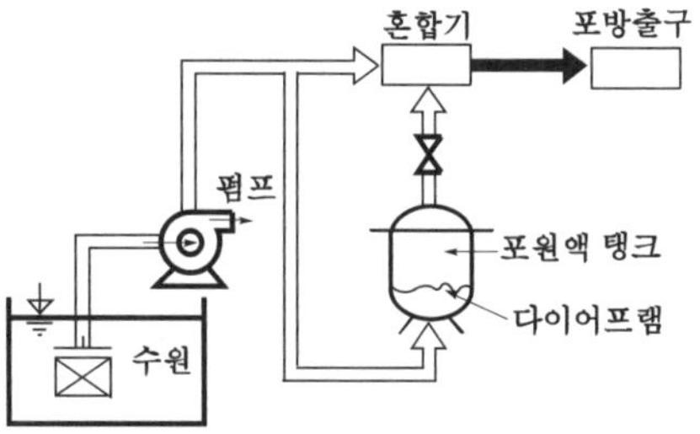

‖ 압송식 ‖

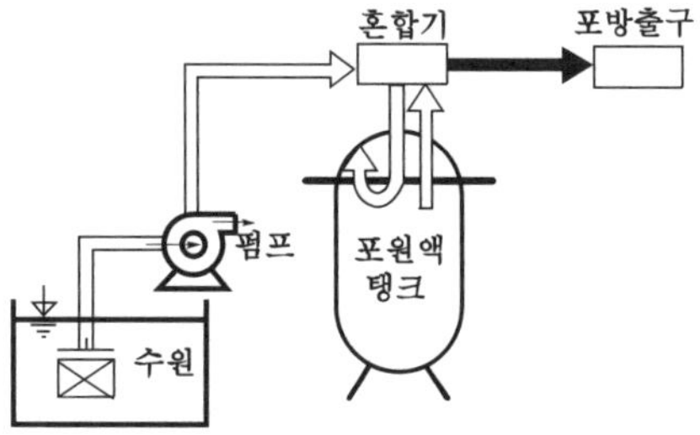

‖ 압입식 ‖

(4) 프레져사이드 프로포셔너방식(압입 혼합방식)

펌프의 토출관에 압입기를 설치하여 포소화약제 압입용 펌프로 포소화약제를 압입시켜 혼합하는 방식

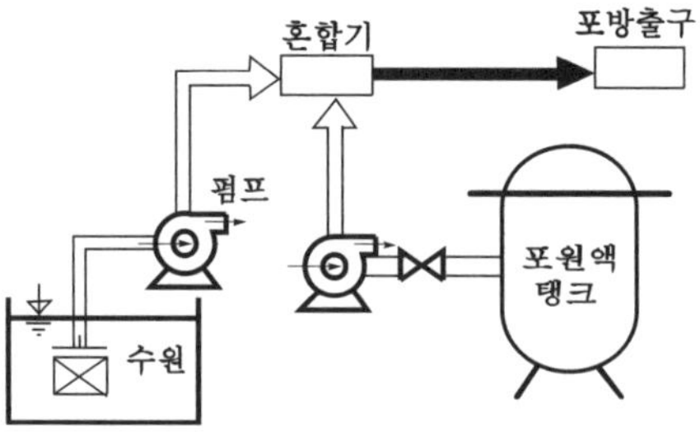

‖ 프레져사이드 프로포셔너방식 ‖

Key Point

10 포헤드(NFSC 105⑫)

‖ 팽창비율에 의한 포의 종류 ‖

팽창비	포방출구의 종류	비 고
팽창비 20 이하	포헤드	저발포
팽창비 80~1000 미만	고발포용 고정포 방출구	고발포

중요 발포배율식

- 발포배율(팽창비) = $\dfrac{\text{내용적(용량)}}{\text{전체중량} - \text{빈시료용기의중량}}$
- 발포배율(팽창비) = $\dfrac{\text{방출된 포의 체적}[l]}{\text{방출전 포수용액의 체적}[l]}$

예제 **포소화설비의 소화약제에는 다음과 같은 종류가 있다. ( ) 안에 알맞은 답을 채우시오.**

(가) 단백포의 팽창비는?
- ○ 계산방법 :
- ○ 답 :

(나) 포수용액 $250l$ 를 방출하면 이 때 포의 체적은?
- ○ 계산방법 :
- ○ 답 :

해답 (가) ○ 계산방법 : $x = \dfrac{3 \times 0.97}{0.03} = 97l$

방출전 포수용액의 체적 $= 3 + 97 = 100$

발포배율(팽창비) $= \dfrac{1000}{100} = 10$배

○ 답 : 10배

(나) ○ 계산방법 : $250 \times 10 = 2500l$

○ 답 : $2500l$

해설 (가) 포원액이 3%이므로 물은 97%(100−3 = 97%)가 된다.

포원액 $3l \rightarrow 3\%$

물 $xl \rightarrow 97\%$이므로

$3 : 0.03 = x : 0.97$

$x = \dfrac{3 \times 0.97}{0.03} = 97l$

방출전 포수용액의 체적 = 포원액 + 물 $= 3l + 97l = 100l$

발포배율(팽창비) $= \dfrac{\text{방출된 포의 체적}(l)}{\text{방출전 포수용액의 체적}(l)}$

$= \dfrac{1000l}{100l} = 10$배

※ 포수용액

포원액+물

※ 시료

시험에 사용되는 재료

Key Point

(나)

$$\text{발포배율(팽창비)} = \frac{\text{방출된 포의 체적}(l)}{\text{방출전 포수용액의 체적}(l)}$$ 에서

방출된 포의 체적(l)=방출전 포수용액의 체적(l)×발포배율(팽창비)
$=250l \times 10$배$= 2500l$

① 포워터 스프링클러헤드는 바닥면적 8 m^2마다 1개 이상 설치한다.

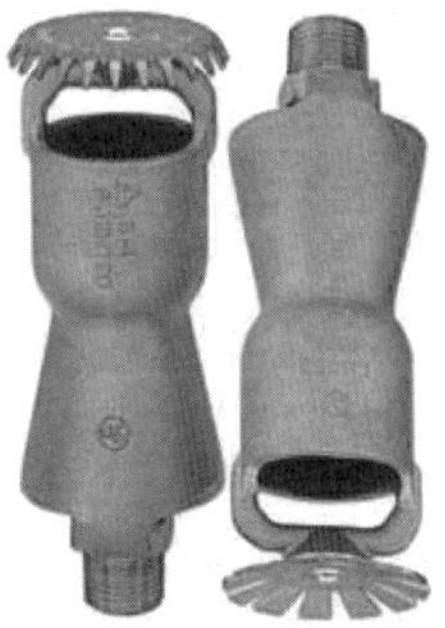

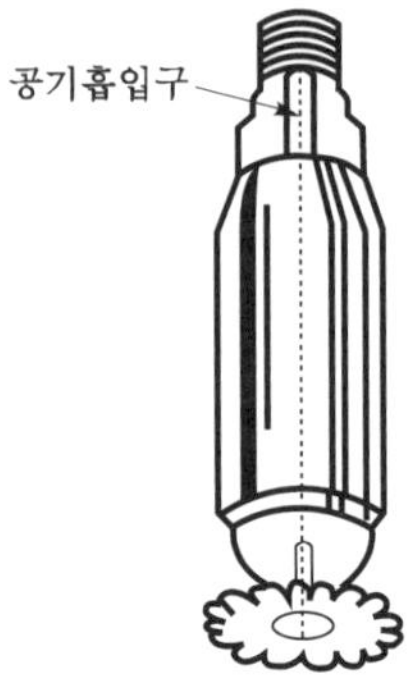

(a) (b)

▎포워터 스프링클러헤드 ▎

② 포헤드는 바닥면적 9 m^2 마다 1개 이상 설치한다.

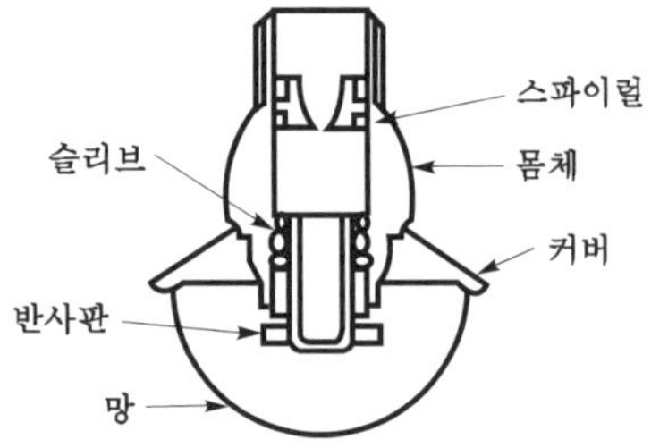

(a) (b)

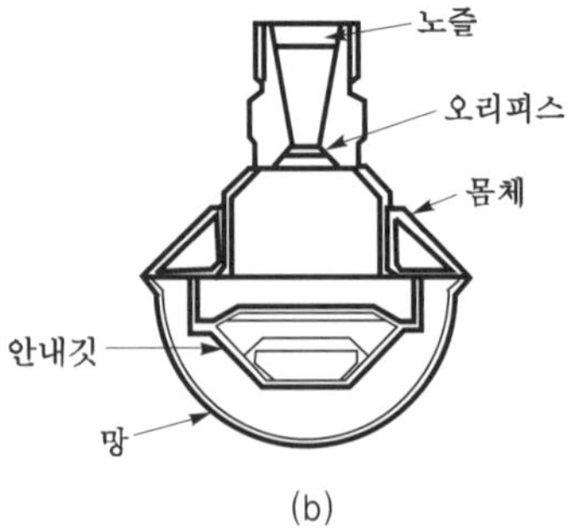

(a) (b)

▎포헤드 ▎

✽ 포헤드
포워터 스프링클러헤드보다 포헤드가 일반적으로 많이 쓰인다. '포워터 스프레이헤드'라고도 부른다.

Key Point

※ 표 〔소방대상물별 약제방사량〕
★ 꼭 기억하세요 ★

‖ 소방대상물별 약제방사량 ‖

소방대상물	포소화약제의 종류	방사량
• 차고 · 주차장 • 항공기격납고	수성막포	3.7 l/m²분
	단백포	6.5 l/m²분
	합성계면활성제포	8.0 l/m²분
• 특수가연물 저장 · 취급소	수성막포 단백포 합성계면활성제포	6.5 l/m²분

③ 보가 있는 부분의 포헤드 설치기준

‖ 포헤드 설치기준 ‖

포헤드와 보의 하단의 수직거리	포헤드와 보의 수평거리
0 m	0.75 m 미만
0.1 m 미만	0.75~1 m 미만
0.1~0.15 m 미만	1~1.5 m 미만
0.15~0.3 m 미만	1.5 m 이상

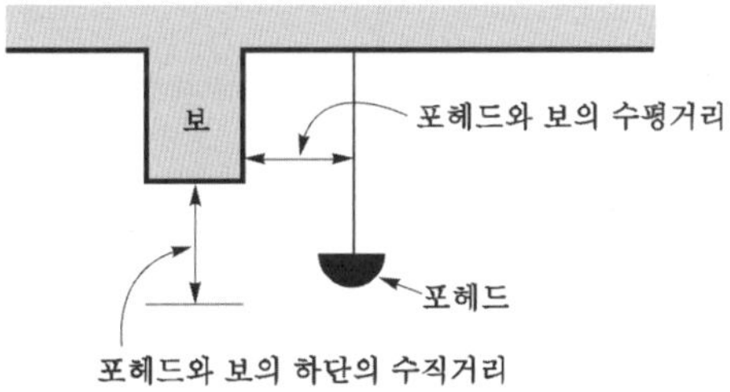

‖ 보가 있는 부분의 포헤드 설치 ‖

※ 포헤드
화재시 포소화약제와 물이 혼합되어 거품을 방출함으로써 소화기능을 하는 헤드

※ 수평거리와 같은 의미
① 유효반경
② 직선거리

중요 헤드의 설치개수(NFSC 105⑫)

구 분	설치개수
물분무헤드	1개/1m³
포워터 스프링클러헤드	1개/8 m²
포헤드	1개/9 m²
화재감지용 헤드	1개/20 m²

④ 포헤드 상호간의 거리기준

㈎ 정방형(정사각형)

$$S = 2R\cos 45°$$
$$L = S$$

여기서, S : 포헤드 상호간의 거리〔m〕
R : 유효반경(**2.1m**)
L : 배관간격〔m〕

chapter 07 포소화설비

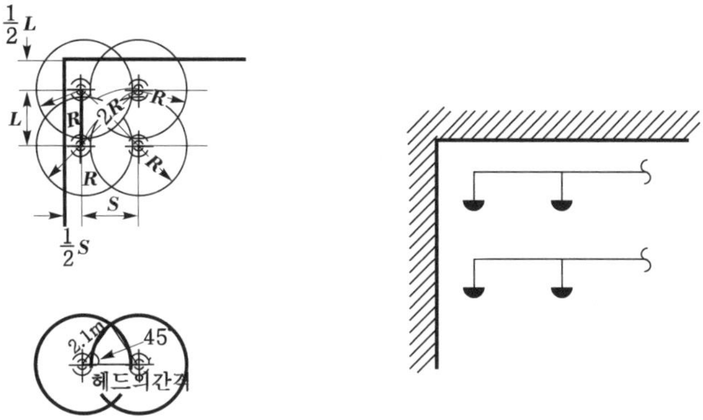

정방형(정사각형)

(나) 장방형(직사각형)

$$P_t = 2R$$

여기서, P_t : 대각선의 길이〔m〕

R : 유효반경(2.1m)

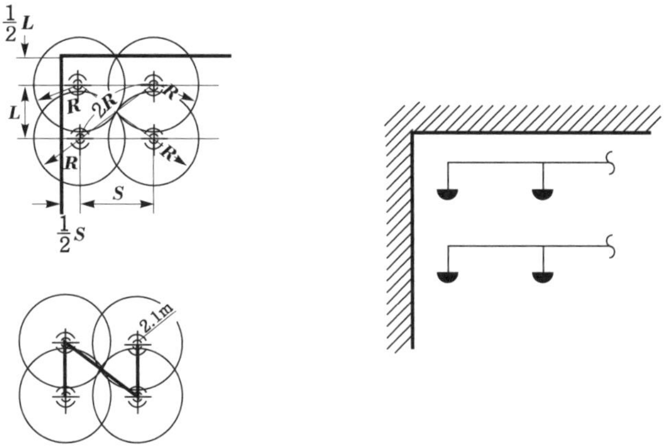

장방형(직사각형)

※ 포헤드와 벽 및 방호구역의 경계선과는 포헤드 상호간의 거리의 $\frac{1}{2}$ 이하로 할 것

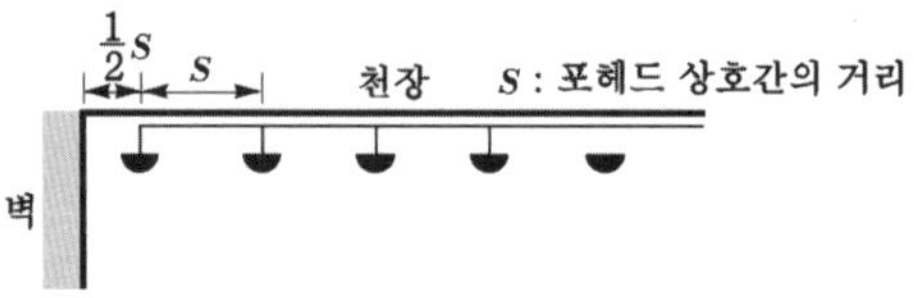

포헤드와 벽간의 거리

Key Point

※ 포헤드의 거리기준

스프링클러설비의 헤드와 동일하다.

※ 포헤드

1. 평면도

2. 입면도

※ 물분무헤드

1. 평면도

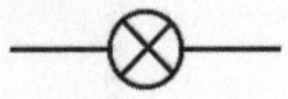

2. 입면도

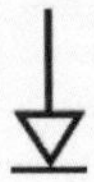

※ 이동식 포소화설비

① 화재시 연기가 현저하게 충만하지 않은 곳에 설치

② 호스와 포방출구만 이동하여 소화하는 설비

11 포헤드의 성능인증 및 제품검사기술기준(2012. 2. 9)

(1) 발포배율시험(제9조)

발포배율은 헤드에 사용하는 포소화약제의 혼합농도의 상한치 및 하한치에 있어서 사용압력의 상한치 및 하한치로 발포시킨 경우 각각 **5배** 이상이어야 한다.

(2) 25% 환원시간시험(제10조)

포소화제의 종류	25% 환원시간(초)
합성계면활성제포 소화약제	30 이상
단백포 소화약제	60 이상
수성막포 소화약제	60 이상

참고

25% 환원시간

(1) 의미 : 포 중량의 25%가 원래의 포수용액으로 되돌아가는데 걸리는 시간

(2) 측정방법

- 채집한 포시료의 중량을 4로 나누어 포수용액의 25%에 해당하는 체적을 구한다.
- **시료용기**를 평평한 면에 올려 놓는다.
- 일정간격으로 용기 바닥에 고여있는 **용액**의 **높이**를 **측정**하여 기록한다.
- 시간과 환원체적의 **데이터**를 구한 후 계산에 의해 25% 환원시간을 구한다.

12 고정포방출구

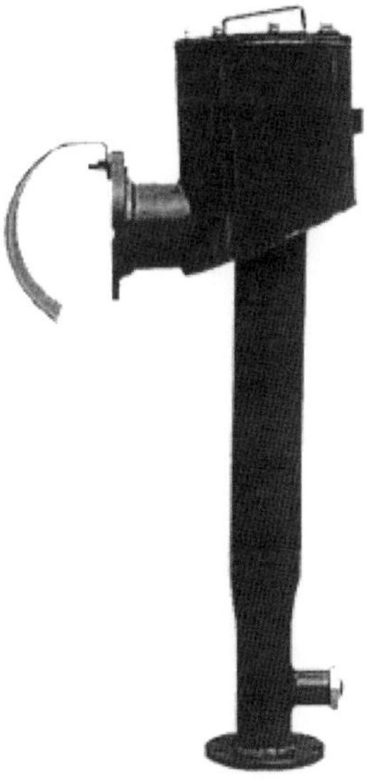

(a) 외형

Key Point

※ 포슈트
① 콘루프형 탱크에 사용
② 포방출구 형상이 I형인 경우에 사용
③ 포가 안정된 상태로 공급
④ 수직형이므로 토출구가 많다.

※ 25% 환원시간
포중량의 25%가 원래의 포수용액으로 되돌아가는데 걸리는 시간

※ 고정포방출구
포를 주입시키도록 설계된 탱크 등에 반영구적으로 부착된 포소화설비의 포방출장치

Key Point

※ 점검구
고정포방출구를 점검하기 위한 구멍

※ Ⅰ형 방출구
고정지붕구조의 탱크에 상부포주입법을 이용하는 것으로서 방출된 포가 액면 아래로 몰입되거나 액면을 뒤섞지 않고 액면상을 덮을 수 있는 통계단 또는 미끄럼판 등의 설비 및 탱크내의 위험물증기가 외부로 역류되는 것을 저지할 수 있는 구조·기구를 갖는 포방출구

※ Ⅱ형 방출구
고정지붕구조 또는 부상덮개부착고정지붕구조의 탱크에 상부포주입법을 이용하는 것으로서 방출된 포가 탱크 옆판의 내면을 따라 흘러내려 가면서 액면 아래로 몰입되거나 액면을 뒤섞지 않고 액면상을 덮을 수 있는 반사판 및 탱크내의 위험물증기가 외부로 역류되는 것을 저지할 수 있는 구조·기구를 갖는 포방출구

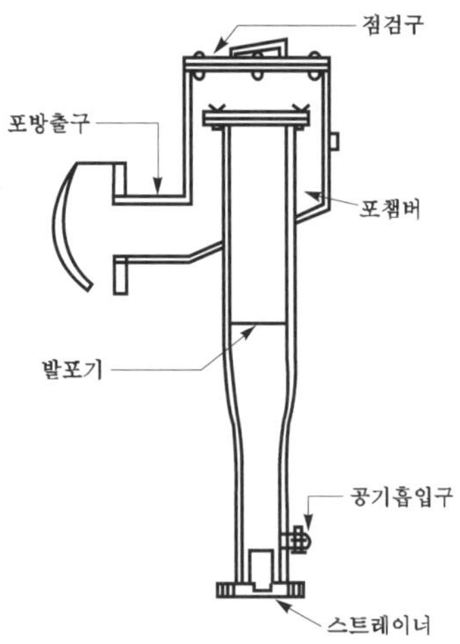

(b) 동작 전

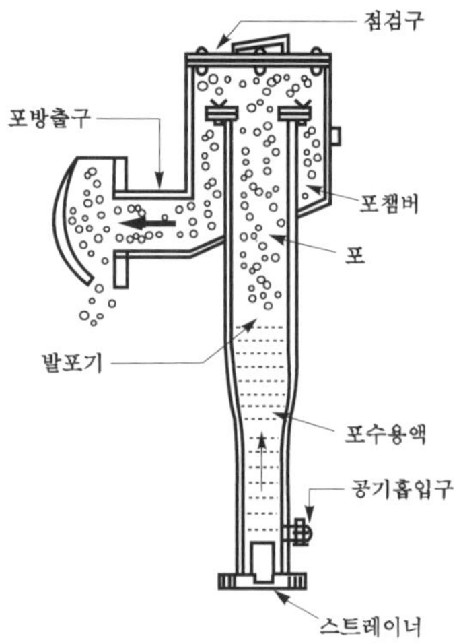

(c) 동작 후

‖ 고정포방출구(Ⅱ형) ‖

‖ 포방출구(위험물기준 133) ‖

탱크의 구조	포 방출구
고정지붕구조(콘루프 탱크)	• Ⅰ형 방출구 • Ⅱ형 방출구 • Ⅲ형 방출구(표면하 주입식 방출구) • Ⅳ형 방출구(반표면하 주입식 방출구)
부상덮개부착 고정지붕구조	• Ⅱ형 방출구
부상지붕구조(플루팅루프탱크)	• 특형 방출구

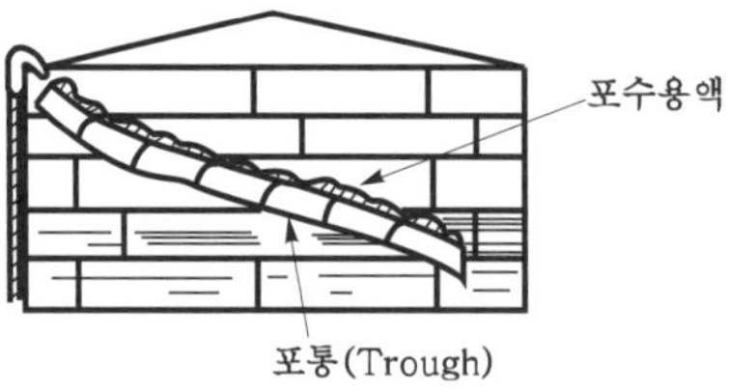

(a) Ⅰ형 방출구

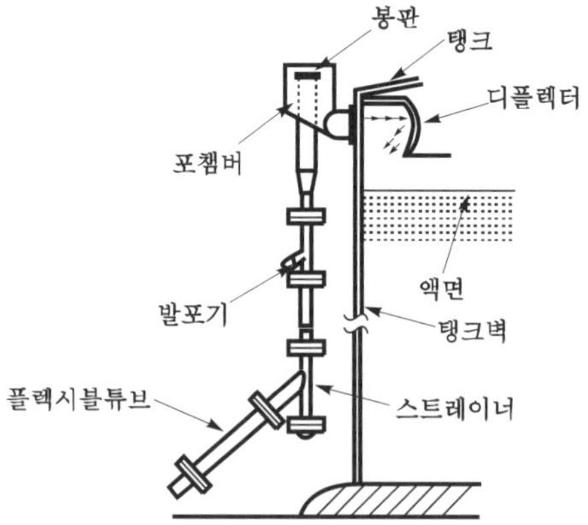

(b) Ⅱ형 방출구

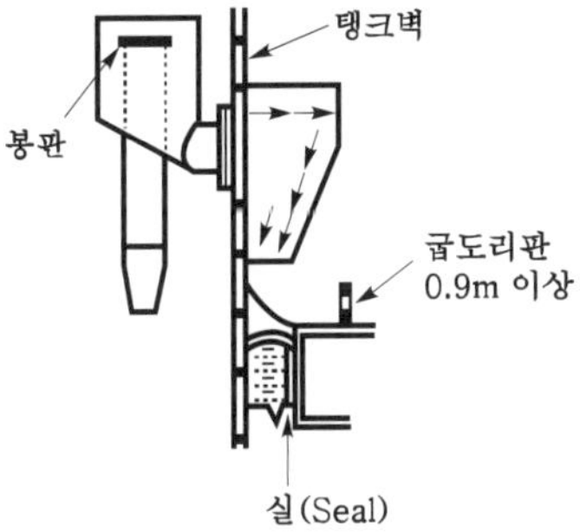

(c) 특형 방출구

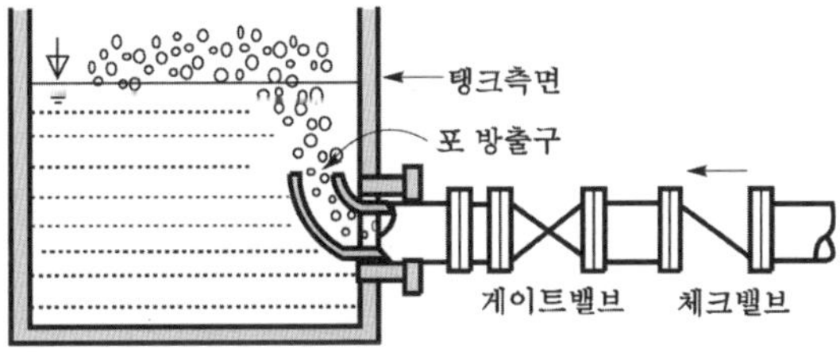

(d) Ⅲ형 방출구

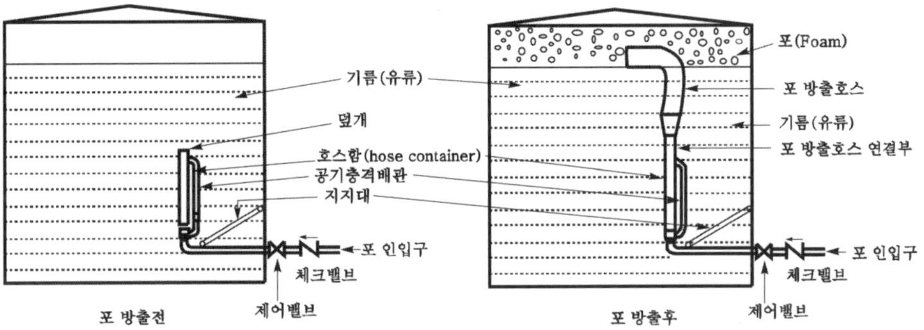

(e) Ⅳ형 방출구

(1) 포방출구의 개수(위험물기준 133)

‖ 고정포 방출구수 ‖

탱크의 구조 및 포방출구의 종류 / 탱크직경	포방출구의 개수			
	고정지붕구조(콘루프탱크)		부상덮개 부착 고정지붕 구조	부상지붕 구조 (플루팅 루프탱크)
	Ⅰ형 또는 Ⅱ형	Ⅲ형 또는 Ⅳ형	Ⅱ형	특형
13m 미만	2	1	2	2
13m 이상 19m 미만			3	3
19m 이상 24m 미만			4	4
24m 이상 35m 미만		2	5	5
35m 이상 42m 미만	3	3	6	6
42m 이상 46m 미만	4	4	7	7
46m 이상 53m 미만	6	6	8	8

Key Point

※ Ⅲ형 방출구(표면하 주입식 방출구)
고정지붕구조의 탱크에 저부포주입법을 이용하는 것으로서 송포관으로부터 포를 방출하는 포방출구

Key Point

※ Ⅳ형 방출구
(반표면하 주입식 방출구)
고정지붕구조의 탱크에 저부포주입법을 이용하는 것으로서 평상시에는 탱크의 액면하의 저부에 설치된 격납통에 수납되어 있는 특수호스 등이 송포관의 말단에 접속되어 있다가 포를 보내는 것에 의하여 특수호스 등이 전개되어 그 선단이 액면까지 도달한 후 포를 방출하는 포방출구

※ 특형 방출구
부상지붕구조의 탱크에 상부포주입법을 이용하는 것으로서 부상지붕의 부상부분상에 높이 0.9m 이상의 금속제의 칸막이를 탱크옆판의 내측으로부터 1.2m 이상 이격하여 설치하고 탱크옆판과 칸막이에 의하여 형성된 환상부분에 포를 주입하는 것이 가능한 구조의 반사판을 갖는 포방출구

※ 방유제의 높이
0.5~3m 이하

53m 이상 60m 미만	8	8	10	10
60m 이상 67m 미만	왼쪽란에 해당하는 직경의 탱크에는 Ⅰ형 또는 Ⅱ형의 포방출구를 8개 설치하는 것 외에, 오른쪽란에 표시한 직경에 따른 포방출구의 수에서 8을 뺀 수의 Ⅲ형 또는 Ⅳ형의 포방출구를 폭 30m의 환상부분을 제외한 중심부의 액표면에 방출할 수 있도록 추가로 설치할 것	10		
67m 이상 73m 미만		12		12
73m 이상 79m 미만		14		
79m 이상 85m 미만		16		14
85m 이상 90m 미만		18		
90m 이상 95m 미만		20		16
95m 이상 99m 미만		22		
99m 이상		24		18

(2) 고정포방출구의 포수용액량 및 방출률

‖ 고정포방출구의 포수용액량 및 방출율(위험물기준 133) ‖

포방출구의 종류 / 위험물의 구분	Ⅰ형		Ⅱ형		특형		Ⅲ형		Ⅳ형	
	포수용액량 [l/m^2]	방출률 [$l/m^2 \cdot min$]	포수용액량 [l/m^2]	방출률 [$l/m^2 \cdot min$]	포수용액량 [l/m^2]	방출률 [$l/m^2 \cdot min$]	포수용액량 [l/m^2]	방출률 [$l/m^2 \cdot min$]	포수용액량 [l/m^2]	방출률 [$l/m^2 \cdot min$]
제4류 위험물 중 인화점이 21℃ 미만인 것	120	4	220	4	240	8	220	4	220	4
제4류 위험물 중 인화점이 21℃ 이상 70℃ 미만인 것	80	4	120	4	160	8	120	4	120	4
제4류 위험물 중 인화점이 70℃ 이상인 것	60	4	100	4	120	8	100	4	100	4

(3) 옥외 탱크 저장소의 방유제(위험물규칙 [별표 6])

① 높이 : **0.5~3m** 이하

② 탱크 : **10기**(모든 탱크 용량이 **20만**l 이하, 인화점이 70~200℃ 미만은 **20기**) 이하

③ 면적 : **80000m²** 이하

④ 용량 ┌ 1기 이상 : **탱크 용량**의 110% 이상
　　　 └ 2기 이상 : **최대용량**의 110% 이상

Key Point

중요 방유제의 높이

$$H = \frac{(1.1\,V_m + V) - \frac{\pi}{4}(D_1^{\,2} + D_2^{\,2} + \cdots)H_f}{S - \frac{\pi}{4}(D_1^{\,2} + D_2^{\,2} + \cdots)}$$

여기서, H : 방유제의 높이〔m〕
V_m : 용량이 최대인 탱크의 용량〔m^3〕
V : 탱크의 기초체적〔m^3〕
D_1, D_2 : 용량이 최대인 탱크 이외의 탱크의 직경〔m〕
H_f : 탱크의 기초높이〔m〕
S : 방유제의 면적〔m^2〕

(4) 옥외 탱크 저장소의 방유제와 탱크 측면의 이격거리(위험물규칙 [별표 6])

인화점 200℃ 미만의 위험물에 적용한다.

탱크지름	이격거리
15m 미만	탱크높이의 $\frac{1}{3}$ 이상
15m 이상	탱크높이의 $\frac{1}{2}$ 이상

(5) 차고 · 주차장에 설치하는 호스릴 포 설비 또는 포소화전설비(NFSC 105⑫)

① **방사압력 : 0.35MPa** 이상
② **방사량 : 300l/min**(바닥면적 200m^2 이하는 230l/min) 이상
③ **방사거리** : 수평거리 **15m** 이상
④ **호스릴함 또는 호스함의 설치 높이 : 1.5m 이하**

(6) 전역방출방식의 고발포용 고정포방출구(NFSC 105⑫)

① 개구부에 **자동폐쇄장치**를 설치할 것
② 포방출구는 바닥면적 **500m^2** 마다 1개 이상으로 할 것
③ 포방출구는 방호대상물의 **최고 부분**보다 **높은 위치**에 설치할 것
④ 당해방호구역의 관포체적 1m^3 에 대한 포수용액 방출량은 소방대상물 및 포의 팽창비에 따라 달라진다.

* 방유제의 면적
80000m^2 이하

* 수평거리
'유효반경'을 의미한다.

* 방사압력
1. 스프링클러설비 : 0.1MPa
2. 옥내소화전설비 : 0.17MPa
3. 옥외소화전설비 : 0.25MPa
4. 포소화설비 : 0.35MPa

* 호스릴
호스를 원통형의 호스감개에 감아놓고 호스의 말단을 잡아당기면 호스감기가 회전하면서 호스가 풀리는 것

* 관포체적
당해 바닥면으로부터 방호대상물의 높이보다 0.5m 높은 위치까지의 체적

Key Point

✱ 포수용액
포약제와 물의 혼합물이다.

✱ 전역방출방식
고정식 포 발생장치로 구성되어 포 수용액이 방호대상물 주위가 막혀진 공간이나 밀폐공간 속으로 방출되도록 된 설비방식

✱ 국소방출방식
고정된 포 발생장치로 구성되어 화점이나 연소 유출물 위에 직접 포를 방출하도록 설치된 설비방식

‖ 전역방출방식의 방출량 ‖

소방대상물	포의 팽창비	포수용액방출량
차고 또는 주차장	팽창비 80~250 미만의 것	$1.11\,l/m^3 \cdot min$
	팽창비 250~500 미만의 것	$0.28\,l/m^3 \cdot min$
	팽창비 500~1000 미만의 것	$0.16\,l/m^3 \cdot min$
특수가연물을 저장 또는 취급하는 소방대상물	팽창비 80~250 미만의 것	$1.25\,l/m^3 \cdot min$
	팽창비 250~500 미만의 것	$0.31\,l/m^3 \cdot min$
	팽창비 500~1000 미만의 것	$0.18\,l/m^3 \cdot min$
항공기 격납고	팽창비 80~250 미만의 것	$2.00\,l/m^3 \cdot min$
	팽창비 250~500 미만의 것	$0.50\,l/m^3 \cdot min$
	팽창비 500~10000 미만의 것	$0.29\,l/m^3 \cdot min$

(7) 국소방출방식의 고발포용 고정포 방출구(NFSC 105⑫)

① 방호대상물이 서로 인접하여 불이 쉽게 붙을 우려가 있는 경우에는 불이 옮겨붙을 우려가 있는 범위 내의 방호대상물을 하나의 방호대상물로 하여 설치할 것

② 고정포방출구(포발생기가 분리되어 있는 것에 있어서는 당해 포발생기를 포함)는 방호대상물의 구분에 따라 당해 방호대상물의 각 부분에서 각각 당해 방호대상물의 높이의 **3배**(1m 미만의 경우에는 **1m**)의 거리를 수평으로 연장한 선으로 둘러싸인 부분의 방출량은 방호대상물에 따라 달라진다.

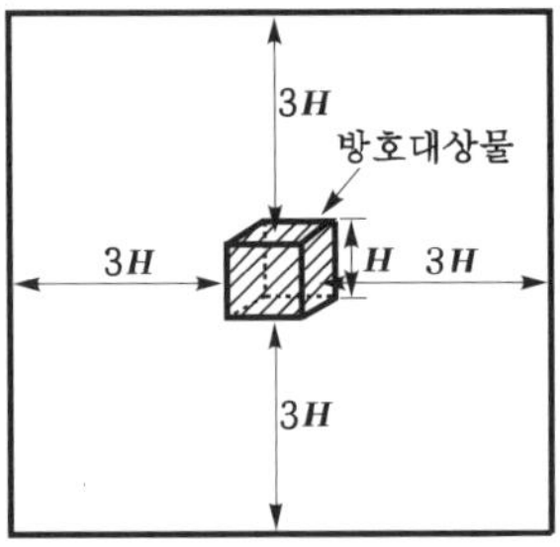

‖ 방호대상면적 ‖

‖ 국소방출방식의 방출량 ‖

방호대상물	방출량
특수가연물	$3\,l/m^2 \cdot min$
기타	$2\,l/m^2 \cdot min$

13 포소화설비의 설치대상(설치유지령 [별표 4])

물분무소화설비와 동일하다.

14 포소화약제의 형식승인 및 제품검사기술기준(2009. 8. 24)

(1) 사용온도범위(제4조)

포소화약제는 설계된 사용온도범위에서 사용할 경우 성상, 발포성능 및 소화성능의 기능이 유효하게 발휘되어야 한다. (단, 사용온도는 5℃ 단위로 구분)

(2) 비중(제5조)

종류	합성계면활성제포 및 알콜형포	수성막포	단백포
비중의 범위	0.9~1.2 이하	1~1.15 이하	1.1~1.2 이하

(3) 인화점(제10조)

포소화약제의 인화점은 **클리블랜드 개방식 방법**에 적합한 인화점 시험기로 측정한 경우 **60℃** 이상이어야 한다.

(4) 발포성능(제12조)

$20_{\pm 2}$℃인 포수용액을 수압력 0.7 MPa, 방수량이 $10l$/min인 조건에서 표준발포노즐을 사용하여 거품을 발생시키는 경우 그 거품의 팽창률의 **6배**(**수성막포**는 **5배**) 이상이어야 하며, 발포전 포수용액 용량의 25%인 포수용액이 거품으로부터 환원되는 데 필요한 시간은 **1분** 이상이어야 한다.

(5) 포소화약제의 표시사항(제16조)

① 종별 및 형식
② 형식승인번호
③ 제조년월 및 제조번호
④ 제조업체명 또는 상호
⑤ 사용온도범위
⑥ 주성분
⑦ 포소화약제의 용량
⑧ 소화대상용제 명칭

Key Point

❋ 방호대상물
화재로부터 보호하기 위한 대상물

❋ 소방대상물
화재를 예방하고 진압하기 위한 대상물

❋ 물분무설비의 설치대상
① 차고 · 주차장: $200m^2$ 이상
② 전기실: $300m^2$ 이상
③ 주차용 건축물: $800m^2$ 이상
④ 기계식 주차장치 : 20대 이상
⑤ 항공기격납고

❋ 포소화약제의 비중
★ 꼭 기억하세요 ★

❋ 인화점
휘발성 물질에 불꽃을 접하여 연소가 가능한 최저온도

❋ 발포배율시험
1. 수성막포:5배 이상
2. 기타:6배 이상

연습문제

문제 01

다음 각각의 소화설비에서 표준방사량〔l/min〕을 쓰시오.

(가) 옥내소화전설비

(나) 옥외소화전설비

(다) 스프링클러설비

(라) 포소화설비(포워터 스프링클러헤드)

해답 (가) 130l/min 이상
(나) 350l/min 이상
(다) 80l/min 이상
(라) 75l/min 이상

문제 02

포소화설비에서 포워터 스프링클러헤드가 5개 설치된 경우 수원의 양〔m^3〕은?

해답 ○계산과정 : $5 \times 75 \times 10 = 3750 = 3.75\ m^3$
○답 : $3.75m^3$

문제 03

포소화설비의 배관방식에서 배액밸브의 설치목적과 설치장소를 간단히 설명하시오.

○설치목적 :

○설치장소 :

해답 ○설치목적 : 포의 방출종료 후 배관 안의 액을 방출하기 위하여
○설치장소 : 송액관의 가장 낮은 부분

문제 04

포소화설비의 수동식 기동장치 설치기준을 5가지 서술하시오.

해답 ① 직접조작 또는 원격조작에 의하여 가압송수장치 · 수동식 개방밸브 및 소화약제 혼합장치를 기동할 수 있을 것
② 2 이상의 방사구역을 가진 포소화설비에는 방사구역을 선택할 수 있는 구조로 할 것
③ 기동장치의 조작부는 화재시 쉽게 접근할 수 있는 위치에 설치하되, 바닥으로부터 0.8~1.5m 이하의 위치에 설치하고, 유효한 보호장치를 할 것
④ 기동장치의 조작부 및 호스접결구에는 가까운 곳의 보기 쉬운 곳에 "기동장치의 조작부" 및 "접결구" 라고 표시한 표지를 할 것
⑤ 차고 또는 주차장에 설치하는 포소화설비의 수동식 기동장치는 방사구역마다 1개 이상 설치할 것

문제 05

경유를 저장하는 직경 20m인 옥외저장탱크에 Ⅱ형 포방출구를 설치하였다. 필요한 포수용액의 양〔m^3〕은? (단, 경유의 인화점은 35℃이다.)

포방출구의 종류 / 위험물의 구분	Ⅰ형		Ⅱ형		특형		Ⅲ형		Ⅳ형	
	포수용액량〔l/m^2〕	방출률〔$l/m^2 \cdot min$〕	포수용액량〔l/m^2〕	방출률〔$l/m^2 \cdot min$〕	포수용액량〔l/m^2〕	방출률〔$l/m^2 \cdot min$〕	포수용액량〔l/m^2〕	방출률〔$l/m^2 \cdot min$〕	포수용액량〔l/m^2〕	방출률〔$l/m^2 \cdot min$〕
제4류 위험물 중 인화점이 21℃ 미만인 것	120	4	220	4	240	8	220	4	220	4
제4류 위험물 중 인화점이 21℃ 이상 70℃ 미만인 것	80	4	120	4	160	8	120	4	120	4
제4류 위험물 중 인화점이 70℃ 이상인 것	60	4	100	4	120	8	100	4	100	4

해답

○ 계산과정 : $\frac{\pi \times (20)^2}{4} \times 4 \times 30 \times 1 = 37699 l \fallingdotseq 37.7 m^3$

○ 답 : $37.7m^3$

문제 06

경유를 저장하는 탱크의 내부 직경 40m인 플루팅루프 탱크(부상지붕구조)에 포소화설비의 특형방출구를 설치하여 방호하려고 할 때 다음 물음에 답하시오.

〔조건〕

① 소화약제는 3%용의 단백포를 사용하며, 수용액의 분당 방출량은 $10l/m^2 \cdot min$이고, 방사시간은 20분으로 한다.

② 탱크내면과 굽도리판의 간격은 2 m로 한다.

③ 펌프의 효율은 65%, 전동기 전달계수는 1.2로 한다.

(가) 상기탱크의 특형방출구에 의하여 소화하는데 필요한 수용액량, 수원의 양, 포소화약제원액량은 각각 얼마 이상이어야 하는가? (단위는 l)

○ 수용액량 :

○ 수원의 양 :

○ 포소화약제 원액량 :

(나) 수원을 공급하는 가압송수장치의 분당토출량〔l/min〕은 얼마 이상이어야 하는가?

(다) 펌프의 전양정이 120 m라고 할 때 전동기의 출력〔kW〕은 얼마 이상이어야 하는가?

해답 (가) ① 수용액량 : $\frac{\pi}{4}(40^2-36^2)\times10\times20\times1=47752.208 ≒ 47752.21l$ ㅇ답 : 47752.21l

② 수원의 양 : $\frac{\pi}{4}(40^2-36^2)\times10\times20\times0.97=46319.642 ≒ 46319.64l$ ㅇ답 : 46319.64l

③ 포소화약제 원액량 : $\frac{\pi}{4}(40^2-36^2)\times10\times20\times0.03=1432.566 ≒ 1432.57l$ ㅇ답 : 1432.57l

(나) ㅇ계산과정 : $\frac{47752.21}{20}=2387.61l/\text{min}$

ㅇ답 : 2387.61l/min

(다) ㅇ계산과정 : $\frac{0.163\times2.38761\times120}{0.65}\times1.2=86.218 ≒ 86.22\text{kW}$

ㅇ답 : 86.22 kW

문제 07

인화점이 10℃인 제4류 위험물을 저장하는 옥외위험물탱크 2기가 다음과 같이 설치된 경우 물음에 답하시오. (단, 답은 정수부분만 답하고, 포소화약제는 수성막포 3%를 사용한다.)

〔조건〕

① 탱크형상 : 부상지붕구조의 플루팅루프탱크(탱크측판과 굽도리판 사이 0.3m)
② 탱크크기 및 수량 : 직경 15 m×높이 15 m×1기, 직경 10 m×높이 10 m×1기
③ 옥외보조포소화전 형별 및 수량 : 지상식 쌍구형×2개
④ 배관의 길이 및 직경 : 50A×50 m(내경은 50 mm로 계산), 100A×50 m (내경은 100 mm로 계산)

‖옥외탱크저장소의 고정포방출구 수‖

<table>
<tr><th rowspan="3">탱크의 구조 및 포방출구의 종류 / 탱크직경</th><th colspan="4">포방출구의 개수</th></tr>
<tr><th colspan="2">고정지붕구조</th><th>부상덮개부착 고정지붕구조</th><th>부상지붕 구조</th></tr>
<tr><th>Ⅰ형 또는 Ⅱ형</th><th>Ⅲ형 또는 Ⅳ형</th><th>Ⅱ형</th><th>특형</th></tr>
<tr><td>13m 미만</td><td rowspan="4">2</td><td rowspan="3">1</td><td>2</td><td>2</td></tr>
<tr><td>13m 이상 19m 미만</td><td>3</td><td>3</td></tr>
<tr><td>19m 이상 24m 미만</td><td>4</td><td>4</td></tr>
<tr><td>24m 이상 35m 미만</td><td>2</td><td>5</td><td>5</td></tr>
<tr><td>35m 이상 42m 미만</td><td>3</td><td>3</td><td>6</td><td>6</td></tr>
<tr><td>42m 이상 46m 미만</td><td>4</td><td>4</td><td>7</td><td>7</td></tr>
<tr><td>46m 이상 53m 미만</td><td>6</td><td>6</td><td>8</td><td>8</td></tr>
<tr><td>53m 이상 60m 미만</td><td>8</td><td>8</td><td>10</td><td rowspan="2">10</td></tr>
<tr><td>60m 이상 67m 미만</td><td rowspan="8">왼쪽란에 해당하는 직경의 탱크에는 Ⅰ형 또는 Ⅱ형의 포방출구를 8개 설치하는 것 외에, 오른쪽란에 표시한 직경에 따른 포방출구의 수에서 8을 뺀 수의 Ⅲ형 또는 Ⅳ형의 포방출구를 폭 30m의 환상부분을 제외한 중심부의 액표면에 방출할 수 있도록 추가로 설치할 것</td><td>10</td><td rowspan="8"></td></tr>
<tr><td>67m 이상 73m 미만</td><td>12</td><td rowspan="2">12</td></tr>
<tr><td>73m 이상 79m 미만</td><td>14</td></tr>
<tr><td>79m 이상 85m 미만</td><td>16</td><td rowspan="2">14</td></tr>
<tr><td>85m 이상 90m 미만</td><td>18</td></tr>
<tr><td>90m 이상 95m 미만</td><td>20</td><td rowspan="2">16</td></tr>
<tr><td>95m 이상 99m 미만</td><td>22</td></tr>
<tr><td>99m 이상</td><td>24</td><td>18</td></tr>
</table>

‖ 고정포방출구의 방출량 및 방사시간 ‖

포방출구의 종류 / 위험물의 구분	Ⅰ형		Ⅱ형		특형		Ⅲ형		Ⅳ형	
	포수용액량 [l/m^2]	방출률 [$l/m^2 \cdot min$]	포수용액량 [l/m^2]	방출률 [$l/m^2 \cdot min$]	포수용액량 [l/m^2]	방출률 [$l/m^2 \cdot min$]	포수용액량 [l/m^2]	방출률 [$l/m^2 \cdot min$]	포수용액량 [l/m^2]	방출률 [$l/m^2 \cdot min$]
제4류 위험물 중 인화점이 21℃ 미만인 것	120	4	220	4	240	8	220	4	220	4
제4류 위험물 중 인화점이 21℃ 이상 70℃ 미만인 것	80	4	120	4	160	8	120	4	120	4
제4류 위험물 중 인화점이 70℃ 이상인 것	60	4	100	4	120	8	100	4	100	4

(가) 총방출구의 개수 및 종류를 쓰시오.
 ○총방출구의 개수 :
 ○방출구의 종류 :

(나) 수원의 저장량[l]은 얼마인가?

(다) 소화약제의 저장량[l]은 얼마인가?

해답 (가) ○총방출구의 개수 : 5개
 ○방출구의 종류 : 특형

(나) ○계산과정 : $Q_1 = \frac{\pi}{4}(15^2 - 14.4^2) \times 8 \times 30 \times 0.97 = 3225.309 ≒ \mathbf{3225.31}\,l$

$Q_2 = 3 \times 0.97 \times 8000 = \mathbf{23280}\,l$

$Q_3 = \frac{\pi}{4}(0.1)^2 \times 50 \times 0.97 \times 1000 = 380.918 ≒ \mathbf{380.92}\,l$

$Q = 3225.31 + 23280 + 380.92 = 26886.23l ≒ \mathbf{26886}\,l$

○답 : 26886l

(다) ○계산과정 : $Q_1 = \frac{\pi}{4}(15^2 - 14.4^2) \times 8 \times 30 \times 0.03 = 99.751 ≒ \mathbf{99.75}\,l$

$Q_2 = 3 \times 0.03 \times 8000 = \mathbf{720}\,l$

$Q_3 = \frac{\pi}{4}(0.1)^2 \times 50 \times 0.03 \times 1000 = \mathbf{11.78}\,l$

$Q = 99.75 + 720 + 11.78 = 831.53l ≒ \mathbf{831}\,l$

○답 : 831l

문제 08

가솔린(인화점 20℃)을 저장하고 굽도리판이 탱크벽면으로부터 0.5m 떨어져서 설치된 직경 40m의 옥외탱크저장소에 80mm의 송액관을 통해 6%의 불화단백포를 송수하는 특형 고정포소화설비에 저장하여야 할 약제의 저장량[l]을 다음 표를 참고하여 구하시오. (단, 송액관의 길이는 200m이며, 보조포소화전은 4개이다.)

옥외탱크저장소의 고정포방출구 수

탱크의 구조 및 포방출구의 종류 / 탱크직경	포방출구의 개수: 고정지붕구조		부상덮개부착 고정지붕구조	부상지붕구조
	Ⅰ형 또는 Ⅱ형	Ⅲ형 또는 Ⅳ형	Ⅱ형	특형
13m 미만	2	1	2	2
13m 이상 19m 미만			3	3
19m 이상 24m 미만			4	4
24m 이상 35m 미만		2	5	5
35m 이상 42m 미만	3	3	6	6
42m 이상 46m 미만	4	4	7	7
46m 이상 53m 미만	6	6	8	8
53m 이상 60m 미만	8	8	10	10
60m 이상 67m 미만	왼쪽란에 해당하는 직경의 탱크에는 Ⅰ형 또는 Ⅱ형의 포방출구를 8개 설치하는 것 외에, 오른쪽란에 표시한 직경에 따른 포방출구의 수에서 8을 뺀 수의 Ⅲ형 또는 Ⅳ형의 포방출구를 폭 30m의 환상부분을 제외한 중심부의 액표면에 방출할 수 있도록 추가로 설치할 것	10		
67m 이상 73m 미만		12		12
73m 이상 79m 미만		14		
79m 이상 85m 미만		16		14
85m 이상 90m 미만		18		
90m 이상 95m 미만		20		16
95m 이상 99m 미만		22		
99m 이상		24		18

고정포방출구의 방출량 및 방사시간

포방출구의 종류 / 위험물의 구분	Ⅰ형		Ⅱ형		특형		Ⅲ형		Ⅳ형	
	포수용액량 [l/m^2]	방출률 [$l/m^2 \cdot min$]	포수용액량 [l/m^2]	방출률 [$l/m^2 \cdot min$]	포수용액량 [l/m^2]	방출률 [$l/m^2 \cdot min$]	포수용액량 [l/m^2]	방출률 [$l/m^2 \cdot min$]	포수용액량 [l/m^2]	방출률 [$l/m^2 \cdot min$]
제4류 위험물 중 인화점이 21℃ 미만인 것	120	4	220	4	240	8	220	4	220	4
제4류 위험물 중 인화점이 21℃ 이상 70℃ 미만인 것	80	4	120	4	160	8	120	4	120	4
제4류 위험물 중 인화점이 70℃ 이상인 것	60	4	100	4	120	8	100	4	100	4

해답

○ 계산과정 : $Q_1 = \frac{\pi}{4}(40^2 - 39^2) \times 8 \times 30 \times 0.06 = 893.468 ≒ \mathbf{893.47}l$

$Q_2 = 3 \times 0.06 \times 8000 = \mathbf{1440}l$

$Q_3 = \frac{\pi}{4}(0.08)^2 \times 200 \times 0.06 \times 1000 = 60.318 ≒ \mathbf{60.32}l$

$Q = 893.47 + 1440 + 60.32 = \mathbf{2393.79}l$

○ 답 : 2393.79l

문제 09

직경이 10.68m, 높이 6.10m인 옥외저장탱크에 포소화설비를 설치하려고 한다. 조건을 참고하여 다음 각 물음에 답하시오.

〔조건〕

① 포원액의 혼합비는 0.06이다.
② 방사시간은 55분이다.
③ 포방출구는 Ⅱ형을 설치한다.
④ 포수용액의 방출량은 $220l/m^2$이다.

‖옥외탱크저장소의 고정포방출구‖

탱크의 구조 및 포방출구의 종류 / 탱크직경	포방출구의 개수			
	고정지붕구조		부상덮개부착 고정지붕구조	부상지붕 구조
	Ⅰ형 또는 Ⅱ형	Ⅲ형 또는 Ⅳ형	Ⅱ형	특형
13m 미만	2	1	2	2
13m 이상 19m 미만			3	3
19m 이상 24m 미만			4	4
24m 이상 35m 미만		2	5	5
35m 이상 42m 미만	3	3	6	6
42m 이상 46m 미만	4	4	7	7
46m 이상 53m 미만	6	6	8	8
53m 이상 60m 미만	8	8	10	10
60m 이상 67m 미만	왼쪽란에 해당하는 직경의 탱크에는 Ⅰ형 또는 Ⅱ형의 포방출구를 8개 설치하는 것 외에, 오른쪽란에 표시한 직경에 따른 포방출구의 수에서 8을 뺀 수의 Ⅲ형 또는 Ⅳ형의 포방출구를 폭 30m의 환상부분을 제외한 중심부의 액표면에 방출할 수 있도록 추가로 설치할 것	10		
67m 이상 73m 미만		12		12
73m 이상 79m 미만		14		
79m 이상 85m 미만		16		14
85m 이상 90m 미만		18		
90m 이상 95m 미만		20		16
95m 이상 99m 미만		22		
99m 이상		24		18

(가) 설치해야 할 고정포방출구의 수는 몇 개인가?
(나) 분당 단위면적 $1m^2$ 에 대한 방사량〔l/m^2 분〕은?
(다) 필요한 포수용액의 양〔l 〕은?
(라) 포원액의 저장량〔l 〕은?
(마) 전양정 50m, 효율 65%, 전달계수 $K=1.1$, 전동기의 출력〔kW〕은?

해답 (가) 2개

(나) ○계산과정 : $\frac{220}{55}=4l/m^2$ 분

○답 : $4l/m^2$ 분

(다) ○계산과정 : $\frac{\pi}{4}(10.68)^2\times4\times55z\times1=19708.567 ≒ 19708.57l$

○답 : $19708.57l$

(라) ○계산과정 : $\frac{\pi}{4}(10.68)^2\times4\times55\times0.06=1182.514 ≒ 1182.51l$

○답 : $1182.51l$

(마) ○계산과정 : $\frac{0.163\times0.35834\times50}{0.65}\times1.1=4.942 ≒ 4.94kW$

○답 : 4.94kW

문제 10

고정포방출구의 보조포소화전이 6개 설치되어 있을 때 저장하여야 할 약제의 양[m^3] 및 수원의 양[m^3]을 계산하시오. (단, 3% 단백포를 사용한다.)

○약제의 양 :

○수원의 양 :

해답 ○약제의 양 : $3\times0.03\times8000=720=0.72m^3$ ○답 : $0.72m^3$

○수원의 양 : $3\times0.97\times8000=23280=23.28m^3$ ○답 : $23.28m^3$

문제 11

위험물 옥외탱크저장소 방유제내에 용량 $50000l$ (직경 4m, 높이 4.6m) 탱크 2기, 용량 $30000l$ (직경 3m, 높이 4.5m) 탱크 1기를 다음 그림과 같이 설치하였을 때, 방유제의 높이[m]를 구하시오. (단, 방유제의 면적은 $230m^2$, 각 탱크의 기초 높이는 0.5m이며, 기타 구조물의 방유제내 용량과 탱크의 두께 및 보온은 무시하고, 소수첫째자리까지 구하시오.)

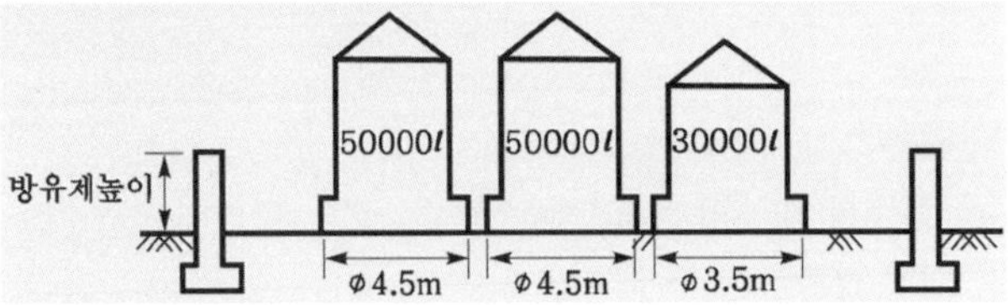

해답 ○계산과정 : $V=\left(\frac{\pi\times4.5^2}{4}\times0.5\right)+\left(\frac{\pi\times4.5^2}{4}\times0.5\right)+\left(\frac{\pi\times3.5^2}{4}\times0.5\right)$

$$H=\frac{(1.1\times50+20.7)-\frac{\pi}{4}(4^2+3^2)\times0.5}{230-\frac{\pi}{4}(4^2+3^2)}=0.31 ≒ 0.3m$$

○답 : 0.5m

문제 12

다음과 같이 휘발유탱크 1기와 경유탱크 1기를 1개의 방유제에 설치하는 옥외탱크저장소에 대하여 각 물음에 답하시오.

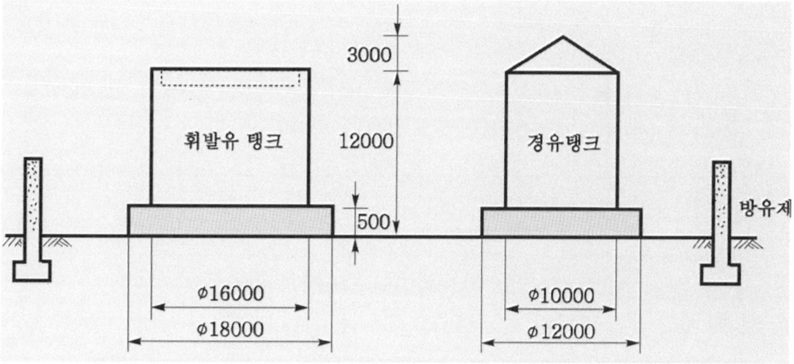

[조건]

① 탱크용량 및 형태
- 휘발유탱크 : 2000 m^3(지정수량의 20000배) 부상지붕구조의 플루팅루프탱크(탱크내 측면과 굽도리판(foam dam) 사이의 거리는 0.6 m이다.
- 경유탱크 : 콘루프탱크

② 고정포방출구
- 경유탱크 : Ⅱ형, 휘발유탱크 : 설계자가 선정하도록 한다.

③ 포소화약제의 종류 : 수성막포 3%

④ 보조포소화전 : 쌍구형×2개 설치

⑤ 포소화약제의 저장탱크의 종류 : 700l , 750l , 800l , 900l , 1000l , 1200l (단, 포소화약제의 저장탱크 용량은 포소화약제의 저장량을 말한다.)

⑥ 참고 법규

i) 옥외탱크저장소의 보유공지

저장 또는 취급하는 위험물의 최대수량	공지의 너비
지정수량의 500배 이하	3 m 이상
지정수량의 501~1000배 이하	5 m 이상
지정수량의 1001~2000배 이하	9 m 이상
지정수량의 2001~3000배 이하	12 m 이상
지정수량의 3001~4000배 이하	15 m 이상
지정수량의 4000배 초과	당해 탱크의 수평단면의 최대지름(횡형인 경우에는 긴변)과 높이 중 큰 것과 같은 거리 이상. 다만, 30 m 초과의 경우에는 30 m 이상으로 할 수 있고, 15 m 미만의 경우에는 15 m 이상으로 하여야 한다.

ⅱ) 고정포방출구의 방출량 및 방사시간

위험물의 구분 \ 포방출구의 종류	Ⅰ형		Ⅱ형		특형		Ⅲ형		Ⅳ형	
	포수용액량 [l/m^2]	방출률 [$l/m^2 \cdot min$]	포수용액량 [l/m^2]	방출률 [$l/m^2 \cdot min$]	포수용액량 [l/m^2]	방출률 [$l/m^2 \cdot min$]	포수용액량 [l/m^2]	방출률 [$l/m^2 \cdot min$]	포수용액량 [l/m^2]	방출률 [$l/m^2 \cdot min$]
제4류 위험물 중 인화점이 21℃ 미만인 것	120	4	220	4	240	8	220	4	220	4
제4류 위험물 중 인화점이 21℃ 이상 70℃ 미만인 것	80	4	120	4	160	8	120	4	120	4
제4류 위험물 중 인화점이 70℃ 이상인 것	60	4	100	4	120	8	100	4	100	4

(가) 다음 A, B, C 및 D의 법적으로 최소 가능한 거리를 정하시오.
(단, 탱크 측판두께의 보온두께는 무시하시오.)

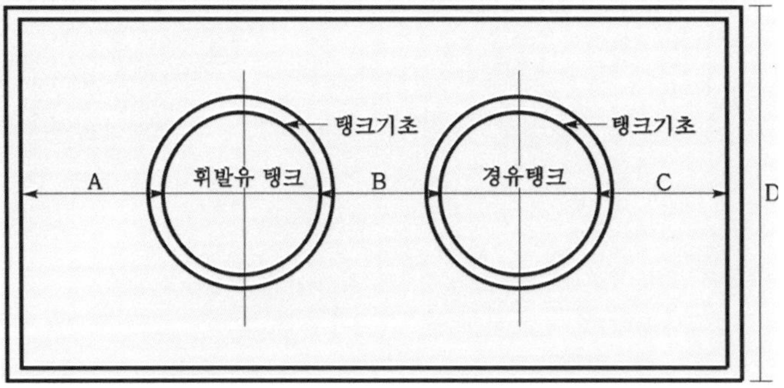

① A(휘발유탱크 측판과 방유제 내측거리, m)
② B(휘발유탱크 측판과 경유탱크 측판사이 거리, m)
③ C(경유탱크 측판과 방유제 내측거리, m)
④ D(방유제의 최소 폭, m)

(나) 다음에서 요구하는 각 장비의 용량을 구하시오.
① 포저장탱크의 용량[l](단, ϕ75A 이상의 배관길이는 50 m이고, 배관크기는 100A이다.)
② 소화설비의 수원(저수량 : m^3)(단, m^3 이하는 절삭하여 정수로 표시한다.)
③ 가압송수장치(펌프)의 유량[$l$pm]
④ 포소화약제의 혼합장치는 프레져프로포셔너 방식을 사용할 경우에 최소유량과 최대유량의 범위를 정하시오.
• 최소유량[$l$pm]　　　　• 최대유량[$l$pm]

해답 (가) A : ○계산과정 : $12 \times \frac{1}{2} = 6$m　　　○답 : 6m

B : ○계산과정 : $Q = \frac{\pi}{4} \times 10^2 \times (12 - 0.5) \fallingdotseq 903.21\,m^3$

$\frac{903.21 \times 1000}{1000} \fallingdotseq 903$배　　　○답 : 16m

C : ○계산과정 : $12 \times \frac{1}{3} = 4$m　　　○답 : 4m

D : ○계산과정 : 6 +16+6 = **28m**　　　○답 : 28m

(나) ① ○계산과정 : $Q_1 = \frac{\pi}{4} 10^2 \times 4 \times 30 \times 0.03 = 282.74l$

$Q_2 = 3 \times 0.03 \times 8000 = 720l$

$Q_3 = \frac{\pi}{4} 0.1^2 \times 50 \times 0.03 \times 1000 = 11.78l$

$Q = 282.74 + 720 + 11.78 = 1014.52l$

○답 : 1200l

② ○계산과정 : $Q_1 = \frac{\pi}{4} 10^2 \times 4 \times 30 \times 0.97 = 9142.03l$

$Q_2 = 3 \times 0.97 \times 8000 = 23280l$

$Q_3 = \frac{\pi}{4} 0.1^2 \times 50 \times 0.97 \times 1000 = 380.92l$

$Q = 9142.03 + 23280 + 380.92 = 32802 \fallingdotseq 32.8m^3$

○답 : 32m^3

③ ○계산과정 : $Q_1 = \frac{\pi}{4} 10^2 \times 4 \times 1 = 314.16l$ /분

$Q_2 = 3 \times 1 \times 8000 \div 20$분 $= 1200l$ /분

$Q = 314.16 + 1200 = 1514.16l$ pm 이상

○답 : 1514.16$l$pm 이상

④ 최소유량 : ○계산과정 : 1514.16×0.5 = **757.08l pm** ○답 : 757.08$l$pm

최대유량 : ○계산과정 : 1514.16×2 = **3028.32l pm** ○답 : 3028.32$l$pm

문제 13

그림은 3%형 단백포소화설비의 계통도이다. 다음 각 물음에 답하시오.

〔조건〕

① 헤드의 방사압력 : 0.25 MPa

② 배관의 마찰손실수두압 : 0.12 MPa

③ 방출시간 : 10분

④ 전달계수 : 1.1

⑤ 펌프효율 : 60%

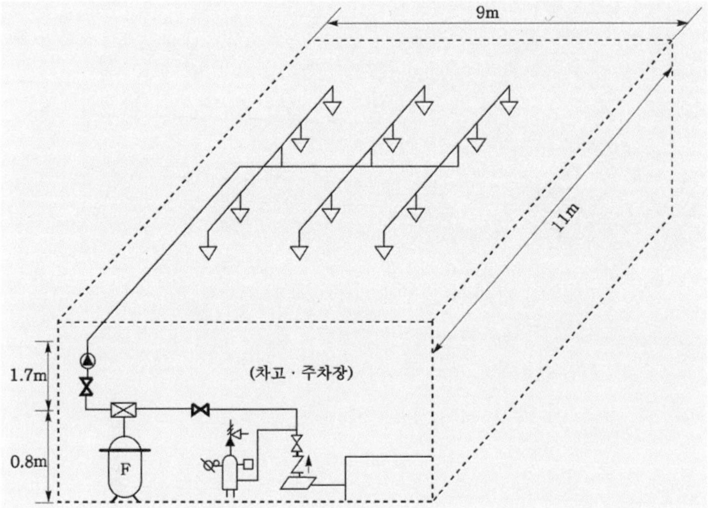

(가) 포원액의 저장량은 몇 〔l〕인가?
(나) 펌프의 전양정〔m〕· 토출량〔l/min〕· 동력〔kW〕을 구하시오.
 ○ 전양정(계산과정 및 답) :
 ○ 토출량(계산과정 및 답) :
 ○ 동력(계산과정 및 답) :
(다) 배관의 관경을 변경할 때 편심리듀셔를 사용하는데 그 이유는 무엇인가?
(라) 포소화설비에 필요한 기구를 5가지만 쓰시오. (단, 배관상의 부속품은 제외, 도면에 표기되지 아니한 것은 제외, 도면에 명시된 것만 답하시오.)

해답 (가) ○ 계산과정 : $(9\times11)\times6.5\times10\times0.03=193.05l$
 ○ 답 : 193.05l
(나) ○ 펌프의 전양정 : $25+12+(0.8+1.7)=39.5\text{m}$ ○ 답 : 39.5m
 ○ 펌프의 토출량 : $(9\times11)\times6.5=643.5l/\text{min}$ ○ 답 : 643.5l/min
 ○ 펌프의 동력 : $\dfrac{0.163\times0.6435\times39.5}{0.6}\times1.1=7.595 \fallingdotseq 7.6\text{kW}$ ○ 답 : 7.6kW
(다) 배관 흡입측의 공기고임 방지
(라) ① 포헤드
 ② 유수검지장치
 ③ 게이트밸브
 ④ 혼합기
 ⑤ 포원액탱크

문제 14

그림은 어느 작은 주차장에 설치하고자 하는 포소화설비의 평면도이다. 그림과 주어진 조건을 이용하여 요구사항에 답하시오.

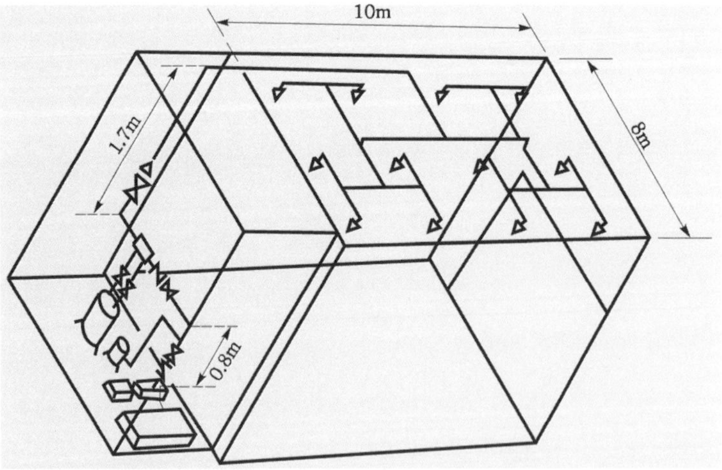

〔조건〕 사용하는 포원액은 단백포로서 3%용이다.

(가) 포원액의 최소 소요량[l]은?

(나) 펌프의 최소양정, 최소토출량, 최소소요동력을 계산하시오.

○ 최소양정 :

○ 최소토출량 :

○ 최소소요동력 :

(단, 각 포헤드에서 방사압력은 0.25 MPa, 펌프 토출구로부터 포헤드까지 마찰손실압은 0.14 MPa이고, 포수용액의 비중은 물의 비중과 같다고 가정하며, 펌프의 효율은 0.6, 축동력 전달계수는 1.1이다.)

(다) 배관에 표시된 리듀셔로는 편심 리듀셔를 사용하는 것이 가장 합리적이다. 그 이유는?

해답 (가) ○ 계산과정 : $(10\times8)\times6.5\times10\times0.03=156l$

○ 답 : $156l$

(나) ○ 최소양정 : $25+14+(0.8+1.7)=41.5\text{m}$ ○ 답 : 41.5m

○ 최소토출량 : $(10\times8)\times6.5=520l$/분 ○ 답 : $520l$/분

○ 최소소요동력 : $\dfrac{0.163\times0.52\times41.5}{0.6}\times1.1=6.448\fallingdotseq6.45\text{kW}$ ○ 답 : 6.45kW

(다) 배관흡입측의 공기고임방지

문제 15

포소화설비에서 포혼합장치에 따른 방식 중 4종류를 쓰시오.

해답 ① 펌프프로포셔너방식
② 라인프로포셔너방식
③ 프레져프로포셔너 방식
④ 프레져사이드프로포셔너방식

문제 16

펌프와 발포기 중간에 설치된 벤츄리관의 벤츄리작용과 펌프가압수의 포소화약제 저장탱크에 대한 압력에 의하여 포소화약제를 흡입 · 혼합하는 방식의 포혼합장치의 명칭은 무엇인가?

해답 프레져프로포셔너방식

문제 17

포소화설비의 약제혼합장치 중 프레져프로포셔너방식(차압혼합방식)에 대하여 간단히 설명하시오.

해답 펌프와 발포기 중간에 설치된 벤츄리관의 벤츄리작용과 펌프가압수의 포소화약제 저장탱크에 대한 압력에 의하여 포소화약제를 흡입 · 혼합하는 방식

문제 18

포소화설비에서 포소화약제의 혼합방식에는 4가지가 있는데 이중 3가지만 그림을 그리고 간단히 설명하시오. (단, 그림에는 수원, 펌프, 연결배관, 혼합기, 포원액탱크, 포방출구가 포함되어야 한다.)

해답 (1) 펌프프로포셔너방식(펌프혼합방식)

펌프의 토출관과 흡입관 사이의 배관 도중에 설치한 흡입기에 펌프에서 토출된 물의 일부를 보내고 농도조정밸브에서 조정된 포소화약제의 필요량을 포소화약제 탱크에서 펌프 흡입측으로 보내어 이를 혼합하는 방식

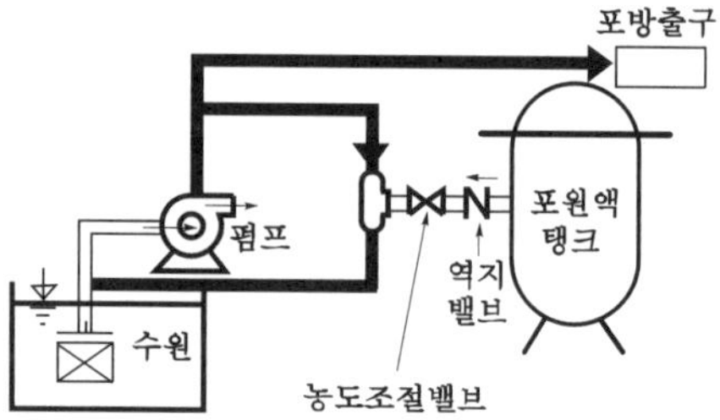

| 펌프프로포셔너방식 |

(2) **라인프로포셔너방식(관로혼합방식)**

펌프와 발포기의 중간에 설치된 벤츄리관의 벤츄리작용에 의하여 포소화약제를 흡입 · 혼합하는 방식

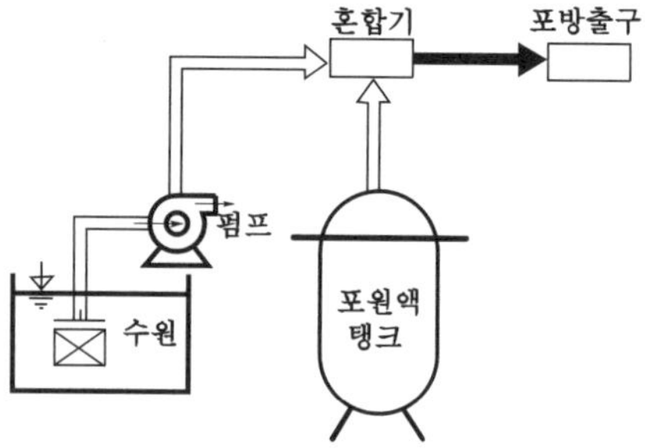

| 라인프로포셔너방식 |

(3) **프레져프로포셔너방식(차압혼합방식)**

펌프와 발포기의 중간에 설치된 벤츄리관의 벤츄리작용과 펌프가압수의 포소화약제 저장탱크에 대한 압력에 의하여 포소화약제를 흡입 · 혼합하는 방식

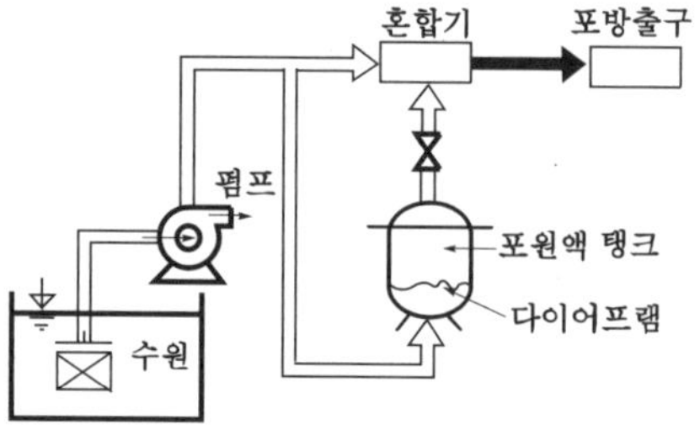

| 프레져프로포셔너방식 |

문제 19

다음 그림은 포소화설비의 약제혼합장치 중 펌프프로포셔너에 대한 설명도이다. 그림을 보고 다음 물음에 답하시오.

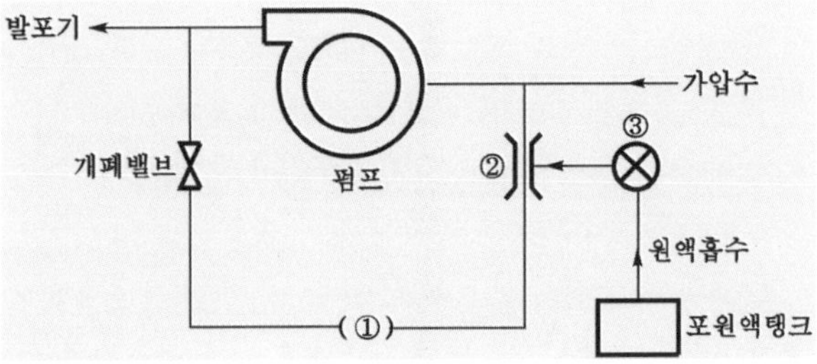

(가) 바이패스배관에 표시된 ①번의 (　) 안에 유체의 흐르는 방향을 화살표로 표시하시오.
(나) ②번 기구의 명칭은 무엇인가?
(다) ③번 기구의 명칭은 무엇인가?

해답 (가) → (나) 혼합기 (다) 농도조절밸브

문제 20

그림은 포소화설비의 혼합장치 계통도이다. 다음 각 물음에 답하시오.

(가) 혼합방식의 종류를 쓰시오.
(나) 기호(Ⓐ, Ⓑ, Ⓒ, ……)를 계통도의 적절한 위치에 삽입하여 상세 계통도를 작성하시오.
(다) 일정혼합비의 포수용액을 포방출구에 송액하는 경우의 조작순서를 쓰시오. (단, "(나)" 항의 계통도 기호를 이용할 것.)
(라) 이 혼합방식으로 펌프의 양수량을 결정하는 경우 특히 다른 방식과의 차이점을 설명하시오.

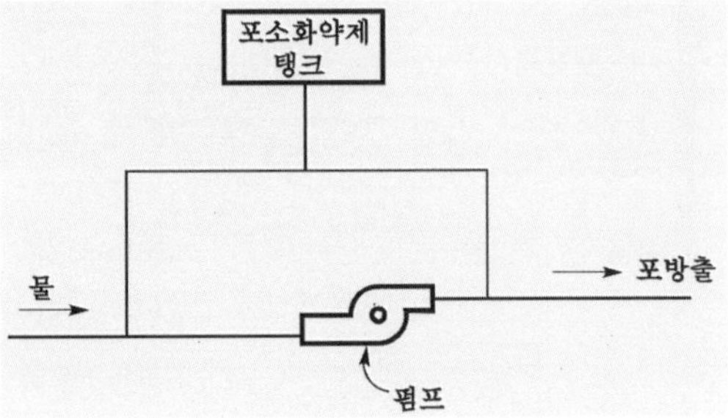

〔범례〕

Ⓐ ⊗ 조절밸브
Ⓑ 흡입기
Ⓒ 토출밸브
Ⓓ 분기밸브
Ⓔ 포소화약제밸브
Ⓕ 토출체크밸브
Ⓖ 포소화약제 체크밸브
Ⓗ ∅ 연성계
Ⓘ ∅ 압력계

해답 (가) 펌프프로포셔너방식

(나)

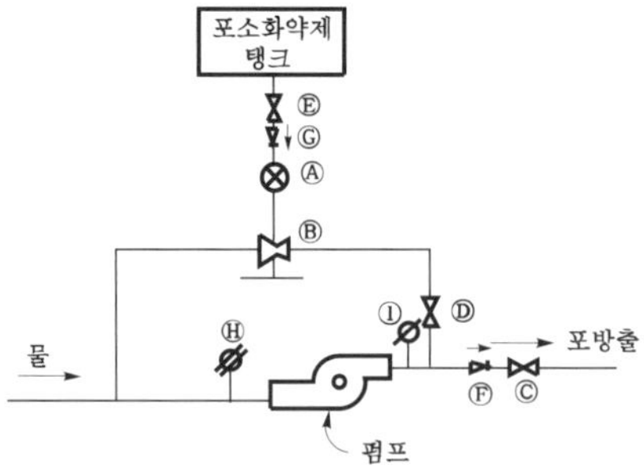

(다) 펌프를 통해 물이 흡입되면 □와 □를 통해 펌프 흡입측과 토출측의 압력을 측정하고, 펌프에서 토출된 물의 일부를 □를 통해 보내고 □와 □를 거쳐서 유입된 포소화약제를 □에서 조정하여 □로 보내면 □ 포소화약제와 물을 혼합한 포수용액을 펌프 흡입측으로 보내면 □와 □를 거쳐서 일정 혼합비의 포수용액을 포방출구에 송액한다.

(라) 다른 방식은 펌프에서 토출된 물이 혼합기 등을 거쳐 모두 포방출구로 송액되지만, 이 방식은 물의 일부가 바이패스배관을 통해 다시 펌프 흡입측으로 유입된 후 포방출구로 송액된다.

문제 21

3%의 포원액을 사용하여 800:1의 발포배율로 고팽창포 1600l 속에는 몇[l]의 물이 함유되어 있는가?

해답 ○계산과정 : $\frac{1600}{800}=2l$

$2\times0.97=1.94l$

○답 : 1.94l

문제 22

3%의 포원액을 사용하여 500:1의 발포배율로 할 때 고팽창포 1700l에는 몇 [l]의 물이 포함되어 있는가?

해답 ○계산과정 : $\frac{1700}{500}=3.4l$

$3.4\times0.97=3.298\fallingdotseq3.3l$

○답 : 3.3l

문제 23

3%형 단백포소화약제 3l 를 취해서 포를 방출시켰더니 포의 체적이 1000l 이었다. 다음 각 물음에 답하시오.

(가) 단백포의 팽창비는?

(나) 포수용액 250l 를 방출하면 이 때 포의 체적은?

해답 (가) ㅇ계산과정 : $x=\frac{3\times0.97}{0.03}=97$

$$\text{발포비율}=\frac{1000}{100}=10\text{배}$$

ㅇ답 : 10배

(나) ㅇ계산과정 : 250×10=2500l

ㅇ답 : 2500l

문제 24

포소화약제의 25% 환원시간의 의미와 환원시간 측정방법을 간단히 설명하시오.

ㅇ의미 :

ㅇ측정방법 :

해답 ㅇ의미 : 포중량의 25%가 원래의 포수용액으로 되돌아가는데 걸리는 시간

ㅇ측정방법 : ① 채집한 포시료의 중량을 4로 나누어 포수용액의 25%에 해당하는 체적을 구한다.
② 시료용기를 평평한 면에 올려 놓는다.
③ 일정 간격으로 용기바닥에 고여있는 용액의 높이를 측정하여 기록한다.
④ 시간과 환원체적의 데이터를 구한 후 계산에 의해 25% 환원시간을 구한다.

문제 25

포헤드에 사용하는 포소화약제의 혼합농도에 있어서 사용압력의 상한치 및 하한치로 발포하는 경우 25%의 환원시간은 헤드에 사용하는 포소화약제의 종류에 따라 몇 초 이상이어야 하는가?

해답

포소화약제의 종류	25% 환원시간(초)
합성계면활성제포	30 이상
단백포	60 이상
수성막포	60 이상

문제 26

다음은 포소화설비의 고정포방출구의 종류이다. ( ) 안에 알맞은 말을 쓰시오.

탱크의 종류	포방출구
고정지붕구조	•((가)) 방출구 •((나)) 방출구 •((다)) 방출구 •((라)) 방출구
부상덮개부착 고정지붕구조	•((마)) 방출구
부상지붕구조	•((바)) 방출구

해답 (가) Ⅰ형 (나) Ⅱ형
(다) Ⅲ형 (라) Ⅳ형
(마) Ⅱ형 (바) 특형

문제 27

석유류 저장탱크에 설치하는 포소화설비의 고정포방출구로서 Ⅰ형과 Ⅱ형으로 구분하는 본질적인 개념 차이는 무엇인가?

○ Ⅰ형 :

○ Ⅱ형 :

해답 ○ Ⅰ형 : 고정지붕구조의 탱크에 상부포주입법을 이용하는 것으로서 방출된 포가 액면 아래로 몰입되거나 액면을 뒤섞지 않고 액면상을 덮을 수 있는 통계단 또는 미끄럼판 등의 설비 및 탱크내의 위험물증기가 외부로 역류되는 것을 저지할 수 있는 구조·기구를 갖는 포방출구

○ Ⅱ형 : 고정지붕구조 또는 부상덮개부착 고정지붕구조의 탱크에 상부포주입법을 이용하는 것으로서 방출된 포가 탱크옆판의 내면을 따라 흘러내려 가면서 액면 아래로 몰입되거나 액면을 뒤섞지 않고 액면상을 덮을 수 있는 반사판 및 탱크내의 위험물증기가 외부로 역류되는 것을 저지할 수 있는 구조·기구를 갖는 포방출구

문제 28

콘루프탱크(cone roof tank)에 설치하는 표면하 주입방식(Ⅲ형 방출구)의 포소화설비에 대해 설명하시오.

해답 고정지붕구조의 탱크에 저부포주입법을 이용하는 것으로서 송포관으로부터 포를 방출하는 포방출구

문제 29

그림은 포소화설비의 고정포 방출구이다. 다음 각 물음에 답하시오.

(가) 기호 ①~⑦에 대한 정확한 명칭을 쓰시오.

(나) 기호 ⑧의 경사진 이유를 간단히 설명하시오.

(다) 동작시 기호 ③의 상태를 쓰시오.

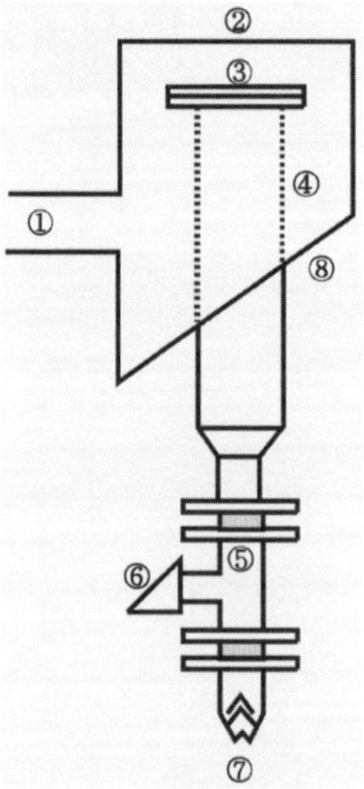

해답 (가) ① 포방출구 ② 점검구 ③ 봉판 ④ 포챔버
⑤ 발포기 ⑥ 공기흡입구 ⑦ 스트레이너

(나) 방출된 포를 모두 포방출구로 배출시키기 위해

(다) 포의 방출에 의해 깨진다.

문제 30

포소화설비에서 공기포 소화설비의 경우 포수용액을 기계적인 방법으로 혼합하여 공기의 흡입, 발포, 토포의 기능을 동시에 갖춘 발포기의 종류를 3가지만 쓰시오.

해답 ① 포헤드
② 고정포방출구
③ 이동식 포노즐

문제 31

석유 · 벤젠 등과 같은 유기용매에 흡착하여 유면위에 수용성의 얇은 막(경막)을 일으켜서 소화하는 포소화약제의 명칭을 쓰시오.

해답 수성막포 소화약제

문제 32

포소화설비의 소화약제에는 다음과 같은 종류가 있다. ( ) 안에 알맞은 답을 채우시오.

○ ((가))는 동물성 단백질의 가수분해 생성물에 안정제를 첨가한 것이다.
○ 합성계면활성제포는 합성물질이므로 변질의 우려가 없다.
○ ((나))는 액면상에 수용액의 박막을 만드는 특징이 있으며, 불소계의 계면활성제를 주성분으로 한다.
○ ((다)) 수용성 액체의 화재에 적합하다.
○ 불화단백포는 단백포에 불소계 계면활성제를 첨가한 것이다.

해답 (가) 단백포
(나) 수성막포
(다) 내알콜포

문제 33

포소화설비에서 사용하는 수성막포의 장점을 3가지만 기술하시오.

해답 ① 석유류표면에 신속히 피막을 형성하여 유류증발을 억제한다.
② 안전성이 좋아 장기보존이 가능하다.
③ 내약품성이 좋아 타약제와 겸용사용도 가능하다.

MEMO

CHAPTER

08 이산화탄소 소화설비

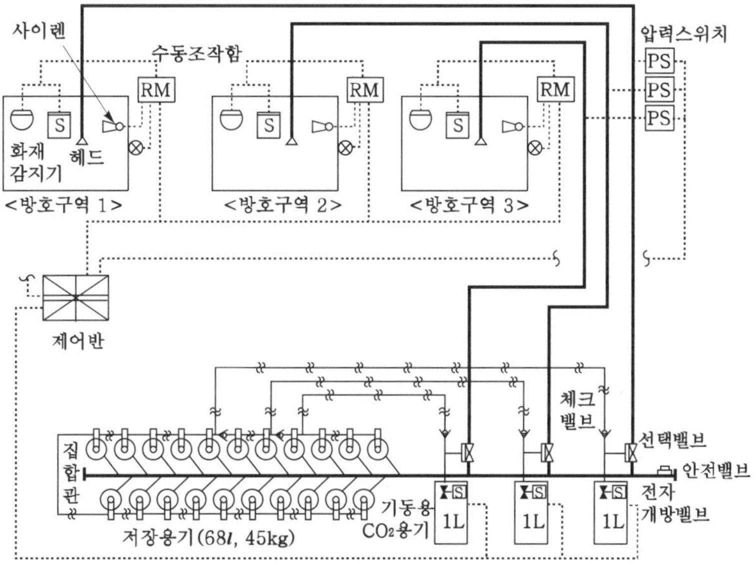

| 이산화탄소 소화설비의 계통도 |

1 주요구성

① 배관 ② 제어반 ③ 비상전원 ④ 기동장치
⑤ 자동폐쇄장치 ⑥ 저장용기 ⑦ 선택밸브
⑧ 이산화탄소 소화약제 ⑨ 감지기 ⑩ 분사헤드

중요 이산화탄소 소화설비의 단점

- 방사시 소음이 크다.
- 방사시 동결의 우려가 있다.
- 질식의 우려가 있다.

Key Point

* CO_2 설비의 특징
① 화재진화후 깨끗하다.
② 심부화재에 적합하다.
③ 증거보존이 양호하여 화재원인조사가 쉽다.
④ 방사시 소음이 크다.

* 심부화재
목재 또는 섬유류와 같은 고체가연물에서 발생하는 화재형태로서 가연물 내부에서 연소하는 화재

* CO_2 설비의 소화효과
1. 질식효과
이산화탄소가 공기중의 산소공급을 차단하여 소화한다.
2. 냉각효과
이산화탄소 방사시 기화열을 흡수하여 냉각소화한다.
3. 피복소화
비중이 공기의 1.52배 정도로 무거운 이산화탄소를 방사하여 가연물의 구석구석까지 침투 · 피복하여 소화한다.

Key Point

※ 스케줄
관의 구경, 두께, 내부 압력 등의 일정한 표준

2 배관(NFSC 106⑧)

① 전용

② 강관(압력배관용 탄소강관) ─ 고압식 : **스케줄 80**(호스구경 20mm **스케줄 40**) 이상
　　　　　　　　　　　　　　　└ 저압식 : 스케줄 40 이상

③ 동관(이음이 없는 동 및 동합금관) ─ 고압식 : 16.5MPa 이상
　　　　　　　　　　　　　　　　　　└ 저압식 : 3.75MPa 이상

④ 배관부속 ─ 고압식 ─ 1차측 배관부속 : 4MPa
　　　　　　　　　　└ 2차측 배관부속 : 2MPa
　　　　　└ 저압식 : 2MPa

중요 내압시험압력 및 안전장치의 작동압력(NFSC 106)

- 기동용기의 내압시험압력 : 25MPa 이상
- 저장용기의 내압시험압력 ─ 고압식 : 25MPa 이상
　　　　　　　　　　　　└ 저압식 : 3.5MPa 이상
- 기동용기의 안전장치 작동압력 : 내압시험압력의 0.8~내압시험압력 이하
- 저장용기와 선택밸브 또는 개폐밸브의 안전장치 작동압력 : 내압시험압력의 0.8배
- 개폐밸브 또는 선택 밸브의 배관부속 시험압력 ─ 고압식 ─ 1차측 : 4MPa
　　　　　　　　　　　　　　　　　　　　　　　　　　└ 2차측 : 2MPa
　　　　　　　　　　　　　　　　　　　　└ 저압식 - 1、2차측 : 2MPa

| 약제 방사시간 |

소화설비		전역방출방식		국소방출방식	
		일반건축물	위험물 제조소	일반건축물	위험물제조소
할로겐화합물 소화설비		10초 이내	30초 이내	10초 이내	30초 이내
분말소화설비		30초 이내		30초 이내	
CO_2 소화설비	표면화재	1분 이내	60초 이내		
	심부화재	7분 이내			

- **표면화재** : 가연성 액체 · 가연성가스
- **심부화재** : 종이 · 목재 · 석탄 · 석유류 · 합성수지류

3 음향경보장치의 설치기준(NFSC 106⑬)

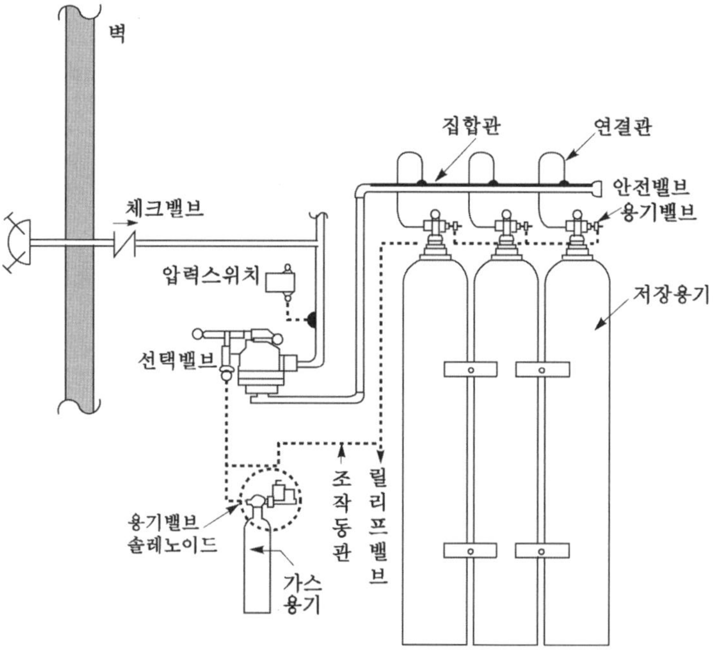

기동장치 주위 배관

① 수동식 기동장치를 설치한 것에 있어서는 그 기동장치의 조작과정에서 자동식 기동장치를 설치한 것에 있어서는 **화재감지기**와 연동하여 자동으로 경보를 발하는 것으로 할 것
② 소화약제의 방사개시 후 **1분** 이상까지 경보를 계속할 수 있는 것으로 할 것
③ 방호구역 또는 방호대상물이 있는 구획 안에 있는 자에게 유효하게 **경보**할 수 있는 것으로 할 것

Key Point

※ 표면화재
기연물의 표면에서 연소하는 화재

※ 심부화재
목재 또는 섬유류와 같은 고체가연물에서 발생하는 화재형태로서 가연물 내부에서 연소하는 화재

※ 체크밸브와 같은 의미
① 역지밸브
② 역류방지밸브
③ 불환밸브

※ 방호구역
화재로부터 보호하기 위한 구역

Key Point

4 기동장치(NFSC 106⑥)

(1) 수동식 기동장치의 설치기준

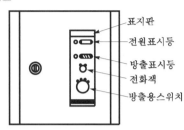

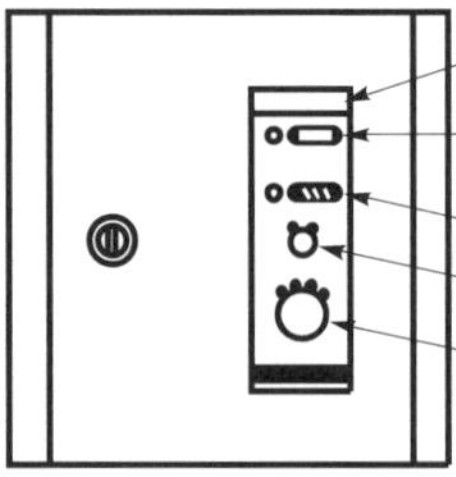

▎CO_2 수동조작함 ▎

① 전역방출방식은 **방호구역**마다, 국소방출방식은 **방호대상물**마다 설치한다.

② 당해 방호구역의 **출입구 부분** 등 조작을 하는 자가 쉽게 피난할 수 있는 장소에 설치한다.

③ 기동장치의 조작부는 바닥에서 0.8~1.5m 이하의 위치에 설치하고, 보호판 등에 의한 보호장치를 설치한다.

④ 기동장치에는 "이산화탄소 소화설비 기동장치"라고 표시한 표지를 한다.

⑤ 전기를 사용하는 기동장치에는 **전원표시등**을 설치한다.

⑥ 기동장치의 방출용 스위치는 **음향경보장치**와 연동하여 조작될 수 있는 것으로 한다.

(2) 자동식 기동장치의 설치기준

① 자동식 기동장치는 수동으로도 기동할 수 있는 구조로 한다.

② 전기식 기동장치로서 **7병** 이상의 저장용기를 동시에 개방하는 설비는 **2병** 이상의 저장용기에 **전자개방밸브**를 부착한다.

③ 기계식 기동장치는 저장용기를 쉽게 개방할 수 있는 구조로 한다.

▎가스압력식 기동장치 ▎

안전장치의 압력	내압시험압력의 0.8~내압시험압력 이하
용기에 사용하는 밸브의 허용압력	25 MPa 이상
기동용 가스용기의 용적	1l 이상
기동용 가스용기의 저장량	0.6 kg 이상
기동용 가스용기의 충전비	1.5 이상

※ 자동식 기동장치는 **자동화재 탐지설비**의 **감지기**의 작동과 연동하여야 한다.

❋ 기동장치
용기내에 있는 가스를 외부로 분출시키는 장치

❋ 충전비

$$\frac{\text{저장용기의 부피}[l]}{\text{소화약제 저장량}[kg]}$$

❋ 전자개방밸브
전자밸브 또는 솔레노이드 밸브(solenoid valve)라고도 한다.

❋ CO_2 충전비
1. 기동용기
 고·저압식:1.5 이상
2. 저장용기
 ① 고압식:1.5~1.9 이하
 ② 저압식:1.1~1.4 이하

Key Point

5 자동폐쇄장치의 설치기준(NFSC 106⑭)

자동폐쇄장치(피스톤릴리져 댐퍼)

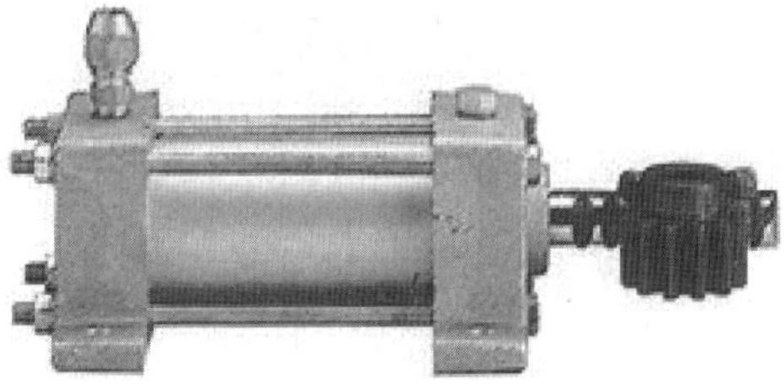

피스톤릴리져(piston releaser)

중요 피스톤릴리져

가스의 방출에 따라 가스의 누설이 발생될 수 있는 급배기 댐퍼나 자동개폐문 등에 설치하여 가스의 방출과 동시에 자동적으로 개구부를 차단시키기 위한 장치

예제 피스톤릴리져란 무엇인지를 설명하시오.

해답 가스의 방출에 따라 가스의 누설이 발생될 수 있는 급배기댐퍼나 자동개폐문 등에 설치하여 가스의 방출과 동시에 자동적으로 개구부를 차단시키기 위한 장치

해설 **피스톤릴리져와 모터식 댐퍼릴리져**

(1) **피스톤릴리져**(piston releaser)

가스의 방출에 따라 가스의 누설이 발생될 수 있는 급배기댐퍼나 자동개폐문 등에 설치하여 가스의 방출과 동시에 자동적으로 개구부를 차단시키기 위한 장치

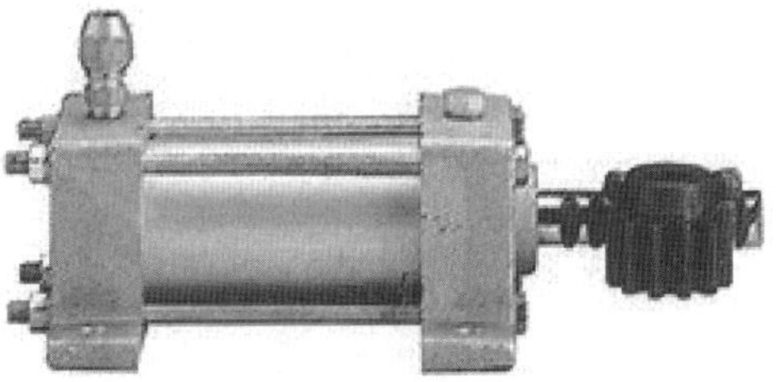

피스톤릴리져

※ 충전비

$$C = \frac{V}{G}$$

여기서,

C : 충전비[l/kg]

V : 내용적[l]

G : 저장량[kg]

※ 모터식 댐퍼릴리져

당해구역의 화재감지기 또는 선택밸브 2차측의 압력스위치와 연동하여 감지기의 작동과 동시에 또는 가스방출에 의해 압력스위치가 동작되면 댐퍼에 의해 개구부를 폐쇄시키는 장치

Key Point

(2) **모터식 댐퍼릴리져**(motor type damper releaser)
당해 구역의 화재감지기 또는 선택밸브 2차측의 압력스위치와 연동하여 감지기의 작동과 동시에 또는 가스방출에 의해 압력스위치가 동작되면 댐퍼에 의해 개구부를 폐쇄시키는 장치

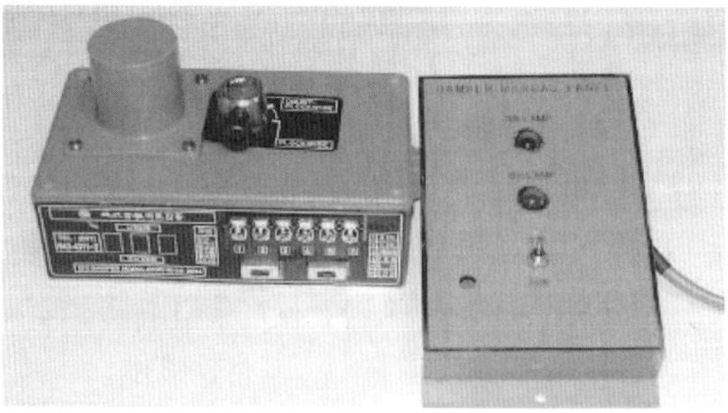

| 모터식 댐퍼릴리져 |

① 환기장치를 설치한 것에는 이산화탄소가 방사되기 전에 당해 **환기장치**가 정지할 수 있도록 한다.

② 개구부가 있거나 천장으로부터 1m 이상의 아래부분 또는 바닥으로부터 당해층의 높이의 $\frac{2}{3}$ 이내의 부분에 통기구가 있어 이산화탄소의 유출에 의하여 소화효과를 감소시킬 우려가 있는 것에는 이산화탄소가 방사되기 전에 당해 **개구부** 및 **통기구**를 폐쇄할 수 있도록 한다.

③ 자동폐쇄장치는 방호구역 또는 방호대상물이 있는 구획의 밖에서 복구할 수 있는 구조로 하고, 그 위치를 표시하는 표지를 한다.

* 개구부
화재시 쉽게 대피할 수 있는 출입문 · 창문 등을 말한다.

Key Point

6 저장용기의 적합 장소(NFSC 106④)

(a)

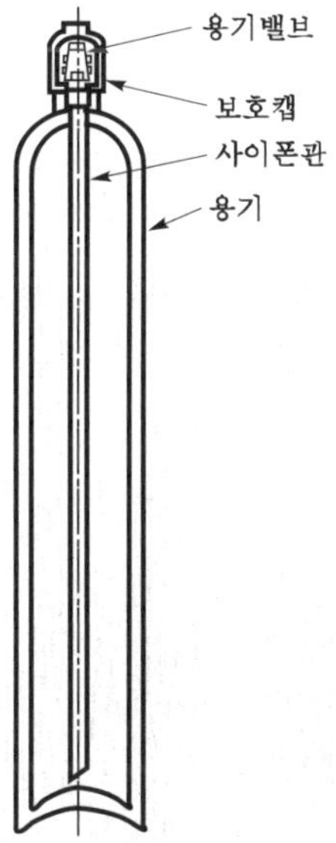

(b)

저장용기

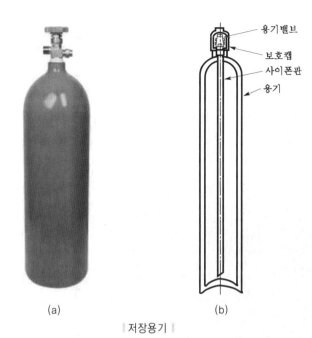

① **방호구역 외**의 장소에 설치한다.(단, 방호구역 내에 설치할 경우 **피난구부근**에 설치)
② 온도가 40℃ 이하이고, 온도변화가 작은 곳에 설치한다.
③ **직사광선** 및 빗물이 침투할 우려가 없는 곳에 설치한다.
④ **방화문**으로 구획된 실에 설치한다.
⑤ 용기의 설치장소에는 당해 용기가 설치된 곳임을 표시하는 표지를 한다.
⑥ 용기간의 간격은 점검에 지장이 없도록 3cm 이상의 간격을 유지할 것
⑦ 저장용기와 집합관을 연결하는 연결배관에는 **체크밸브**를 설치할 것.(단, 저장용기가 하나의 방호구역만을 담당하는 경우는 제외)

저장용기

자동냉동장치	2.1MPa −18℃ 이하	
압력경보장치의 작동	2.3MPa 이상, 1.9MPa 이하	
선택 밸브 또는 개폐 밸브 사이의 안전장치 작동압력	내압시험압력의 0.8배	
저장용기의 내압시험압력	• 고압식	25MPa 이상
	• 저압식	3.5MPa 이상
안전 밸브	내압시험압력의 0.64~0.8배	
봉판	내압시험압력의 0.8~내압시험압력	
충전비	고압식	1.5~1.9 이하
	저압식	1.1~1.4 이하

※ 저장용기의 구성 요소
① 자동냉동장치
② 압력경보장치
③ 안전밸브
④ 봉판
⑤ 압력계
⑥ 액면계

※ 방화문
건축물의 방화구획에 설치하는 문

※ 체크밸브
역류방지를 목적으로 한다.
① 리프트형 : 수평설치용으로 주배 관상에 많이 사용
② 스윙형 : 수평·수직 설치용으로 작은 배관상에 많이 사용

Key Point

참고

(1) 저압식 저장용기

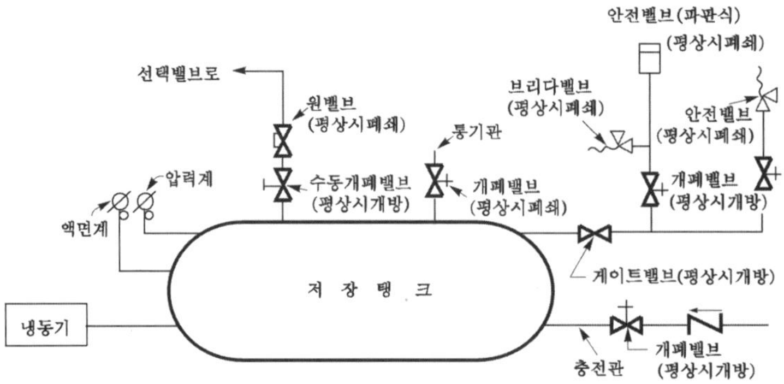

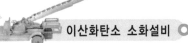

(2) 저압식 이산화탄소 소화설비의 동작설명

① 액면계와 압력계를 통해 이산화탄소의 저장량 및 저장탱크의 압력을 확인한다.
② 저장탱크의 온도상승시 냉동기(자동냉동장치)가 작동하여 탱크내부의 온도가 -18℃, 압력이 2.1MPa 정도를 항상 유지하도록 한다.
③ 탱크내의 압력이 2.3MPa 이상 높아지거나 1.9MPa 이하로 내려가면 압력경보장치가 작동하여 이상상태를 알려준다.
④ 탱크내의 압력이 2.4MPa를 초과하면 브리다밸브와 안전밸브가 개방되고 2.5MPa를 초과하면 안전밸브(파판식)가 개방되어 탱크 및 배관 등이 이상고압에 의해 파열되는 것을 방지한다.
⑤ 화재가 발생하여 기동용 가스의 압력에 의해 원밸브가 개방되면 분사헤드를 통해 이산화탄소가 방사되어 소화하게 된다.

※ **안전밸브**(파판식) : 저장탱크내에 아주 높은 고압이 유발되면 안전밸브내의 봉판이 파열되어 이상고압을 급속히 배출시키는 안전밸브로 스프링식, 추식, 지렛대식 등의 일반 안전밸브보다 훨씬 빨리 이상고압을 배출시킨다.

※ 이산화탄소 소화약제 저장용기의 개방밸브는 **전기식·가스압력식** 또는 **기계식**에 의하여 자동으로 개방되고 수동으로도 개방되는 것으로서 안전장치가 부착된 것으로 하여야 한다.

중요 저압식 저장용기의 보관온도

-18℃ 이하

※ 액면계
이산화탄소 저장량의 높이를 외부에서 볼 수 있게 만든 장치

※ 브리다밸브
평상시 폐쇄되어 있다가 저장탱크에 고압이 유발되면 안전밸브(파판식)보다 먼저 작동하여 저장탱크를 보호한다.

※ 원밸브
평상시 폐쇄되어 있다가 기동용가스의 압력에 의해 개방된다.

Key Point

7 선택밸브(CO_2 저장용기를 공용하는 경우)의 설치기준(NFSC 106⑨)

① **방호구역** 또는 **방호대상물**마다 설치할 것
② 각 선택밸브에는 그 담당 방호구역 또는 방호대상물을 표시할 것

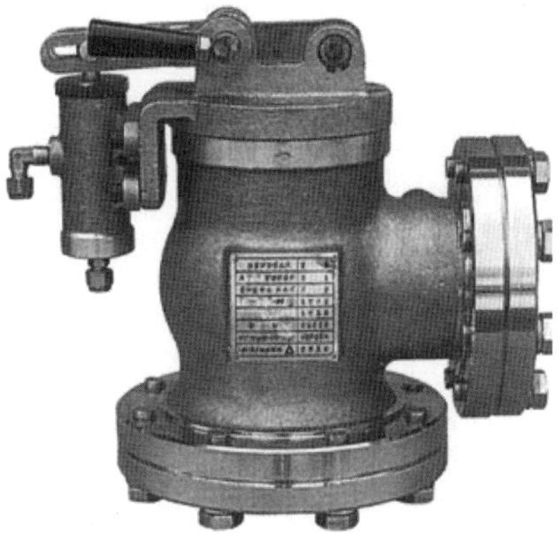

(a)

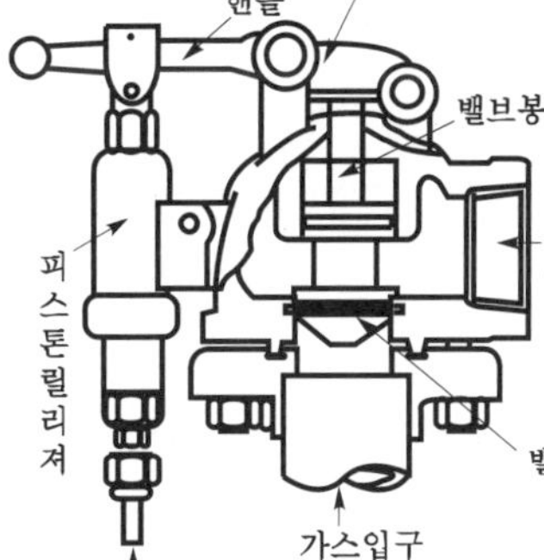

(b)

| 선택밸브 |

* 방호대상물
화재로부터 방어하기 위한 대상물

* 이산화탄소의 상태도

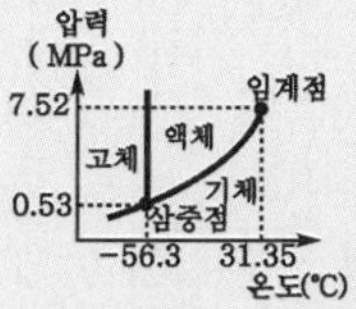

* 물성
물리적인 성질

8 이산화탄소 소화약제(NFSC 106⑤)

중요

1. 이산화탄소 소화약제

구분	물성
승화점	-78.5℃
삼중점	-56.3℃
임계온도	31.35℃
임계압력	72.75atm
주된 소화 효과	질식효과

(1) **승화점** : 기체가 액체상태를 거치지 않고 직접 고체상태로 변할 때의 온도
(2) **삼중점** : 고체, 액체, 기체가 공존하는 점
(3) **임계온도** : 아무리 큰 압력을 가해도 액화하지 않는 최저온도
(4) **임계압력** : 임계온도에서 액화하는데 필요한 압력

2. 드라이아이스

이산화탄소는 대기압 및 실온의 조건하에서는 무색·무취의 부식성이 없는 **기체**의 상태로 존재하며, 전기전도성이 없고 21℃에서 공기보다 약 **1.52배** 정도 무겁다. 또한 **냉각** 및 **압축**의 과정에 의해 쉽게 액화될 수 있고 이 과정을 적절히 반복함으로써 고체상태로 변화시킬 수도 있는데, 이 상태의 것을 **드라이아이스**라고 부른다.

Key Point

※ **드라이아이스**(dry ice) : 기체의 이산화탄소를 냉각 및 압축하여 액체로 만든 다음 이것을 작은 구멍을 통해 내뿜으면 눈모양의 고체가 되는데 이것을 '드라이아이스'라고 한다. 고체탄산, 고체 무수탄산이라고도 불리어진다.

3. 증기비중

$$증기비중 = \frac{분자량}{29} = \frac{44}{29} = 1.517 ≒ 1.52배$$

※ CO_2의 분자량 = 12+16×2 = 44 (원자량 C : 12, O : 16)

예제 다음 ( ) 안에 적당한 답을 쓰시오.

이산화탄소는 대기압 및 실온의 조건하에서는 무색, 무취의 부식성이 없는 (①)의 상태로 존재하며, 전기전도성이 없고 21℃에서 공기보다 약 (②)배 정도 무겁다. 또한 (③) 및 (④)의 과정에 의해 쉽게 액화될 수 있고 이 과정을 적절히 반복함으로써 고체상태로 변화시킬 수도 있는데, 이 상태의 것을 (⑤)라고 부른다.

해답
① 기체
② 1.52배
③ 냉각
④ 압축
⑤ 드라이아이스

❋ CO_2 설비의 방출 방식
① 전역방출방식
② 국소방출방식
③ 이동식(호스릴방식)

❋ 전역방출방식
주차장이나 통신기기실에 적합하다.

❋ CO_2 소요량

$$\frac{21 - O_2}{21} \times 100\,[\%]$$

❋ 설계농도

종류	설계농도
메탄	34%
부탄	
프로판	36%
에탄	40%

1 전역방출방식

① 표면화재

CO_2 저장량[kg] = 방호구역 체적[m^3] × 약제량[kg/m^3] × 보정계수 + 개구부면적[m^2] × 개구부 가산량($5kg/m^2$)

표면화재의 약제량 및 개구부 가산량

방호구역체적	약제량	개구부 가산량 (자동폐쇄장치 미설치시)	최소저장량
45 m^3 미만	1 kg/m^3	5 kg/m^2	45 kg
45~150 m^3 미만	0.9 kg/m^3		
150~1450 m^3 미만	0.8 kg/m^3		135 kg
1450 m^3 이상	0.75 kg/m^3		1125 kg

② 심부화재

CO_2 저장량〔kg〕= 방호구역 체적〔m^3〕×약제량〔kg/m^3〕+ 개구부면적〔m^2〕
×개구부 가산량〔10 kg/m^2〕

‖심부화재의 약제량 및 개구부 가산량‖

방호대상물	약제량	개구부 가산량 (자동폐쇄장치 미설치시)	설계농도
전기설비	1.3 kg/m^3	10 kg/m^2	50%
전기설비(55 m^3 미만)	1.6 kg/m^3		
서고, 박물관, 목재가공품창고, 전자제품창고	2.0 kg/m^3		65%
석탄창고, 면화류창고, 고무류, 모피창고, 집진설비	2.7 kg/m^3		75%

2 국소방출방식

‖국소방출방식의 CO_2 저장량‖

소방대상물	고압식	저압식
• 연소면 한정 및 비산우려가 없는 경우 • 윗면 개방용기	방호대상물 표면적 ×13 kg/m^2×1.4	방호대상물 표면적 ×13 kg/m^2×1.1
• 기타	방호공간체적× $\left(8-6\frac{a}{A}\right)\times 1.4$	방호공간 체적× $\left(8-6\frac{a}{A}\right)\times 1.1$

여기서, a : 방호대상물 주위에 설치된 벽면적의 합계〔m^2〕
A : 방호공간의 벽면적의 합계〔m^2〕

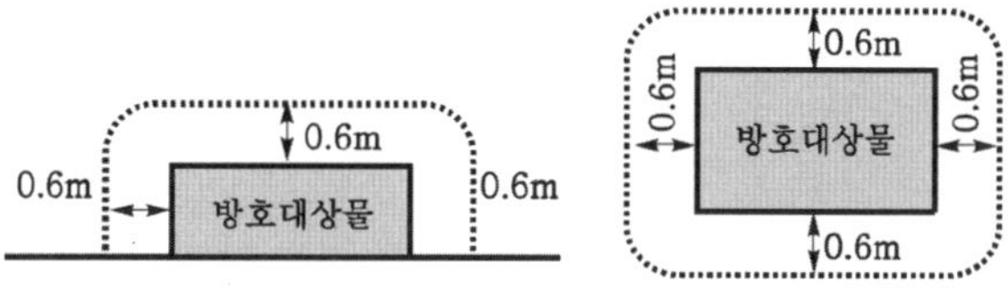

(a) 정면도　　(b) 윗면도

‖방호공간‖

중요 이산화탄소 소화설비와 관련된 식

$$CO_2 = \frac{\text{방출가스량}}{\text{방호구역체적} + \text{방출가스량}} \times 100 = \frac{21 - O_2}{21} \times 100$$

여기서, CO_2 : CO_2의 농도〔%〕
O_2 : O_2의 농도〔%〕

Key Point

* 방호공간
방호대상물의 각 부분으로부터 0.6m의 거리에 의하여 둘러싸인 공간

* 관포체적
당해 바닥면으로부터 방호대상물의 높이보다 0.5m 높은 위치까지의 체적

* 증발잠열
'기화잠열'이라고도 부른다.

Key Point

$$방출가스량 = \frac{21 - O_2}{O_2} \times 방호구역체적$$

여기서, O_2 : O_2의 농도[%]

$$PV = \frac{W}{M}RT$$

여기서, P : 기압[atm]

V : 방출가스량[m^3]

W : 무게[kg]

M : 분자량(CO_2 : 44)

R : 0.082(atm · m^3/kgmole · K)

T : 절대온도(273+℃)[K]

$$Q = \frac{W_t\, C(t_1 - t_2)}{H}$$

여기서 Q : 액화 CO_2의 증발량[kg]

W_t : 배관의 중량[kg]

C : 배관의 비열[kcal/kg · ℃]

t_1 : 방출전 배관의 온도[℃]

t_2 : 방출될 때의 배관의 온도[℃]

H : 액화 CO_2의 증발잠열[kcal/kg]

※ 기압

'기체의 압력'을 말한다.

예제 이산화탄소를 방출시켜 공기와 혼합시키면 상대적으로 공기중의 산소는 희석된다. 이 경우 CO_2와 O_2가 갖는 체적농도[%]는 이론적으로 다음과 같은 관계를 가짐을 증명하시오.

$$CO_2[\%] = \frac{21 - O_2[\%]}{21} \times 100$$

(단, 공기중에는 체적농도로 79%의 질소, 21%의 산소만이 존재하고, 이들 기체(CO_2 포함)는 모두 이상기체의 성질을 갖는다고 가정한다.)

해답

$$CO_2 의\ 농도[\%] = \frac{CO_2\ 방출후\ 희석된\ 산소농도[\%]}{CO_2\ 방출전\ 산소농도[\%]} \times 100$$

$$= \frac{CO_2\ 방출전\ 산소농도[\%] - CO_2\ 방출후\ 산소농도[\%]}{CO_2\ 방출전\ 산소농도[\%]} \times 100$$

$$CO_2[\%] = \frac{21 - O_2[\%]}{21} \times 100$$

3 호스릴방식(이동식)

하나의 노즐에 대하여 90kg 이상이어야 한다.

9 분사헤드(NFSC 106⑩)

(a) 혼형(horn type)

(b) 팬던트형(pendant type)

| 분사헤드 |

1 전역방출방식

① 방사된 소화약제가 방호구역의 전역에 균일하게 신속히 확산될 수 있도록 한다.
② 분사헤드의 방사압력은 고압식은 2.1MPa 이상, 저압식은 1.05MPa 이상이어야 한다.

2 국소방출방식

① 소화약제의 방사에 의하여 가연물이 비산하지 아니하는 장소에 설치한다.
② 이산화탄소의 소화약제의 저장량은 30초 이내에 방사할 수 있는 것으로 한다.

Key Point

※ 이동식 CO_2 설비의 구성
① 호스릴
② 봄베
③ 용기밸브

※ 호스릴 소화약제 저장량
90kg 이상

※ 호스릴 분사헤드 방사량
60kg/min 이상

※ 분사헤드의 방사압력
① 고압식 : 2.1MPa 이상
② 저압식 : 1.05MPa 이상

Key Point

※ 호스릴 방식
분사 헤드가 배관에 고정되어 있지 않고 소화약제 저장용기에 호스를 연결하여 사람이 직접 화점에 소화약제를 방출하는 이동식 소화설비

※ 플렉시블 튜브
자유자재로 잘 휘는 튜브

※ 호스접결구
호스를 연결하기 위한 구멍

※ 노즐
소방호스의 끝부분에 연결되어서 가스를 방출하기 위한 장치 일반적으로 '관창'이라고도 부른다.

3 호스릴방식

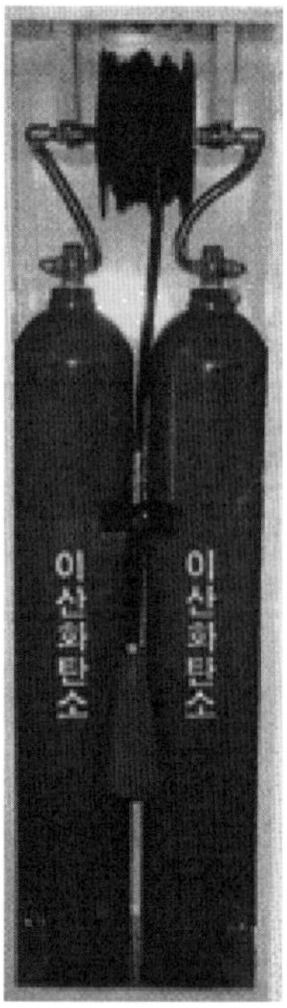

‖ 호스릴방식 ‖

① 방호대상물의 각 부분으로부터 하나의 호스 접결구까지의 수평거리가 15m 이하가 되도록 한다.

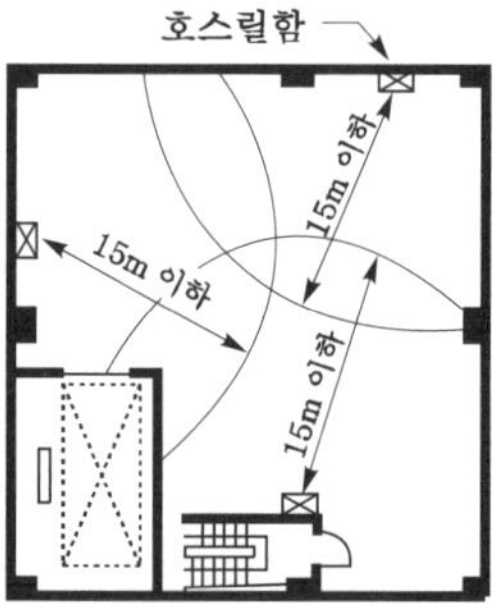

‖ 호스릴함의 설치거리 ‖

② 노즐은 20℃에서 하나의 노즐마다 60kg/min 이상의 소화약제를 방사할 수 있는 것으로 한다.

③ 소화약제 저장용기는 **호스릴**을 설치하는 장소마다 설치한다.

④ 소화약제 저장용기와 개방밸브는 호스의 설치장소에서 **수동**으로 **개폐**할 수 있는 것으로 한다.

⑤ 소화약제 저장용기의 가장 가까운 곳의 보기 쉬운 곳에 **표시등**을 설치하고, 호스릴 이산화탄소 소화설비가 있다는 뜻을 표시한 표지를 할 것

Key Point

> **중요** 호스릴 이산화탄소 소화설비의 설치장소(화재시 현저하게 연기가 찰 우려가 없는 장소)
>
> - 지상 1층 및 피난층에 있는 부분으로서 지상에서 수동 또는 원격조작에 의하여 개방할 수 있는 개구부의 유효면적의 합계가 바닥면적의 15% 이상이 되는 부분
> - 전기설비가 설치되어 있는 부분 또는 다량의 화기를 사용하는 부분(당해 설비의 주위 5m 이내의 부분 포함)의 바닥면적이 당해 설비가 설치되어 있는 구획의 바닥면적의 $\frac{1}{5}$ 미만이 되는 부분

* 활성금속
나트륨, 칼륨, 칼슘 등을 함유한 것으로 분말 또는 미분상태에서 매우 위험한 폭발을 가져오는 금속

10 분사헤드 설치제외 장소(NFSC 106⑪)

① **방재실, 제어실** 등 사람이 상시 근무하는 장소
② **니트로셀룰로우스, 셀룰로이드 제품** 등 자기연소성 물질을 저장, 취급하는 장소
③ **나트륨, 칼륨, 칼슘** 등 활성금속 물질을 저장, 취급하는 장소
④ **전시장** 등의 관람을 위하여 다수인이 출입·통행하는 통로 및 전시실 등

11 이산화탄소 소화설비의 설치대상

물분무소화설비와 동일하다.

* 물분무 설비의 설치대상
① 차고·주차장 : $200m^2$ 이상
② 전기실 : $300m^2$ 이상
③ 주차용 건축물 : $800\ m^2$ 이상
④ 기계식 주차장치 : 20대 이상
⑤ 항공기격납고

연습문제

문제 01

이산화탄소 소화설비가 제4류 위험물(석유류)에 적합한 이유를 2가지만 쓰시오.

해답 ① 질식효과 : 이산화탄소가 공기중의 산소공급을 차단하여 소화한다.
② 냉각효과 : 이산화탄소 방사시 기화열을 흡수하여 냉각소화한다.

문제 02

석유난로의 화재에 이산화탄소를 방사하면 즉각적인 소화외에도 재발화도 효과있게 방지될 수 있다. 그 이유는 무엇인가?

해답 피복효과 : 비중이 공기의 1.52배 정도로 무거워서 가연물의 구석구석까지 침투 · 피복하여 소화하므로

문제 03

CO_2(이산화탄소) 소화설비의 계통도를 답안지에 완성하고 각부(①~⑩)의 명칭을 기입하시오.

〔조건〕

① 회로는 3개 회로 기준임

② 계통도 완성시 배관은 실선(—), 배선은 점선(----)으로 표시할 것

①	②	③	④
⑤	⑥	⑦	⑧
⑨	⑩		

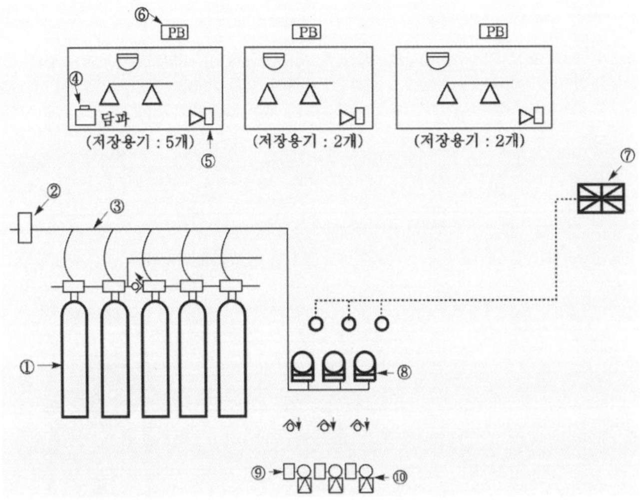

해답

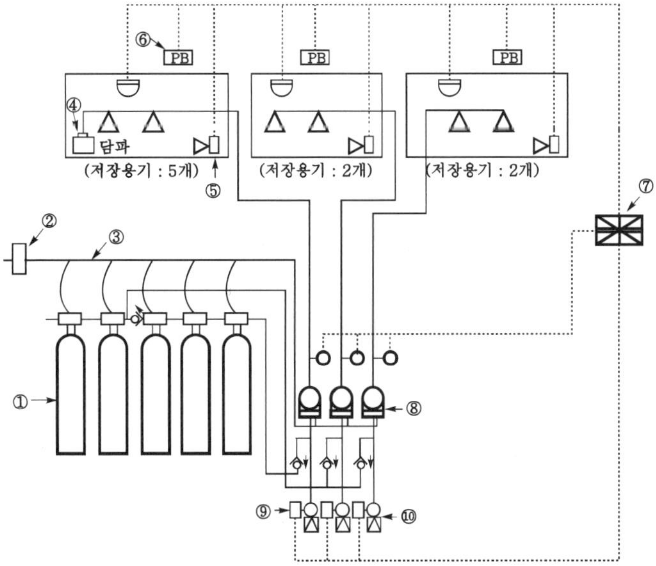

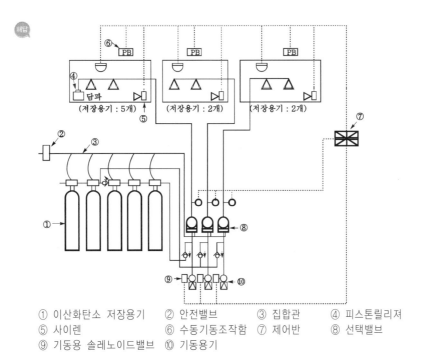

① 이산화탄소 저장용기 ② 안전밸브 ③ 집합관 ④ 피스톤릴리저
⑤ 사이렌 ⑥ 수동기동조작함 ⑦ 제어반 ⑧ 선택밸브
⑨ 기동용 솔레노이드밸브 ⑩ 기동용기

문제 04

그림은 이산화탄소 소화설비의 소화약제 저장용기 주위의 배관 계통도이다. 방호구역은 A, B 두 부분으로 나누어지고, 각 구역의 소요 약제량은 A 구역은 2B/T, B 구역은 5B/T이라 할 때 그림을 보고 다음 물음에 답하시오.

(가) 각 방호구역에 소요 약제량을 방출할 수 있도록 조작관에 설치할 때 체크밸브의 위치를 표시하시오.
(나) ①, ②, ③, ④ 기구의 명칭은 무엇인가?

① ② ③ ④

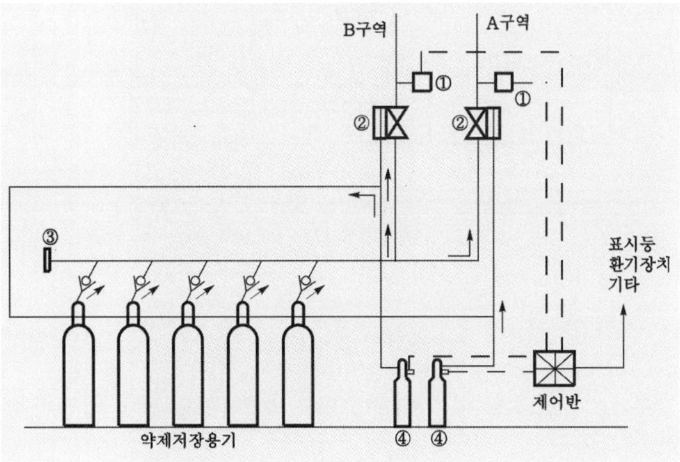

해답 (가)

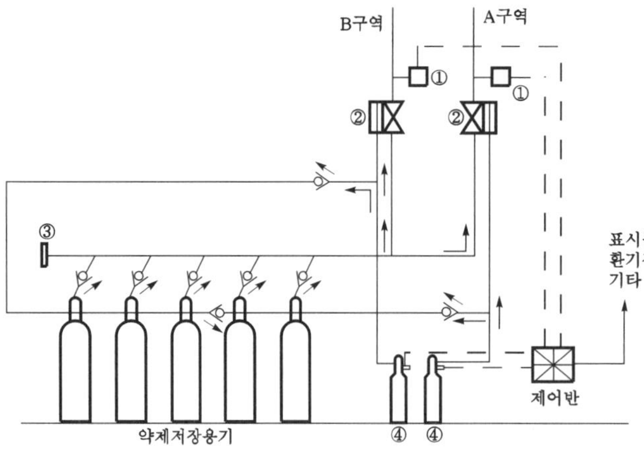

(나) ① 압력스위치
② 선택밸브
③ 안전밸브
④ 기동용가스용기

문제 05

다음 그림은 어느 실에 대한 CO_2 설비의 평면도이다. 이 도면과 주어진 조건을 이용하여 다음의 물음에 답하시오. (단, 모터사이렌은 약제의 방출 사전예고시에는 파상음으로, 약제방출시는 연속음을 발한다.)

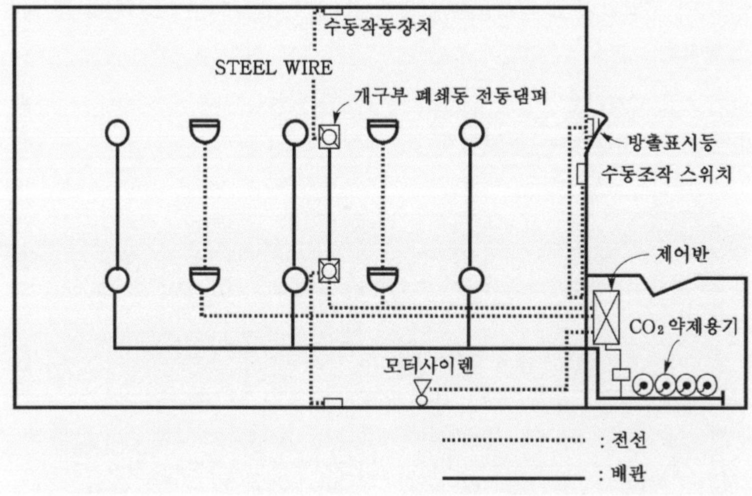

(가) 화재가 발생하여 화재감지기가 작동되었을 경우 이 설비의 작동연계성(operation sequence)을 순서대로 설명하시오. (단, 구성장치의 기능이 모두 정상이다.)
(나) 화재감지기 작동 이전에 실내거주자가 화재를 먼저 발견하였을 경우 이 설비의 작동과 관련된 조치방법을 설명하시오.
(다) 화재가 실내거주자에게 발견되었으나 상용 및 비상전원이 고장일 경우 이 설비의 작동과 관련된 조치방법을 설명하시오.

해답 (가) ① 화재에 의해 화재감지기 작동
② 컨트롤판넬에 신호
③ 모터사이렌 파상음 경보, 지연장치 작동
④ 기동용 솔레노이드밸브 작동
⑤ 기동용기 개빙
⑥ 선택밸브 개방
⑦ CO_2 약제용기 개방
⑧ 압력스위치 동작
⑨ 컨트롤판넬에 신호
⑩ 개구부 폐쇄용 전동댐퍼 작동 및 방출표시등 점등 · 모터사이렌 연속음 경보
⑪ 헤드를 통해 가스방출
⑫ 소화

(나) ① 수동조작함의 문을 열면 모터사이렌 파상음 경보
② 실내의 인명대피를 확인하고 수동조작스위치를 눌러 CO_2 설비를 작동시킨다.

(다) ① 화재의 발생을 알려 실내의 인명을 대피시킨다.
② 수동작동장치로 개구부를 수동으로 폐쇄시킨다.
③ CO_2 약제용기를 수동으로 개방시킨다.
④ 헤드를 통해 가스가 방출되어 화재를 진압시킨다.

문제 06

이산화탄소 소화설비의 방호구역내에 경보장치를 사이렌으로 사용할 경우 이산화탄소 소화설비를 설치하였다는 표지를 그 구역내에 설치하는데 가장 적합하다고 생각되는 문안 내용을 80자 이내로 기술하시오.

해답 당해 구역에는 이산화탄소 소화설비를 설치하였습니다. 소화약제 방출전에 사이렌이 울리므로 이 때에는 즉시 안전한 장소로 대피하여 주십시오.

문제 07

다음은 저압식 이산화탄소 소화설비의 계통도이다. 상시 폐쇄되어 있는 밸브와 개방되어 있는 밸브의 번호를 열거하시오.

○상시 폐쇄되어 있는 밸브 :
○상시 개방되어 있는 밸브 :

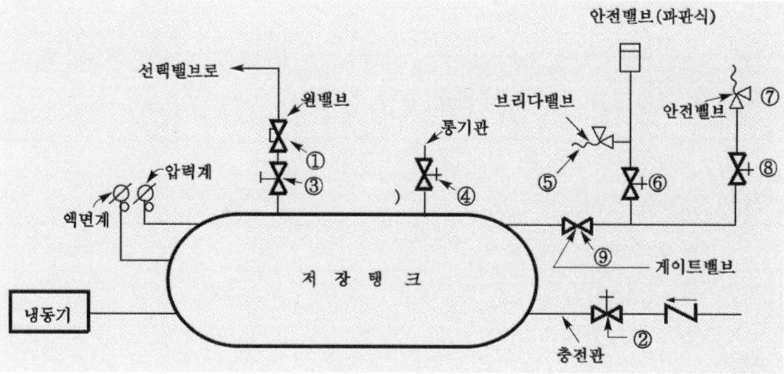

해답 ◦상시 폐쇄되어 있는 밸브 : ① ④ ⑤ ⑦
◦상시 개방되어 있는 밸브 : ② ③ ⑥ ⑧ ⑨

문제 08

피스톤릴리져란 무엇인지를 설명하시오.

해답 가스의 방출에 따라 가스의 누설이 발생될 수 있는 급배기댐퍼나 자동개폐문 등에 설치하여 가스의 방출과 동시에 자동적으로 개구부를 차단시키기 위한 장치

문제 09

하나의 소방대상물에 2 이상의 방호구역 또는 방호대상물에서 이산화탄소 저장용기를 공용하는 경우에는 선택밸브를 설치하여야 한다. 선택밸브 설치시의 유의사항을 2가지 쓰시오.

해답 ① 방호구역 또는 방호대상물마다 설치할 것
② 각 선택밸브에는 그 담당구역 또는 방호대상물을 표시할 것

문제 10

다음 (   ) 안에 적당한 답을 쓰시오

이산화탄소는 대기압 및 실온의 조건하에서는 무색, 무취의 부식성이 없는 (①)의 상태로 존재하며, 전기전도성이 없고 21℃에서 공기보다 약 (②)배 정도 무겁다. 또한 (③) 및 (④)의 과정에 의해 쉽게 액화될 수 있고 이 과정을 적절히 반복함으로써 고체상태로 변화시킬 수도 있는데 이 상태의 것을 (⑤)라고 부른다.

해답 ① 기체
② 1.52배
③ 냉각
④ 압축
⑤ 드라이아이스

문제 11

이산화탄소의 특성 중 삼중점에 대하여 간단히 설명하시오.

해답 고체, 액체, 기체가 공존하는 점이며, 이때의 온도는 약 -56.3℃이다.

문제 12

이산화탄소 약제저장용기의 내용적이 100l 이다. 이 용기에 이산화탄소 80kg을 저장하였을 경우 충전비는 얼마인가?

해답 ○ 계산과정 : $\frac{100}{80} = 1.25$

○ 답 : 1.25

문제 13

이산화탄소 소화설비의 전역방출방식에 있어서 표면화재 방호대상물의 소화약제저장량에 대한 표를 나타낸 것이다. 빈 칸에 적당한 수치를 채우시오.

방호구역체적	방호구역의 체적 $1m^3$에 대한 소화약제의 양	소화약제 저장량의 최저한도의 양
$45\ m^3$ 미만	((가)) kg	((마)) kg
$45\ m^3$ 이상 $150\ m^3$ 미만	((나)) kg	
$150\ m^3$ 이상 $1450\ m^3$ 미만	((다)) kg	((바)) kg
$1450\ m^3$ 이상	((라)) kg	((사)) kg

해답 (가) 1

(나) 0.9

(다) 0.8

(라) 0.75

(마) 45

(바) 135

(사) 1125

문제 14

휘발유 등의 가연성 액체가 연소하는데 필요한 산소의 한계농도가 15%라면 이것을 소화하는데 필요한 CO_2의 최소농도는 몇 〔%〕인가?

해답 ○ 계산과정 : $= \frac{21-15}{21} \times 100 = 28.571 ≒ 28.57\%$

○ 답 : 28.57%

문제 15

이산화탄소를 방출시켜 공기와 혼합시키면 상대적으로 공기중의 산소는 희석된다. 이 경우 CO_2와 O_2가 갖는 체적농도〔%〕는 이론적으로 다음과 같은 관계를 가짐을 증명하시오.

$$CO_2\% = \frac{21 - O_2\%}{21} \times 100$$

(단, 공기중에는 체적농도로 79%의 질소, 21%의 산소만이 존재하고, 이들 기체(CO_2 포함)는 모두 이상기체의 성질을 갖는다고 가정한다.)

해답 CO_2의 농도[%] $= \dfrac{CO_2 \text{ 방출후 희석된 산소농도[\%]}}{CO_2 \text{ 방출전 산소농도[\%]}} \times 100$

$= \dfrac{CO_2 \text{ 방출전 산소농도[\%]} - CO_2 \text{ 방출후 산소농도[\%]}}{CO_2 \text{ 방출전 산소농도[\%]}} \times 100$

$CO_2[\%] = \dfrac{21 - O_2[\%]}{21} \times 100$

문제 16

CO_2 소화설비에서 저장용기에 있던 CO_2 가스가 대기압상태에서 대기중에 20kg 방출되었다. 대기중에 방출된 CO_2 가스의 체적〔m^3〕은? (단, 대기온도는 20℃이며, 대기압은 1atm이다.)

해답 ○ 계산과정 : $\dfrac{20}{1 \times 44} \times 0.082 \times (273+20) = 10.92\,m^3$

○ 답 : $10.92m^3$

문제 17

방호구역의 체적이 $400m^3$인 소방대상물에 CO_2 소화설비를 하였다. 이곳에 80kg을 방사하였을 때, CO_2의 농도〔%〕는 얼마인가? (단, 실내압력은 1.2atm이고, 온도는 22℃이다.)

해답 ○ 계산과정 : $= \dfrac{36.65}{400+36.65} \times 100 = 8.393 ≒ 8.39\%$

○ 답 : 8.39%

문제 18

체적이 $500m^3$인 방호구역에 전역방출방식의 CO_2를 방사하였을 때 산소의 설계농도가 10%이었다. 이 때 방사된 CO_2의 양은 얼마인가? (단, 내부압력은 1.2기압이고, 내부온도는 15℃이었다.)

해답 ○ 계산과정 : 방출가스량 $= \dfrac{21-10}{10} \times 500 = 550$

$W = \dfrac{1.2 \times 44}{0.082 \times (273+15)} = 1229.674 ≒ 1229.67\,kg$

○ 답 : 1229.67kg

문제 19

체적이 500m^{3}인 방호구역에 전역방출방식으로 CO_2를 방사하였을 때 다음 조건을 참조하여 각 물음에 답하시오.

〔조건〕

① 실내온도는 15℃이고, 대기중 온도는 21℃이다.
② CO_2 방사후 실내의 O_2 농도는 13%이고, 대기중의 O_2 농도는 21%이다.
③ 실내 압력은 1215.9hPa이고, 대기중 압력은 101.325kPa이다.

(가) CO_2 방사시 CO_2 가스가 하얗게 보이는 이유는 무엇인가?
(나) 방사된 CO_2의 양〔kg〕은 얼마인가?
(다) 방호구역내의 CO_2의 농도는 얼마인가?

해답 (가) CO_2 방사시 온도가 급격히 강하하여 고체탄산가스가 생성되므로

(나) ○계산과정 : $\dfrac{1.2\times 307.69\times 44}{0.082\times(273+15)} = 687.924 ≒ 687.92\text{kg}$

○답 : 687.92kg

(다) ○계산과정 : $\dfrac{21-O_2[\%]}{21}\times 100 = \dfrac{21-13}{21}\times 100 = 38.095 ≒ 38.1\%$

○답 : 38.1%

문제 20

그림과 같은 전기실에 전역방출방식의 이산화탄소 소화설비를 하려고 한다. 법정소요 소화약제는 몇〔kg〕 이상으로 하여야 하는가? (단, 개구부 2m^2 1개소 있음)

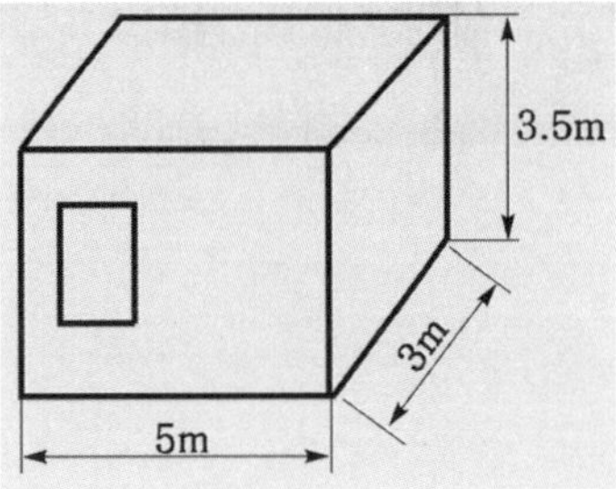

해답 ○계산과정 : $5\times 3\times 3.5 = 52.5\ \text{m}^3$

$52.5\times 1.6 + (2\times 1)\times 10 = 104\text{kg}$

○답 : 104kg

문제 21

그림과 같은 전기실에 전역방출방식의 이산화탄소 소화설비를 설치하려고 한다. 법정소요 소화약제는 몇 〔kg〕 이상으로 하여야 하는가? (단, 개구부는 $2m^2$로서 1개소 있으며, 자동폐쇄장치는 없음)

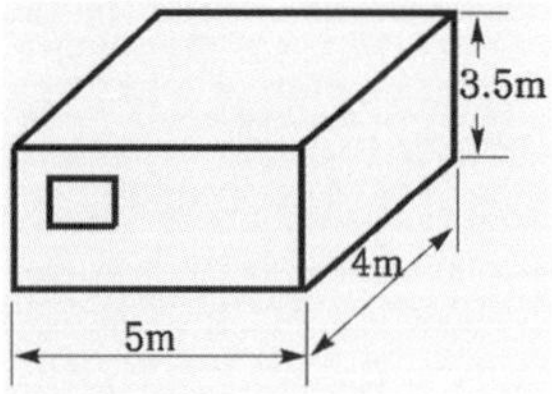

해답 ○ 계산과정 : $5 \times 4 \times 3.5 = 70m^3$

$70 \times 1.3 + (2 \times 1) \times 10 = 111$ kg

○ 답 : 111kg

문제 22

체적 $150m^3$인 방호대상물에 이산화탄소 소화설비를 설치하려고 한다. 소요약제량이 $1.33kg/m^3$일 때 용기 저장실에 저장하여야 할 저장용기 수는? (단, 저장용기의 내용적은 68l, 충전비는 1.8이다)

해답 ○ 계산과정 : $\dfrac{68}{1.8} = 37.777 ≒ 37.78$ kg

$\dfrac{199.5}{37.78} = 5.28 = 6$병

○ 답 : 6병

문제 23

그림과 같은 위험물탱크에 국소방출방식으로 이산화탄소 소화설비를 설치하려고 한다. 다음 물음에 답하시오. (단, 고압식이며, 방호대상물 주위에는 방호대상물과 동일한 크기의 벽이 설치되어 있다.)

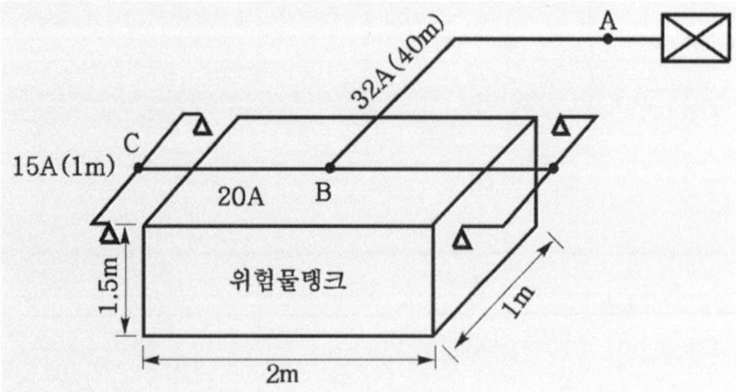

(가) 방호공간의 체적〔m^3〕은 얼마인가?

(나) 소화약제 저장량〔kg〕은 얼마인가?

(다) 하나의 분사헤드에 대한 방사량〔kg/s〕은 얼마인가?

해답 (가) ○ 계산과정 : $3.2 \times 2.2 \times 2.1 = 14.784 ≒ 14.78m^3$

○ 답 : $14.78m^3$

(나) ○ 계산과정 : $a = (2 \times 1.5 \times 2) + (1.5 \times 1 \times 2) = 9m^2$

$A = (3.2 \times 2.1 \times 2) + (2.1 \times 2.2 \times 2) + (3.2 \times 2.2) = 29.72m^2$

$$14.78\times\left(8-6\times\frac{9}{29.72}\right)\times1.4=127.939 ≒ \mathbf{127.94kg}$$

○답 : 127.94kg

(다) ○계산과정 : $\frac{127.94}{30\times4}=1.066 ≒ 1.07\text{kg/s}$

○답 : 1.07kg/s

문제 24

전역방출방식인 이산화탄소 소화설비에 대한 다음 각 물음에 답하시오.

〔조건〕

① 발전기실의 규격은 5 m×4 m×8 m이며, 자동폐쇄장치가 설치되어 있다.

② 축전지실의 규격은 5 m×4 m×4 m이며, 개구부는 0.8 m×2 m 1개소이며 자동폐쇄장치가 설치되어 있지 않다.

③ 충전량은 45 kg이며, 개구부에 대한 가산량은 10 kg/m^2이다.

④ 약제방출시간은 1분이다.

(가) 각 방호구역의 약제저장량〔kg〕은?

○발전기실(계산과정 및 답) :

○축전지실(계산과정 및 답) :

(나) 각 방호구역의 저장용기본수는?

○발전기실(계산과정 및 답) :

○축전지실(계산과정 및 답) :

(다) 집합관의 용기본수는?

(라) 헤드의 방사압력〔MPa〕은? (단, 고압식이다.)

(마) 약제의 유량속도〔kg/s〕는?

(바) 음향경보장치수는?

(사) 이산화탄소 저장용기의 내압시험압력〔MPa〕은? (단, 고압식이다.)

(아) 저장용기와 선택밸브의 안전장치의 작동압력은?

(자) 약제방출후 경보장치의 작동시간은?

해답

(가) ○발전기실 : 160×1.3= 208 kg ○답 : 208kg

○축전지실 : 80×1.3+(0.8×2×1)×10= 120 kg ○답 : 120kg

(나) ○발전기실 : $\frac{208}{45}=4.62 ≒ 5$병 ○답 : 5병

○축전지실 : $\frac{120}{45}=2.67 ≒ 3$병 ○답 : 3병

(다) 5병

(라) 2.1MPa 이상

(마) ○계산과정 : $\frac{45\times5}{60}=3.75\text{kg/s}$

○답 : 3.75kg/s

(바) 2개

(사) 25MPa 이상

(아) 내압시험압력의 0.8배

(자) 1분 이상

문제 25

어떤 사무소 건물의 지하층에 있는 발전기실 및 축전지실에 전역방출방식의 이산화탄소 소화설비를 설치하려고 한다. 화재안전기준과 주어진 조건에 의하여 다음 각 물음에 답하시오.

〔조건〕

① 소화설비는 고압식으로 한다.
② 발전기실의 크기 : 가로 6 m×세로 10 m×높이 5 m
③ 발전기실의 개구부 크기 : 1.8 m×3 m×2개소(자동폐쇄장치 있음)
④ 축전지실의 크기 : 가로 5 m×세로 6 m×높이 4 m
⑤ 축전지실의 개구부 크기 : 0.9 m×2 m×1개소(자동폐쇄장치 없음)
⑥ 가스용기 1본당 충전량 : 50 kg
⑦ 가스저장용기는 공용으로 한다.
⑧ 가스량은 다음 표를 이용하여 산출한다.

방호구역의 체적〔m^3〕	소화약제의 양〔kg/m^3〕	소화약제 저장량의 최저한도〔kg〕
50 이상~150 미만	0.9	50
150 이상~1500 미만	0.8	135

※ 개구부 가산량은 5 kg/m^2 로 한다.

(가) 각 방호구역별로 필요한 가스용기의 본수는 몇 본인가?
  ○ 발전기실(계산과정 및 답) :
  ○ 축전지실(계산과정 및 답) :
(나) 집합장치에 필요한 가스용기의 본수는 몇 본인가?
(다) 각 방호구역별 선택밸브 개폐직후의 유량은 몇 〔kg/s〕인가?
  ○ 발전기실(계산과정 및 답) :
  ○ 축전지실(계산과정 및 답) :
(라) 저장용기의 내압시험압력은 몇 〔MPa〕인가?
(마) 안전장치의 작동압력범위는?
(바) 분사헤드의 방출압력은 21℃에서 몇 〔MPa〕 이상이어야 하는가?
(사) 음향경보장치는 약제방사개시 후 몇 분 동안 경보를 계속할 수 있어야 하는가?
(아) 각 방호구역에 필요한 음향경보장치는 각각 몇 개씩인가?
(자) 가스용기의 개방밸브는 작동방식에 따라 3가지로 분류되는데 그 각각의 명칭은 무엇인가?

해답

(가) ○ 발전기실 : $\frac{240}{50}=4.8 \fallingdotseq 5$본 ○ 답 : 5본

○ 축전지실 : 120×0.9+(0.9×2×1)×5 = 117 kg

$\frac{117}{50}=2.34 \fallingdotseq 3$본 ○ 답 : 3본

(나) 5본

(다) ○ 발전기실 : $\frac{50\times5}{60}=4.166 \fallingdotseq 4.17$kg/s ○ 답 : 4.17kg/s

○ 축전지실 : $=\frac{50\times3}{60}=2.5$kg/s ○ 답 : 2.5kg/s

(라) 25MPa 이상

(마) ○ 계산과정 : 25×0.8 = 20MPa
○ 답 : 20MPa

(바) 2.1MPa 이상
(사) 1분 이상
(아) 1개씩
(자) ① 전기식　② 가스압력식　③ 기계식

문제 26

사무실 건물의 지하층에 있는 발전기실에 화재안전기준과 다음 조건에 따라 전역 방출방식(표면화재) 이산화탄소 소화설비를 설치하려고 한다. 다음 각 물음에 답하시오.

〔조건〕
① 소화설비는 고압식으로 한다.
② 발전기실의 크기 : 가로 7 m×세로 10 m×높이 5 m
　발전기실의 개구부 크기 : 1.8 m×3 m×2개소(자동폐쇄장치 있음)
③ 가스 용기 1본당 충전량 : 45 kg
④ 소화약제의 양은 0.8 kg/m^3, 개구부 가산량 5 kg/m^2을 기준으로 산출한다.

(가) 가스용기는 몇 본이 필요한가?
(나) 개방밸브 직후의 유량은 몇 〔kg/s〕인가?
(다) 음향경보장치는 약제 방사 개시 후 얼마동안 경보를 계속할 수 있어야 하는가?
(라) 가스용기의 개방밸브는 작동방식에 따라 3가지로 분류된다. 그 명칭을 쓰시오.

해답 (가) ○ 계산과정 : $\frac{280}{45} = 6.2 ≒ 7$본
　○ 답 : 7본
(나) ○ 계산과정 : $\frac{45}{60} = 0.75$kg/s
　○ 답 : 0.75kg/s
(다) 1분 이상
(라) ① 전기식　② 가스압력식　③ 기계식

문제 27

그림과 같은 건축물에 설치된 소화설비에 대하여 다음 각 물음에 답하시오.

〔SYMBOL〕
소화수배관, 이산화탄소배관 : ———
이산화탄소헤드 : ◎
옥내소화전 :
티 : ⊥
연결송수구, 쌍구형 : 
체크밸브 : 

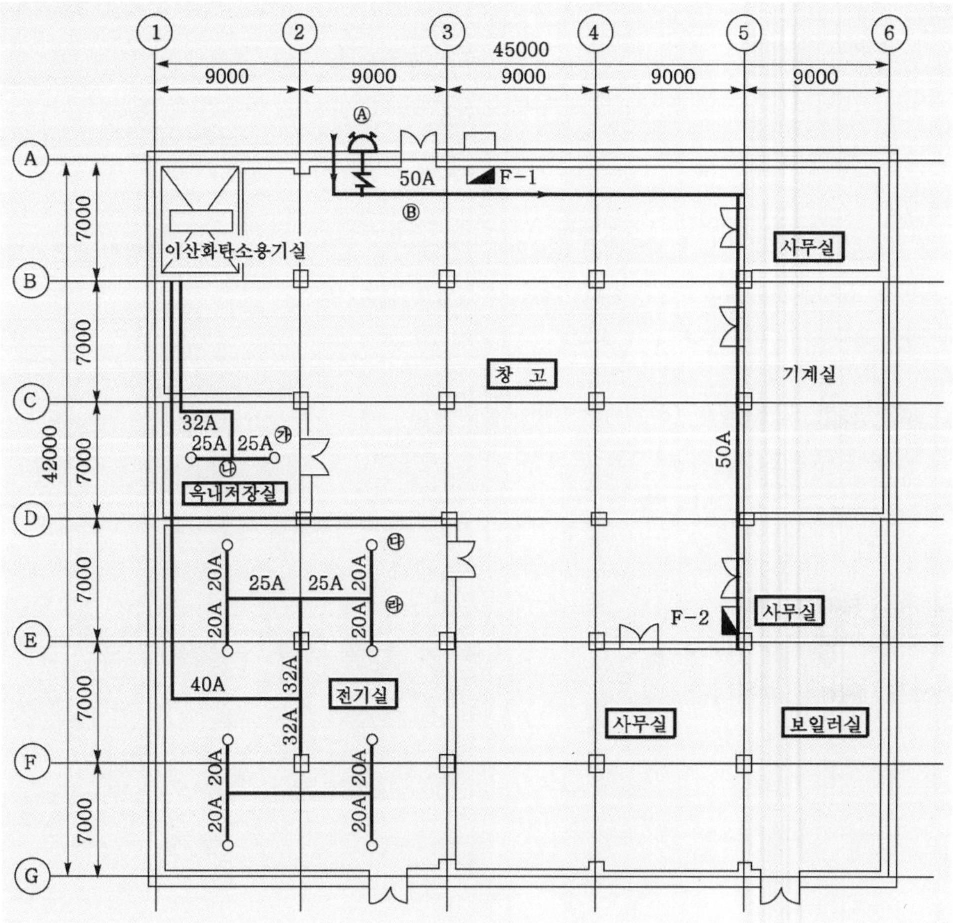

〔조건〕

① 옥내(탱크)저장실의 크기(내부) : 9 m×14 m×4 m = 504 m^3

② 전기실의 크기(내부) : 18 m×21 m×4 m = 1512 m^3

③ 옥내탱크저장소에 저장하는 위험물의 종류는 에탄(Ethane)이며, 에탄의 설계농도는 40%이며, 이때 34% 설계농도에 비해 곱하여야 할 보정계수는 1.2이다.

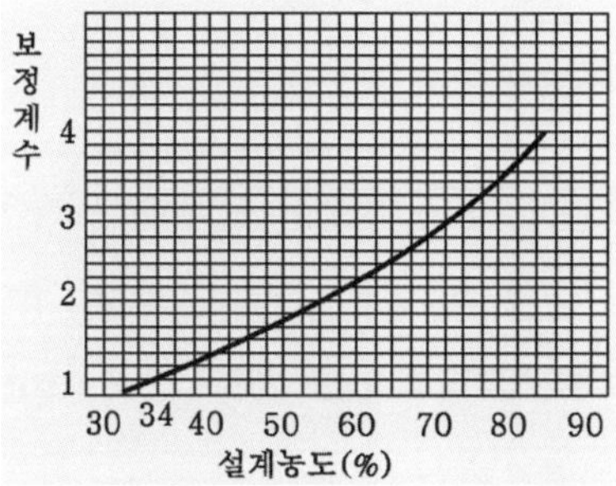

④ 전기실의 화재는 심부화재이며, 방호구역내 CO_2농도가 2분내에 30%에 도달되어야 한다.(단, 방호구역내 CO_2농도가 30%가 되기 위해서는 방호구역 체적단위 m^3당 0.7 kg의 CO_2 소화약제가 필요하다.)

⑤ 표면화재의 전역방출방식에 있어서 방화구역의 체적 1 m^3에 대한 CO_2 소화약제량은 다음과 같다.

방호구역 체적	방호구역의 체적 1m^3 에 대한 소화약제의 양	소화약제저장량의 최저한도의 양
45 m^3 미만	1.00 kg	45 kg
45 m^3 이상 150 m^3 미만	0.90 kg	
150 m^3 이상 1450 m^3 미만	0.80 kg	135 kg
1450 m^3 이상	0.75 kg	1125 kg

⑥ 심부화재의 전역방출방식에 있어서 방호구역의 체적 1 m^3에 대한 CO_2소화약제량은 다음과 같다.

방 호 대 상 물	방호구역의 체적 1m^3에 대한 소화약제의 양	설계농도 (%)
유압기기를 제외한 전기설비, 케이블실	1.3 kg	50
체적 55 m^3 미만 전기설비	1.6 kg	50
서고, 전자제품창고, 목재가공품창고, 박물관	2.0 kg	65
고무류, 면화류창고, 모피창고, 석탄창고, 집진설비	2.7 kg	75

(가) 옥내탱크저장소와 전기실에 이산화탄소 소화설비를 전역방출방식으로 적용할 때 필요한 CO_2소화약제량과 CO_2저장용기의 숫자를 구하시오. (단, 저장용기의 크기는 68l 이며, 충전비는 1.6이고 고압식이며, 이때 개구부에 대한 가산량은 무시한다.)

실 명	소화약제량(설계치)	CO_2 저장용기
옥내탱크저장소	(①) kg	(③) 병
전 기 실	(②) kg	(④) 병

(나) CO_2 저장용기내의 CO_2 저장충전비를 조정하여 CO_2 저장용기의 수를 최저로 하려면 이때의
① 충전비는 얼마인가?
② 최저 CO_2저장용기 수는? (계산과정 및 답)

(다) ㉰~㉱ 구간 사이의 배관에서 CO_2약제가 방출될 때의 유량을 구하시오.

(라) 옥내소화전 F-1과 F-2를 동시에 개방하여 노즐압력을 측정하였더니 F-1은 0.47MPa, F-2는 0.17MPa이었고 이때 F-2에서 측정된 유량은 140$l$pm이었다.
① B점에서의 유량은 얼마인가? (소수첫째자리에서 반올림하여 정수로 나타낸다.)
② 옥내소화전 F-1과 F-2를 동시에 20분간 사용하여 소화작업을 한다면 얼마만큼의 수원이 소모되는지 산출하시오.

해답 (가)

실 명	소화약제량(설계치)	CO_2 저장용기
옥내탱크저장소	(483.84) kg	(12) 병
전 기 실	(1965.6) kg	(47) 병

(나) ① 1.5

② ○계산과정 : $\frac{68}{1.5} = 45.333 ≒$ **45.33kg**

$\frac{1965.6}{45.33} = 43.36 ≒ 44$병

○답 : 44병

(다) ○계산과정 : 1512×0.7 = **1058.4 kg**

$\frac{1058.4}{120 \times 8} = 1.102 = 1.1\text{kg/s}$

○답 : 1.1kg/s

(라) ① ○계산과정 : $K = \frac{140}{\sqrt{10 \times 0.17}} = 107.375 = 107.38$

$Q_1 = 107.38\sqrt{10 \times 0.47} = 232.7 = 233l/\text{min}$

$Q = 233 + 140 = 373l/\text{min}$

○답 : 373l/min

② ○계산과정 : $373 \times 20 = 7460 = 7.46\text{m}^3$

○답 : 7.46m^3

문제 28

에탄(Ethane)을 저장하는 창고에 이산화탄소 소화설비를 설치하려고 할 때 다음 사항을 답하시오.

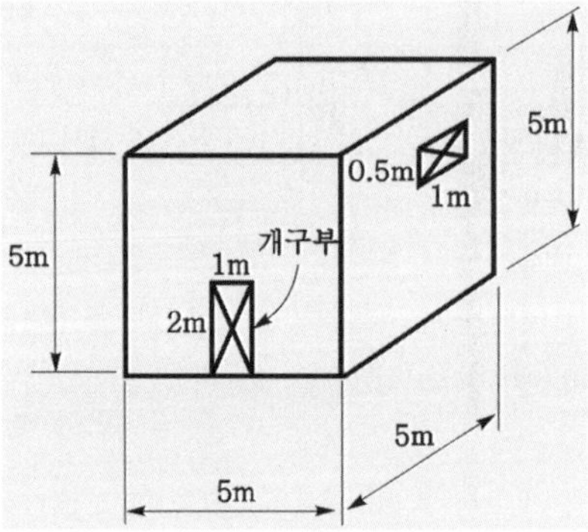

〔조건〕

① 소화설비의 방식 : 전역방출방식(고압식)

② 저장창고의 규모 : 5 m×5 m×5 m

③ 에탄소화에 필요한 이산화탄소의 설계농도 : 40%

④ 저장창고의 개구부 크기와 개수

- 1 m×0.5 m×1개소
- 2 m×1 m×1개소

⑤ 표면화재의 전역방출방식에서 방호구역의 체적당 이산화탄소의 약제량

방호구역 체적	방호구역의 체적 1m³에 대한 소화약제의 양	소화약제 저장량의 최저한도의 양
$45\ m^3$ 미만	1.00 kg	45 kg
$45\ m^3$ 이상 $150\ m^3$ 미만	0.90 kg	
$150\ m^3$ 이상 $1450\ m^3$ 미만	0.80 kg	135 kg
$1450\ m^3$ 이상	0.75 kg	1125 kg

⑥ 설계농도에 대한 보정계수표

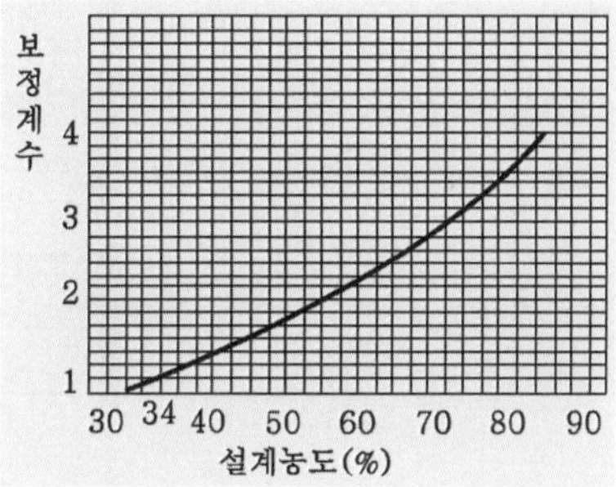

(가) 필요한 이산화탄소 약제의 양[kg]을 계산하시오.

(나) 방호구역내에 이산화탄소가 설계농도로 유지될 때의 산소의 농도는 얼마인가?

(다) 이산화탄소 저장용기의 충전비를 최대(1.9)로 할 경우의 저장용기(68l) 1병당 저장약제의 중량은 얼마인가?

(라) 문 (다)와 같이 충전비를 최대(1.9)로 할 경우 필요한 저장용기의 숫자는?

(마) 상기 조건에서 빈칸을 채우시오.

분사헤드의 방사압력	(①) 이상
이산화탄소의 방사시간	(②) 이내
저장용기의 저장압력	(③)
저장용기실의 온도	(④)
강관의 종류(배관)	(⑤)

(바) 이산화탄소설비의 자동식 기동장치에 사용되는 화재감지기회로(일반감지기를 사용할 경우)는 어떤 방식이어야 하는지 그 방식의 이름과 내용을 설명하시오.

○ 이름 :

○ 내용 :

해답 (가) ○ 계산과정 : $5\times5\times5 = 125\ m^3$

$1\times0.5\times1+2\times1\times1 = 2.5\ m^2$

$125\times0.9\times1.2+2.5\times5 = 147.5\ kg$

○ 답 : 147.5kg

(나) ○ 계산과정 : $21-\dfrac{21\times40}{100}=12.6\%$

○ 답 : 12.6%

(다) ○ 계산과정 : $\dfrac{68}{1.9}=35.789 \fallingdotseq 35.79kg$

○ 답 : 35.79kg

(라) ○ 계산과정 : $\frac{147.5}{35.79}=4.2 \fallingdotseq 5$병

○ 답 : 5병

(마) ① 2.1MPa ② 1분 ③ 5.3 MPa ④ 40℃ 이하

⑤ 압력배관용 탄소강관 중 스케줄 80 이상

(바) ○ 이름 : 교차회로방식

○ 내용 : 하나의 방호구역내에 2 이상의 화재감지기회로를 설치하고 인접한 2 이상의 화재감지기가 동시에 감지되는 때에 이산화탄소 소화설비가 작동하여 소화약제가 방출되는 방식

문제 29

이산화탄소 소화설비에서 CO_2를 방출하였다. CO_2 저장용기내의 액화 CO_2의 온도는 -40℃, 배관의 중량은 10kg, CO_2 방출전 배관의 평균온도는 20℃이며, CO_2가 방출될 때의 배관온도는 -20℃이고, 배관의 비열은 0.11kcal/kg · ℃이며, 액화 CO_2의 증발잠열은 10kcal/kg이다. 액화 CO_2의 증발량〔kg〕은?

해답 ○ 계산과정 : $\frac{10\times0.11[20-(-20)]}{10}=4.4\text{kg}$

○ 답 : 4.4kg

문제 30

다음의 소화설비에서 물을 방사하는 헤드 및 노즐의 표준방사량을 쓰시오.

(가) 옥내소화전설비 :

(나) 옥외소화전설비 :

(다) 스프링클러설비 :

(라) 포워터 스프링클러헤드설비 :

(마) 물분무소화설비(주차장) :

(바) 이산화탄소 소화설비(호스릴) :

해답 (가) 130l/min

(나) 350l/min

(다) 80l/min

(라) 75l/min

(마) 20l/min · m^2

(바) 60kg/min

CHAPTER

09 할로겐화합물 소화설비

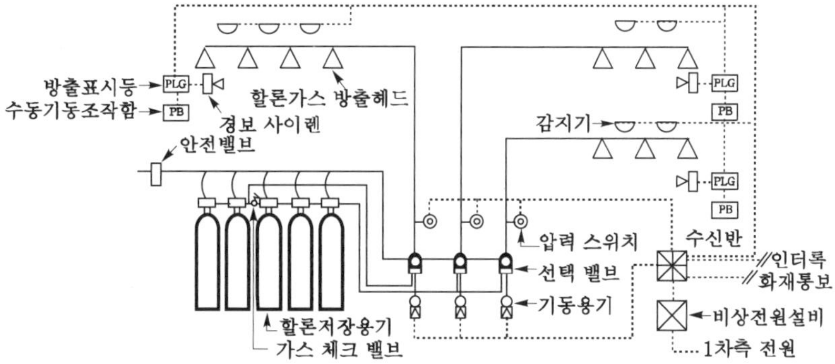

할로겐화합물 소화설비 계통도

1 주요구성

① 배관
② 제어반
③ 비상전원
④ 기동장치
⑤ 자동폐쇄장치
⑥ 저장용기
⑦ 선택밸브
⑧ 할로겐화합물 소화약제
⑨ 감지기
⑩ 분사헤드

Key Point

※ 방출표시등
실외의 출입구 위에 설치하는 것으로 실내로의 입실을 금지시킨다.

※ 경보사이렌
실내에 설치하는 것으로 실내의 인명을 대피시킨다.

※ 비상전원
상용전원 정전시에 사용하기 위한 전원

Key Point

※ 할로겐화합물 소화설비
배관용 스테인리스강관을 사용할 수 있다.

※ 스케줄
관의 구경, 두께, 내부압력 등의 일정한 표준

※ 사이폰관
액체를 높은 곳에서 낮은 곳으로 옮기는 경우에 쓰이는 관으로 용기를 기울이지 않고 액체를 옮길 수 있다.

※ 가압용 가스용기
질소가스 충전

※ 축압식 용기의 가스
질소(N_2)

2 배관(NFSC 107⑧)

(1) 전용

(2) 강관(압력배관용 탄소강관) : 스케줄 40 이상

(3) 동관(이음매 없는 동 및 동합금관)

① 고압식 : 16.5 MPa 이상

② 저압식 : 3.75 MPa 이상

(4) 배관부속 및 밸브류 : 강관 또는 동관과 동등 이상의 강도 및 내식성 유지

3 저장용기(NFSC 107④)

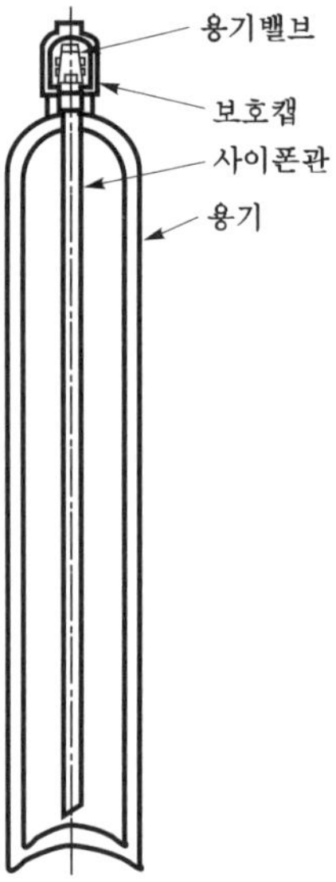

| 저장용기 |

| 저장용기의 설치기준 |

구 분		할론 1301	할론 1211	할론 2402
저장압력		2.5 MPa 또는 4.2 MPa	1.1 MPa 또는 2.5 MPa	–
방사압력		0.9 MPa	0.2 MPa	0.1 MPa
충전비	가압식	0.9~1.6 이하	0.7~1.4 이하	0.51~0.67 미만
	축압식			0.67~2.75 이하

① 가압용 가스용기 : 2.5MPa 또는 4.2MPa
② 가압용 저장용기 : 2MPa 이하의 압력조정장치 설치
③ 저장용기의 소화약제량보다 방출배관의 내용적이 1.5배 이상일 경우 방호구역설비는 **별도독립방식**으로 한다.

Key Point

※ 저장용기의 질소 가스 충전 이유
할로겐화합물 소화약제를 유효하게 방출시키기 위하여

4 할로겐 화합물 소화약제(NFSC 107⑤)

중요 할론 1301 소화약제

구 분	물 성
임계압력	39.1atm
임계온도	67℃
증기압	1.4 MPa
증기비중	5.13
밀도	1.57
비점	-57.75℃
전기전도성	없음
상온에서의 상태	기체
주된 소화효과	부촉매 효과

※ 할론설비의 약제량 측정법
① 중량측정법
② 액위측정법
③ 비파괴검사법

※ **중량측정법** : 약제가 들어있는 가스용기의 총중량을 측정한 후 용기에 표시된 중량과 비교하여 기재중량과 계량중량의 차가 충전량의 10% 이상 감소해서는 안 된다.

1 전역방출방식

할론저장량[kg] = 방호구역체적[m^3] × 약제량[kg/m^3]+개구부면적[m^2] × 개구부가산량[kg/m^2]

할론 1301의 약제량 및 개구부가산량

방호대상물	약제량	개구부가산량 (자동폐쇄장치 미설치시)
차고 · 주차장 · 전기실 · 전산실 · 통신기기실	$0.32kg/m^3$	$2.4kg/m^2$
사류 · 면화류	$0.52kg/m^3$	$3.9kg/m^2$

※ 할론농도
$$\frac{방출가스량}{방호구역체적+방출가스량} \times 100$$

※ 사류 · 면화류
단위체적당 가장 많은 양의 소화약제 필요

Key Point

2 국소방출방식

① 연소면 한정 및 비산우려가 없는 경우와 윗면 개방용기

약제 저장량식	
약제종별	저장량
할론 1301	방호대상물 표면적×6.8 kg/m²×1.25
할론 1211	방호대상물 표면적×7.6 kg/m²×1.1
할론 2402	방호대상물 표면적×8.8 kg/m²×1.1

② 기타

$$Q = X - Y\frac{a}{A}$$

여기서, Q : 방호공간 $1m^3$에 대한 할로겐화합물 소화약제의 양[kg/m^3]
a : 방호대상물의 주위에 설치된 벽면적의 합계[m^2]
A : 방호공간의 벽면적의 합계[m^2]
X, Y : 다음 표의 수치

* 방호공간
방호대상물의 각 부분으로서부터 0.6m의 거리에 의하여 둘러싸인 공간

수치

약제종별	X의 수치	Y의 수치
할론 1301	4.0	3.0
할론 1211	4.4	3.3
할론 2402	5.2	3.9

3 호스릴방식(이동식)

* 호스릴방식
① 할론설비 : 수평거리 20m 이하
② 분말설비 : 수평거리 15m 이하
③ CO_2 설비 : 수평거리 15m 이하
④ 옥내소화전설비 : 수평거리 15m 이하

하나의 노즐에 대한 약제량

약제종별	약제량
할론 1301	45kg
할론 1211	50kg
할론 2402	

Key Point

5 분사헤드(NFSC 107⑩)

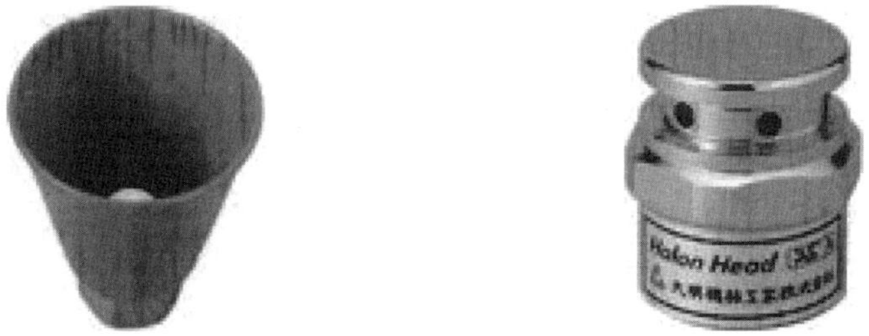

(a) (b)

▌분사헤드▐

중요 분사헤드의 오리피스 분구면적

분사헤드의 오리피스 분구면적

$$= \frac{\text{유량}(kg/s)}{\text{방출률}(kg/s \cdot cm^2) \times \text{오리피스 구멍개수}}$$

1 전역 · 국소방출방식

① 할론 2402의 분사 헤드는 **무상**으로 분무되는 것으로 한다.

② 소화약제를 **10초** 이내에 방사할 수 있어야 한다.

2 호스릴방식

▌하나의 노즐에 대한 약제의 방사량▐

약제종별	약제의 방사량
할론 1301	35kg/min
할론 1211	40kg/min
할론 2402	45kg/min

※ 전역방출방식
고정식 할로겐화합물 공급장치에 배관 및 분사헤드를 고정 설치하여 밀폐 방호구역 내에 할로겐화합물을 방출하는 설비

※ 국소방출방식
고정식 할로겐화합물 공급장치에 배관 및 분사헤드를 설치하여 직접 화점에 할로겐화합물을 방출하는 설비로 화재발생부분에만 집중적으로 소화약제를 방출하도록 설치하는 방식

※ 무상
안개모양

Key Point

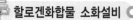

※ 플렉시블 튜브
자유자재로 잘 휘는 튜브

| 호스릴방식 |

① 방호대상물의 각 부분으로부터 하나의 호스 접결구까지의 수평거리가 20m 이하가 되도록 한다.

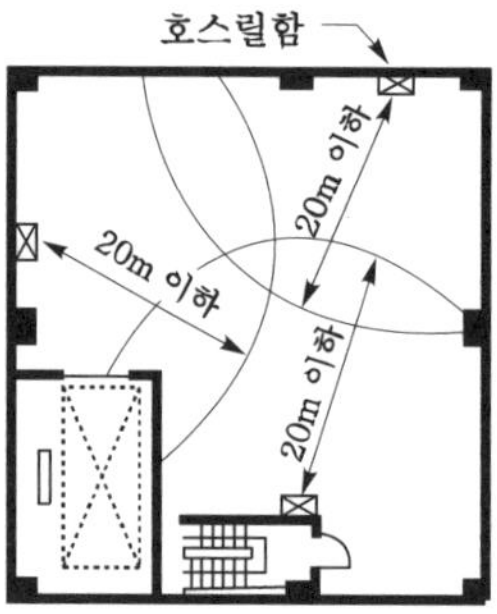

| 호스릴함의 설치거리 |

※ 방호대상물
화재로부터 보호하기 위한 건축물

② 소화약제 저장용기의 개방밸브는 호스릴의 설치장소에서 **수동**으로 **개폐**할 수 있는 것으로 한다.

※ 호스접결구
호스를 연결하기 위한 구멍

③ 소화약제의 저장용기는 **호스릴**을 설치하는 장소마다 설치한다.

④ 소화약제 저장용기의 가까운 곳의 보기 쉬운 곳에 **적색 표시등**을 설치하고 호스릴 할로겐화합물 소화설비가 있다는 뜻을 표시한 표지를 한다.

6 할로겐화합물 소화설비의 설치대상

물분무소화설비와 동일하다.

중요 오존층 파괴 메카니즘

$Cl+O_3 \rightarrow ClO+O_2$
$Br+O_3 \rightarrow BrO+O_2$

대기중에 방출된 CFC나 Halon이 성층권까지 상승하면 성층권의 강력한 자외선에 의해 이들 분자들이 분해되어 **염소**(Cl)나 **브롬**(Br) 원자들이 생성된다.
이렇게 생성된 염소나 브롬은 오존(O3)과 반응하여 산소(O2)를 만든다.

$ClO+O \rightarrow Cl+O_2$
$BrO+O \rightarrow Br+O_2$

반응후 염소나 브롬은 위의 반응을 통하여 재생산되어 다시 다른 오존을 공격한다. 위의 반응에서 염소와 브롬은 촉매역할을 한다.
대개 1개의 염소원자는 성층권에서 약 10만개의 오존분자를 파괴하는 것으로 알려져 있으며 브롬도 반응속도만 염소보다 빠를 뿐 염소와 유사한 반응을 한다.

예제 할로겐화합물 소화약제의 오존층 파괴 메카니즘(mechanism) 4가지를 쓰시오.

○
○
○
○

해답
① $Cl+O_3 \rightarrow ClO+O_2$
② $Br+O3 \rightarrow BrO+O_2$
③ $ClO+O \rightarrow Cl+O_2$
④ $BrO+O \rightarrow Br+O_2$

Key Point

✽ 물분무 설비의 설치대상
① 차고 · 주차장 : 200㎡ 이상
② 전기실 : 300m² 이상
③ 주차용 건축물 : 800m² 이상
④ 기계식 주차장치 : 20대 이상
⑤ 항공기격납고

연습문제

문제 01

다음 ( ) 안에 적당한 답을 쓰시오.

할론 1301은 대기압 및 상온에서 (㈎) 상태로만 존재하는 물질로서 무색, 무취하고 21℃에서 공기보다 약 (㈏)배 무겁다. 할론 1301은 21℃ 상온에서 약 (㈐)MPa 의 압력으로 가압하면 액화된다. 할론 1301은 약 (㈑)℃ 이상의 온도에서 CO_2는 약 (㈒)℃ 이상의 온도에서는 아무리 큰 압력으로 압축하여도 결코 액화하지 않는데 이 온도를 (㈓)라고 부른다. CO_2는 불에 대해 산소의 농도를 낮추어주는 이른바 (㈔) 효과에 의하여 소화하지만, 할론 1301은 불꽃의 연쇄반응에 대한 (㈕)로서 소화의 기능을 보여준다.

해답 ㈎ 기체 ㈏ 5.13 ㈐ 1.4 ㈑ 67
㈒ 31.35 ㈓ 임계온도 ㈔ 질식 ㈕ 부촉매효과

문제 02

할론 1301의 물리적 · 화학적 성질을 4가지만 쓰시오.

해답 ① 증기밀도 : 5.13
② 임계온도 : 67℃
③ 임계압력 : 39.1atm
④ 상온에서의 상태 : 기체

문제 03

할로겐화합물 소화설비의 저장용기에 저장되어 있는 할론소화약제의 양을 측정하는 방법을 3가지만 쓰시오.

해답 ① 중량측정법
② 액위측정법
③ 비파괴검사법

문제 04

할로겐화합물 소화설비에서 약제의 저장용기에 질소가스를 충전하는 이유를 설명하시오.

해답 할로겐화합물 소화약제를 유효하게 방출시키기 위해

문제 05

할론 1301 설비의 전역방출방식과 국소방출방식의 개념 차이를 설명하시오.

ㅇ전역방출방식 :

ㅇ국소방출방식 :

해답 ㅇ전역방출방식 : 고정식 할로겐화합물 공급장치에 배관 및 분사헤드를 고정 설치하여 밀폐 방호구역내에 할로겐화합물을 방출하는 설비

ㅇ국소방출방식 : 고정식 할로겐화합물 공급장치에 배관 및 분사헤드를 설치하여 직접 화점에 할로겐화합물을 방출하는 설비로 화재발생부분에만 집중적으로 소화약제를 방출하도록 설치하는 방식

문제 06

교차회로방식의 화재감지기회로로 구성하여 작동되는 소화설비의 종류 3가지를 기술하시오.

해답 ① 할로겐화합물 소화설비

② 분말소화설비

③ 이산화탄소 소화설비

문제 07

그림과 같은 전산실에 할론 1301 소화설비를 하려고 한다. 법정최소 소요약제는 몇 〔kg〕 이상으로 하여야 되는가? (단, 개구부 $2m^2$ 1개소 있음. 전역방출방식)

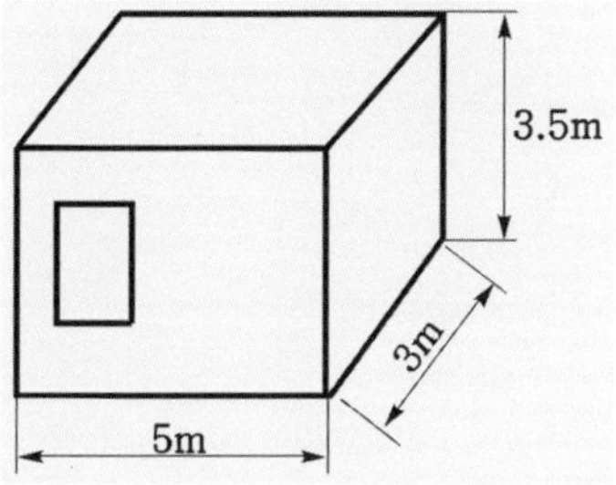

해답 ㅇ계산과정 : (5×3×3.5)×0.32+(2×1개소)×2.4＝21.6 kg

ㅇ답 : 21.6kg

문제 08

아래 그림과 같은 전기실에 전역방출방식의 할론 1301 소화설비를 설치하려고 한다. 법정소요 소화약제는 몇 〔kg〕 이상으로 하여야 하는가? (단, 개구부 면적은 $2.1m^2$ 이며 , 자동폐쇄장치가 설치되지 않았다.)

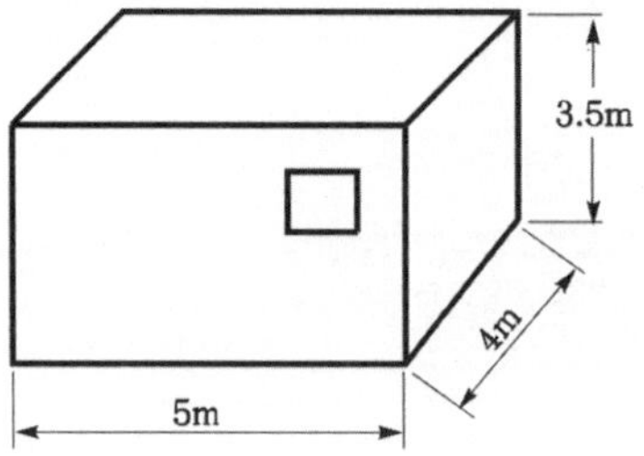

해답
○ 계산과정 : (5×4×3.5)×0.32+2.1×2.4 = 27.44 kg
○ 답 : 27.44kg

문제 09

그림과 같은 통신기기실에 할로겐화합물 소화설비를 설계하려고 한다. 조건을 참고하여 다음 각 물음에 답하시오.

〔조건〕

① 각 실의 높이는 3 m이다.
② 각 실에는 자동폐쇄장치가 설치되어 있다.
③ 사용약제는 할론 1301으로서, 약제방출은 전역방출방식이다.
④ 용기의 내용적은 68l , 약제충전량은 50 kg이다.
⑤ 각 실의 개구부면적은 다음과 같다.

A실	B실	C실	D실
$2.4\ m^2$	$0.9\ m^2$	$1.8\ m^2$	$1.2\ m^2$

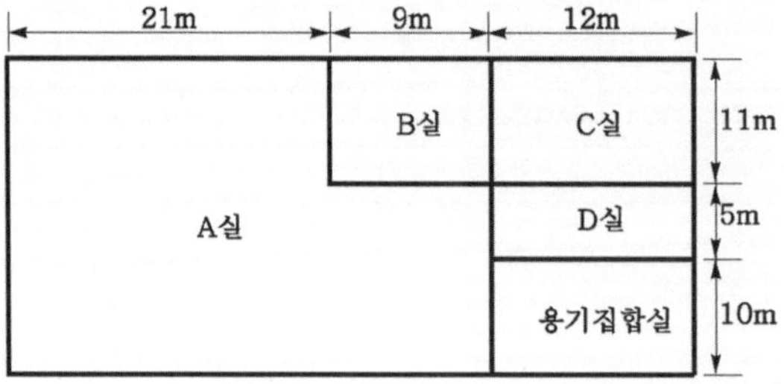

(가) 각 실별 소화약제의 저장용기 수량은?
○ A실(계산과정 및 답) :
○ B실(계산과정 및 답) :
○ C실(계산과정 및 답) :
○ D실(계산과정 및 답) :

(나) 용기집합실에 설치하여야 할 소화약제의 저장용기 수량은?

해답 (가) ○A실 : $[(21\times26+9\times15)\times3]\times0.32=653.76\text{kg}$

$\frac{653.76}{50}=13.07 ≒ 14$병　　○답 : 14병

○B실 : $[(9\times11)\times3]\times0.32=95.04\text{kg}$

$\frac{95.04}{50}=1.9 ≒ 2$병　　○답 : 2병

○C실 : $[(12\times11)\times3]\times0.32=126.72\text{kg}$

$\frac{126.72}{50}=2.53 ≒ 3$병　　○답 : 3병

○D실 : $[(12\times5)\times3]\times0.32=57.6\text{kg}$

$\frac{57.6}{50}=1.15 ≒ 2$병　　○답 : 2병

(나) 14병

문제 10

할론 1301을 사용하는 전역방출방식의 축압식 할로겐화합물 소화설비에 대한 내용 중 다음 물음에 답하시오.

(가) 답안지의 계통도를 완성하시오.

(나) 상기계통도의 ①~⑧번의 명칭을 쓰고, ①、④、⑥번의 기능을 쓰시오.

〈명칭〉

① ② ③ ④

⑤ ⑥ ⑦ ⑧

〈기능〉

① ④ ⑥

(다) 분사헤드의 방사압력〔MPa〕은?

(라) 방호구역에서 화재가 발생하였을 경우 감지기의 화재감지기로부터 분사헤드의 소화약제방출까지의 작동순서를 약술하시오.

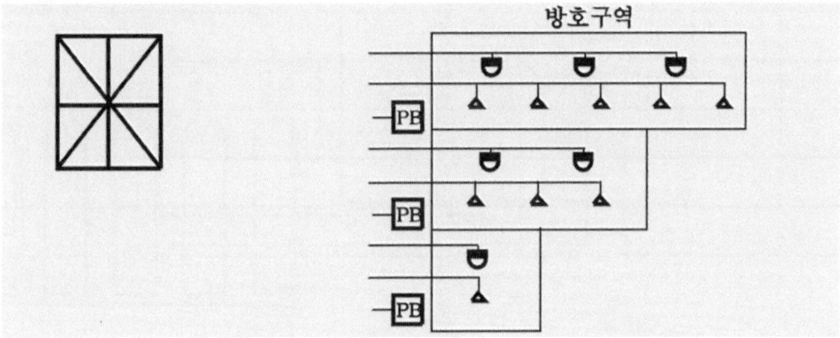

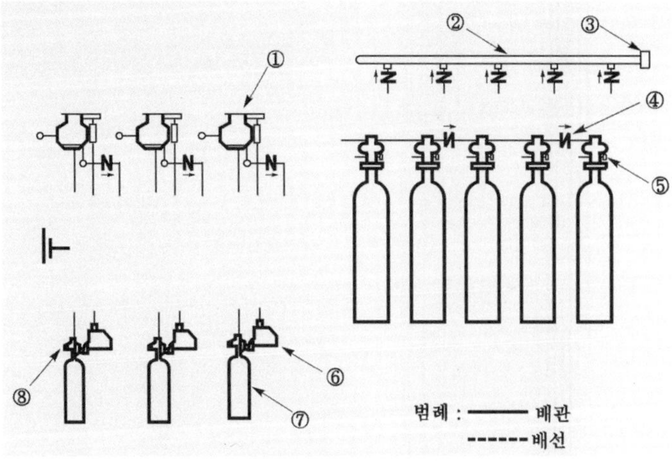

해답 (가)

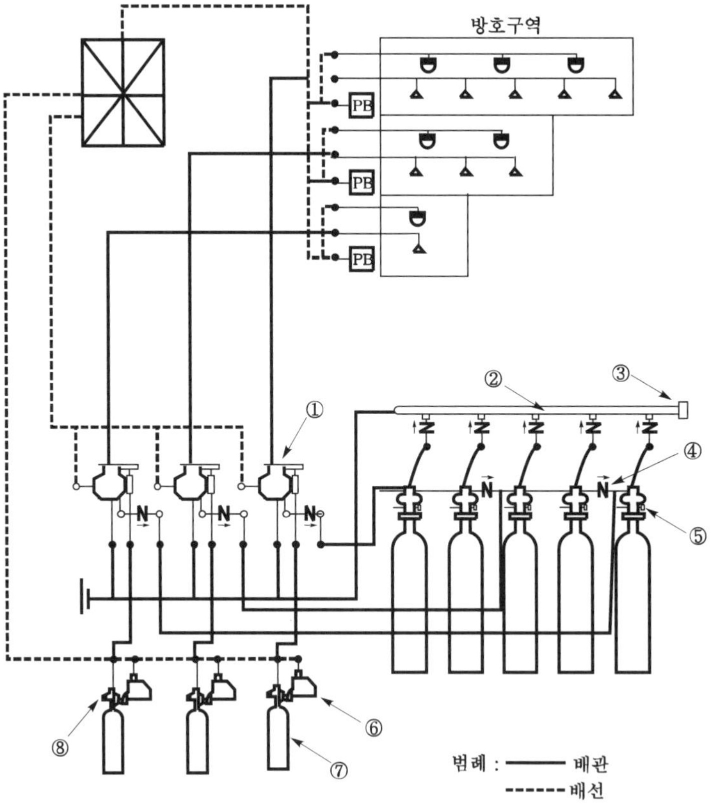

(나) ┌ 명칭 : ① 선택밸브　　② 집합관
③ 안전밸브　　④ 체크밸브
⑤ 소화약제저장용기 개방장치　　⑥ 기동용 솔레노이드 밸브
⑦ 기동용 가스용기　　⑧ 기동용 가스용기 개방장치
└ 기능 : ① 화재가 발생한 방호구역에만 약제가 방출될 수 있도록 하는 밸브
④ 해당 방호구역에 필요한 약제저장용기만 개방되도록 단속하는 밸브
⑥ 화재감지기의 신호를 받아 작동되어 기동용기를 개방시키는 전자밸브

(다) 0.9 MPa

(라) ① 감지기의 화재감지
② 수신반에 신호
③ 지연장치 작동
④ 기동용 솔레노이드밸브 작동
⑤ 기동용 가스용기 개방
⑥ 선택밸브 개방
⑦ 소화약제 저장용기 개방
⑧ 소화약제 방출

문제 11

다음과 같은 조건이 주어질 때 할론 1301의 소화설비를 설계하는데 필요한 다음 각 물음에 답하시오.

〔조건〕

① 약제소요량 120 kg(출입구 자동폐쇄장치 설치)
② 초기압력강하 1.6 MPa
③ 고저에 의한 압력손실 0.04 MPa
④ A, B간의 마찰저항에 의한 압력손실 0.04 MPa
⑤ B-C, B-D 간의 각 압력손실 0.02 MPa
⑥ 약제저장압력 4.2 MPa
⑦ 작동 30초이내에 약제전량이 방출된다.

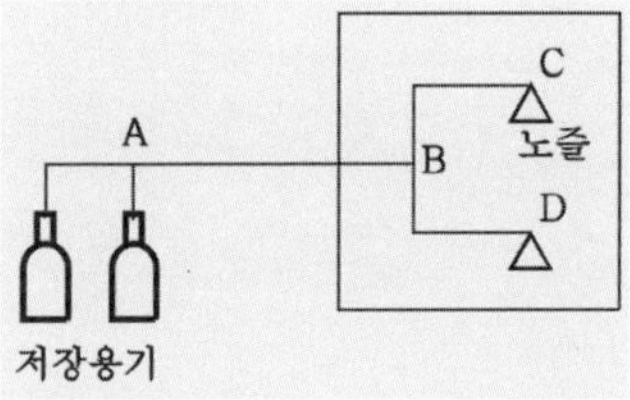

(가) 소화설비가 작동하였을 때 A-B 간의 배관내를 흐르는 유량은 얼마인가?
(나) B-C간 약제의 유량은 얼마인가? (단, B-D 간의 유량과 같다.)
(다) C점 노즐에서 방출되는 약제의 압력은 얼마인가? (단, D점의 방사압력과 같다.)
(라) 노즐 1개당 방사량은 얼마인가?
(마) C점 노즐에서의 방출량이 2.5 kg/s · cm^2일 때 헤드의 등가분구면적은 얼마인가?

해답

(가) ○계산과정 : $\frac{120}{30} = 4\text{kg/s}$ ○답 : 4kg/s

(나) ○계산과정 : $\frac{4}{2} = 2\text{kg/s}$ ○답 : 2kg/s

(다) ○계산과정 : $4.2 - (1.6 + 0.04 + 0.04 + 0.02) = 2.5\text{MPa}$ ○답 : 2.5MPa

(라) ○계산과정 : $\frac{120}{2} = 60\text{kg/개}$ ○답 : 60kg/개

(마) ○계산과정 : $\frac{2}{2.5 \times 1} = 0.8\text{cm}^2$ ○답 : 0.8cm^2

문제 12

내용적이 100l 인 고압용기내에 할론 1301 소화약제가 80kg 들어있다면 이 약제의 충전비는?

해답 ㅇ계산과정 : $\frac{100}{80}=1.25$

ㅇ답 : 1.25

문제 13

내용적이 40l 인 고압용기 내에 0.8의 충전비로 충전된 할론 1301의 양은 얼마인가?

해답 ㅇ계산과정 : $\frac{40}{0.8}=50\text{kg}$

ㅇ답 : 50kg

문제 14

체적이 600m^{3}인 통신기기실에 설계농도 5%의 할론 1301 소화설비를 전역 방출방식으로 적용하였다. 68l 의 내용적을 가진 축압식 저장용기 수를 3병으로 할 경우 저장용기의 충전비는 얼마인가?

해답 ㅇ계산과정 : 600×0.32=192kg

$\frac{192}{3}=64\text{kg}$

$\frac{68}{64}=1.062 ≒ 1.06$

ㅇ답 : 1.06

문제 15

내용적이 100m^{3}인 어느 실에 대해 할론 1301 설비를 하고자 한다. 소화에 필요한 할론의 설계농도를 8%라고 하면 필요한 약제는 몇 〔kg〕인가? (단, 설계기준온도는 21℃이고 이 온도에서의 할론 1301의 비체적은 0.16m^3/kg이며, 개구부에 대한 소요량은 무시한다.)

해답 ㅇ계산과정 : $8=\frac{21-O_2}{21}\times 100 \qquad O_2=19.32\%$

$\frac{21-19.32}{19.32}\times 100=8.695 ≒ 8.7\text{m}^3$

$\frac{8.7}{0.16}=54.375 ≒ 54.38\text{kg}$

ㅇ답 : 54.38kg

문제 16

할론 1301 소화설비에 있어서 분사헤드 1개의 유량이 초당 19.6N이다. 노즐방사압력에서의 방출압을 4MPa라 할 때 분사헤드의 오리피스구경을 구하시오. (단, 분사헤드의 오리피스구멍은 5개, 방사시간은 30초이다.)

해답 ○계산과정 : 방출률$=4\times10^3\div30=133.333=133.33$kPa/s

$$A=\frac{19.6}{133.33\times10^3\times5}=2.94\times10^{-5}\text{m}^2=2.94\times10^{-5}\times10^4\text{cm}^2=0.294\text{cm}^2$$

$$D=\sqrt{\frac{4\times0.294}{\pi}}=0.611\fallingdotseq0.61\text{cm}$$

○답 : 0.61cm

문제 17

할론 1301 소화설비에 있어서 분사헤드 1개의 유량이 초당 29.4N이다. 노즐방사압력에서의 방출률을 14.7N/s · cm^{2}라고 할 때 분사헤드의 오리피스구경을 구하시오. (단, 분사헤드에 접속되는 배관의 구경은 32mm이며, 분사헤드의 오리피스구멍은 2개이다.)

해답 ○계산과정 : $A=\frac{29.4}{14.7\times2}=1\text{cm}^2$

$$\text{D}=\sqrt{\frac{4\times1}{\pi}}=1.128\fallingdotseq1.13\text{cm}$$

○답 : 1.13cm

문제 18

할론 1301 고압식 전역방출방식 소화설비의 출발압력은 다음 식에 의하여 산출한다.

$$\text{출발압력〔MPa〕}=4.2-\frac{(\text{저장용기의 저장압력}-\text{할론 1301 증기압})\times\text{배관내용적}}{\text{저장용기의 기체부용적}+\text{배관내용적}}$$

68l 의 내용적을 가지고 고압식의 저장용기 1개의 할론 1301 소화약제의 용적을 43l라 하고 배관의 내용적을 50l라 할 때, 출발압력을 구하시오. (단, 할론 1301의 증기압은 1.4MPa이고, 할론 1301 저장용기 수는 2병이다.)

해답 ○계산과정 : $=4.2-\frac{(4.2-1.4)\times50}{(69-43)\times2+50}=2.827\fallingdotseq2.83$MPa

○답 : 2.83MPa

문제 19

다음은 할로겐화합물 소화설비의 배치도이다. 그림의 조건에 적합하도록 체크밸브를 도시하시오.

[조건]

가스체크밸브 5개를 사용하며 도시기호는 과 를 사용할 것

[범례]

할론저장용기	세정장치
선택밸브	전자밸브

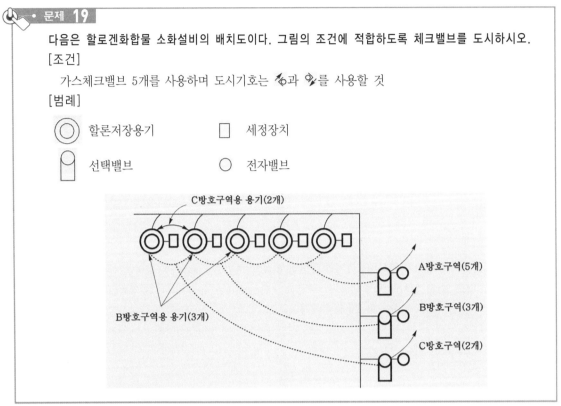

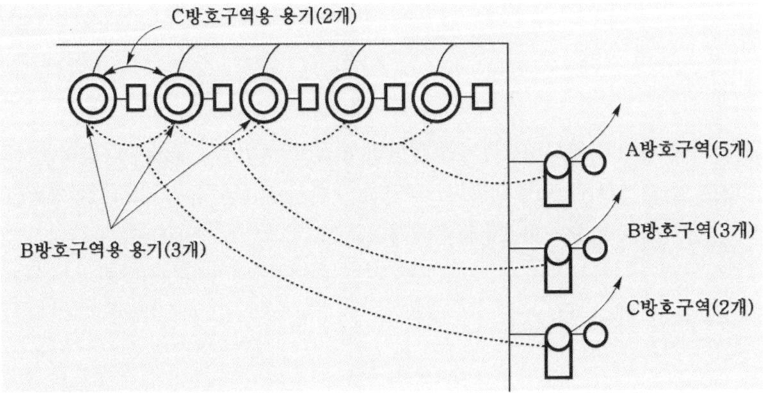

해답

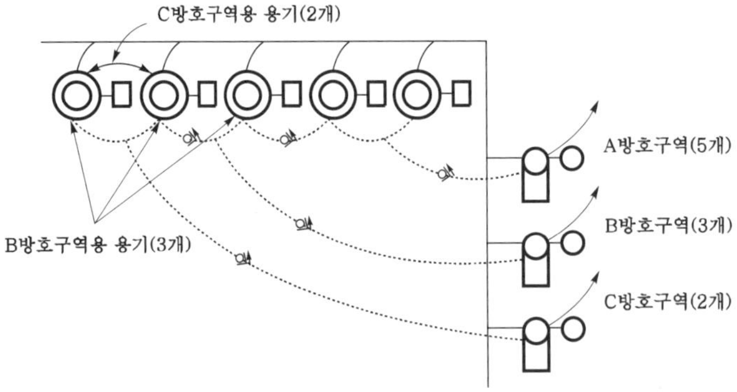

문제 20

단압지의 미완성 도면은 할론 1301을 이용한 할로겐화합물 소화설비의 계통도이다. 이 계통도를 완성하시오.

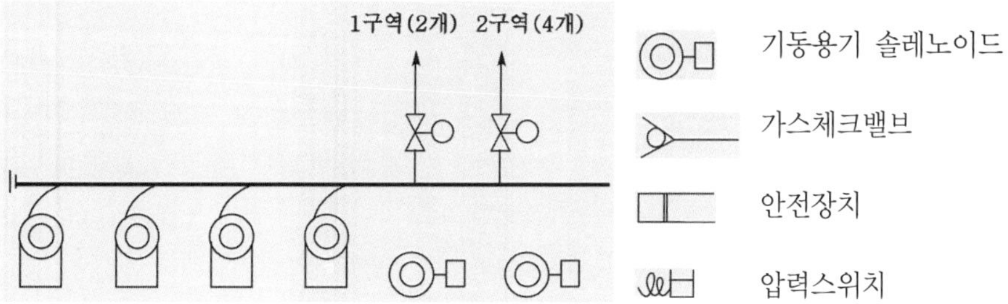

해답

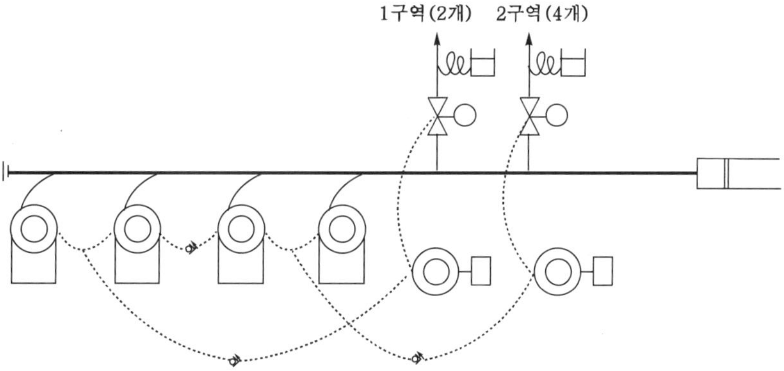

문제 21

주어진 조건을 참고하여 다음 각 물음에 답하시오.

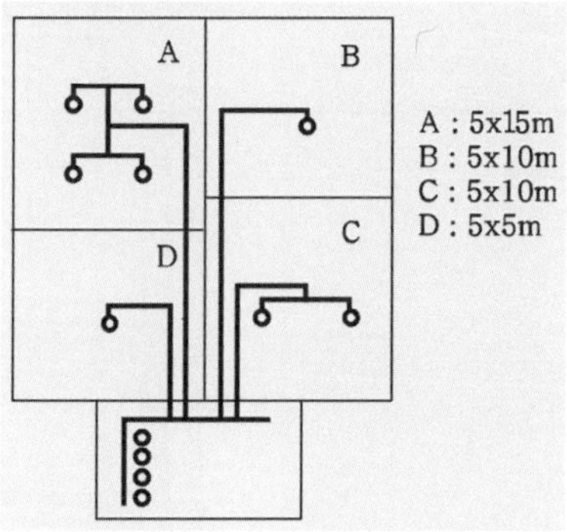

〔조건〕

① 각 실의 층고는 5 m이다.
② 저장용기 1본에 대한 소화약제의 저장량은 50 kg이다.
③ A, C실의 기본약제량은 0.33 kg/m^3이다.
④ B, D실의 기본약제량은 0.52 kg/m^3이다.
⑤ Isometric diagram 작성시 다음의 기호를 사용할 것

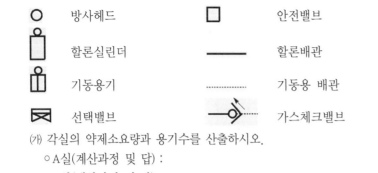

	방사헤드		안전밸브
	할론실린더		할론배관
	기동용기		기동용 배관
	선택밸브		가스체크밸브

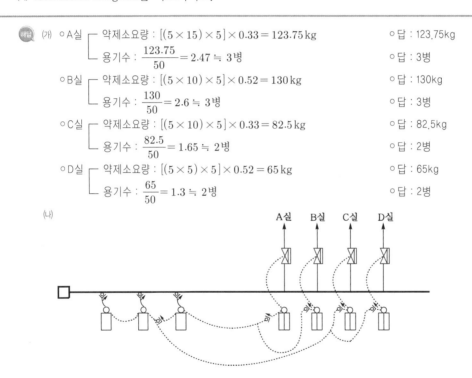

(가) 각실의 약제소요량과 용기수를 산출하시오.

○ A실(계산과정 및 답) :

○ B실(계산과정 및 답) :

○ C실(계산과정 및 답) :

○ D실(계산과정 및 답) :

(나) Isometeric Diagram을 작도하시오.

해답 (가) ○ A실
- 약제소요량 : $[(5\times15)\times5]\times0.33=123.75\,kg$ ○ 답 : 123.75kg
- 용기수 : $\dfrac{123.75}{50}=2.47 \fallingdotseq 3$병 ○ 답 : 3병

○ B실
- 약제소요량 : $[(5\times10)\times5]\times0.52=130\,kg$ ○ 답 : 130kg
- 용기수 : $\dfrac{130}{50}=2.6 \fallingdotseq 3$병 ○ 답 : 3병

○ C실
- 약제소요량 : $[(5\times10)\times5]\times0.33=82.5\,kg$ ○ 답 : 82.5kg
- 용기수 : $\dfrac{82.5}{50}=1.65 \fallingdotseq 2$병 ○ 답 : 2병

○ D실
- 약제소요량 : $[(5\times5)\times5]\times0.52=65\,kg$ ○ 답 : 65kg
- 용기수 : $\dfrac{65}{50}=1.3 \fallingdotseq 2$병 ○ 답 : 2병

(나)

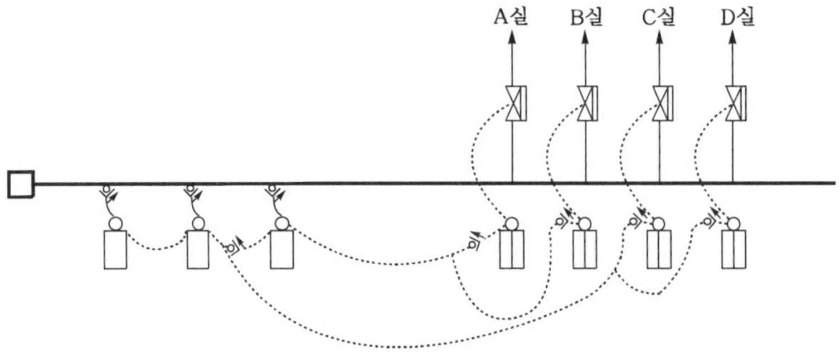

문제 22

도면은 전기시설물이 있는 4개의 실(室)을 방호하기 위한 할론 1301 설비의 평면도이다. 도면과 주어진 조건을 이용하여 다음 물음에 대한 답을 답안지의 괴정 순으로 산출하여 답하시오. (단, 답안지의 산출근거표는 빈칸만 채우도록 한다. 실의 체적은 산출되어 있음.)

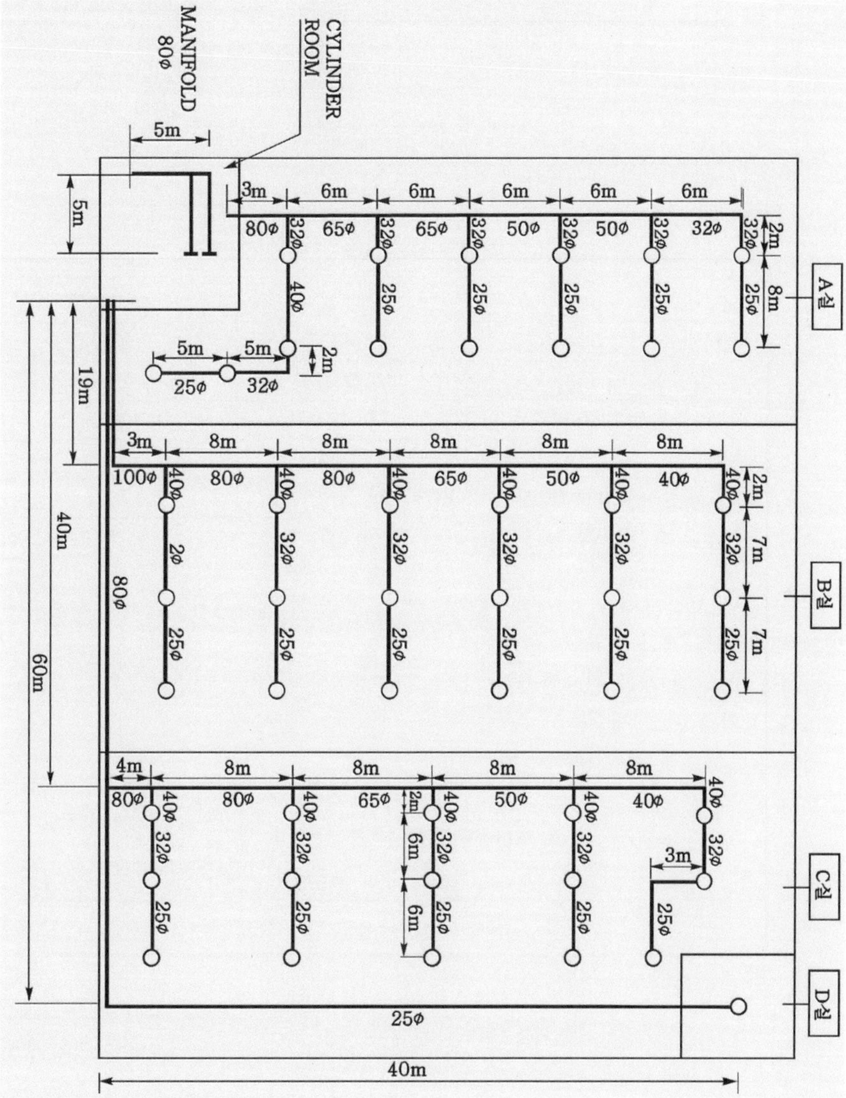

〔조건〕

① 각실의 층고(바닥에서 천장까지)는 4 m이다.

② 배관의 호칭구경별 안지름〔mm〕은 다음과 같다.

호칭구경	25ϕ	32ϕ	40ϕ	50ϕ	65ϕ	80ϕ	100ϕ	125ϕ
내　　경	28	36	42	53	66	79	103	127

③ 21℃에서 할론 1301의 액체비중은 1.57이다.

④ 할론 1301의 방출방식은 전역방출방식이다.

⑤ 할론 1301 약제용기는 각각 내용적 68l로서 약제는 1.7의 충전비로 충전되어 있는 것으로 가정한다.

⑥ 용기밸브 개방방식은 기체압식(뉴매틱식)이다.

⑦ B실과 C실의 소요량 및 배관의 내용적은 다음과 같다.

구분 / 적요	산 출 명	산 출 량	
		B 실	C 실
소요량	실(室)의 체적	3696m^3	3224 m^3
	GAS량	1182.7 kg	1031.6 kg
	소요병 수	30병	26병
	소요량의 체적	1147l	994l
배관의 내용적	25ϕ	25.83l	20.295l
	32ϕ	42.714l	30.51l
	40ϕ	27.7l	24.93l
	50ϕ	17.64l	17.64l
	65ϕ	27.368l	27.368l
	80ϕ	78.416l	254.852l
	100ϕ	183.304l	
	집합관 80ϕ	73.515l	73.515l
	내용적 합계	476.487l	454.65l

(가) 4개의 실(室)을 방호하기 위한 약제의 병수는 최소 몇 병이 필요한가?

(나) 안전밸브는 최소 몇 개가 필요한가?

(다) 압력스위치는 최소 몇 개가 필요한가?

(라) 기동용 CO_2 용기의 최소 개수는?

(마) 솔레노이드식의 밸브해정장치의 수는?

(바) 선택밸브의 최소 개수는?

▮산출근거표▮

호칭구경	배관 1m당 내용적 계산
25ϕ	
32ϕ	
40ϕ	
50ϕ	
65ϕ	
80ϕ	
100ϕ	
125ϕ	

구분 / 적요	산 출 명	산 출 량	
		A 실	D 실
소요량	실(室)의 체적	3200 m^3	130 m^3
	GAS량	kg	kg
	소요병 수	병	병
	소요량의 체적	l	l
배관의 내용적	25ϕ	l	l
	32ϕ	l	l
	40ϕ	l	l
	50ϕ	l	l
	65ϕ	l	l
	80ϕ	l	l
	100ϕ	l	l
	집합관 80ϕ	l	l
	내용적 합계	l	l

해답 (가) 30병

(나) 1개

(다) 4개

(라) 4개

(마) 4개

(바) 4개

‖ 산출근거표 ‖

호칭구경	배관 1m당 내용적 계산
25ϕ	$\frac{\pi}{4}\times(0.028\text{m})^2\times1000l/\text{m}^3=0.615l/\text{m}$
32ϕ	$\frac{\pi}{4}\times(0.036\text{m})^2\times1000l/\text{m}^3=1.017l/\text{m}$
40ϕ	$\frac{\pi}{4}\times(0.042\text{m})^2\times1000l/\text{m}^3=1.385l/\text{m}$
50ϕ	$\frac{\pi}{4}\times(0.053\text{m})^2\times1000l/\text{m}^3=2.206l/\text{m}$
65ϕ	$\frac{\pi}{4}\times(0.066\text{m})^2\times1000l/\text{m}^3=3.421l/\text{m}$
80ϕ	$\frac{\pi}{4}\times(0.079\text{m})^2\times1000l/\text{m}^3=4.901l/\text{m}$
100ϕ	$\frac{\pi}{4}\times(0.103\text{m})^2\times1000l/\text{m}^3=8.332l/\text{m}$
125ϕ	$\frac{\pi}{4}\times(0.127\text{m})^2\times1000l/\text{m}^3=12.667l/\text{m}$

적요 \ 구분	산 출 명	산 출 량	
		A 실	D 실
소요량	실(室)의 체적	3200 m^3	130 m^3
	GAS량	1024 kg	41.6 kg
	소요병 수	26병	2병
	소요량의 체적	994l	76.46l
배관의 내용적	25ϕ	27.675l	61.5l
	32ϕ	25.425l	
	40ϕ	11.08l	
	50ϕ	26.472l	
	65ϕ	41.052l	
	80ϕ	14.703l	
	집합관 80ϕ	73.515l	73.515l
	내용적 합계	219.922l	135.015l

CHAPTER 10

청정소화약제 소화설비

1 청정소화약제의 종류(NFSC 107A④)

소화약제	상품명	화학식
퍼플루오로부탄 (FC-3-1-10)	CEA-410	C_4F_{10}
트리플루오로메탄 (HFC-23)	FE-13	CHF_3
펜타플루오로에탄 (HFC-125)	FE-25	CHF_2CF_3
헵타플루오로프로판 (HFC-227ea)	FM-200	CF_3CHFCF_3
클로로테트라플루오로에탄 (HCFC-124)	FE-241	$CHClFCF_3$
하이드로클로로플루오로카본 혼화제 (HCFC BLEND A)	NAF S-Ⅲ	HCFC-22($CHClF_2$) : 82% HCFC-123($CHCl_2CF_3$) : 4.75% HCFC-124($CHClFCF_3$) : 9.5% $C_{10}H_{16}$: 3.75%
불연성·불활성 기체 혼합가스 (IG-541)	Inergen	N_2 : 52% Ar : 40% CO_2 : 8%

Key Point

※ 청정소화약제의 종류
① 퍼플루오로부탄
② 트리플루오로메탄
③ 펜타플루오로에탄
④ 헵타플루오로프로판
⑤ 클로로테트라 플루오로에탄
⑥ 하이드로클로로 플루오로 카본혼화제
⑦ 불연성·불활성 기체 혼합가스

※ 청정소화약제
① FC : 불화탄소
② HFC : 불화탄화수소
③ HCFC : 염화불화탄화 수소

2 청정소화약제의 명명법

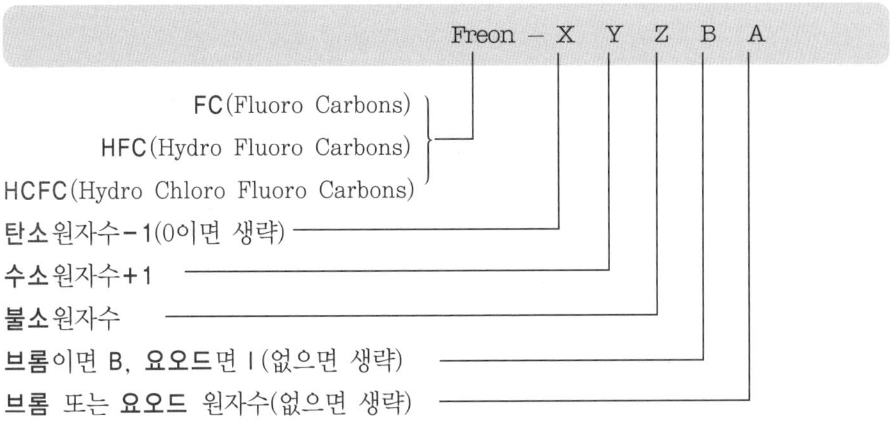

※ 청정소화약제
할로겐화합물(할론 1301, 할론 2402, 할론 1211 제외) 및 불활성기체로서 전기적으로 비전도성이며 휘발성이 있거나 증발 후 잔여물을 남기지 않는 소화약제

Key Point

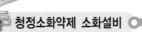

※ 불활성가스 청정소화약제
헬륨, 네온, 아르곤 또는 질소 가스 중 하나 이상의 원소를 기본성분으로 하는 소화약제

※ 배관과 배관 등의 접속방법
① 나사접합
② 용접접합
③ 압축접합
④ 플랜지접합

3 배관(NFSC 107A⑩)

① 전용
② 청정소화약제 소화설비의 배관은 배관·배관부속 및 밸브류는 저장용기의 방출내압을 견딜 수 있어야 한다
③ 배관과 배관, 배관과 배관부속 및 밸브류의 접속은 **나사접합**, **용접접합**, **압축접합** 또는 **플랜지 접합** 등의 방법을 사용하여야 한다.
④ 배관의 구경은 당해 방호구역에 청정소화약제가 **10초**(**불활성가스** 청정소화약제는 **1분**) 이내에 **95%** 이상 방출되어야 한다.

4 기동장치(NFSC 107A⑧)

1 수동식 기동장치의 기준

① **방호구역**마다 설치
② 당해 방호구역의 **출입구 부근** 등 조작 및 피난이 용이한 곳에 설치
③ 조작부는 바닥으로부터 0.8~1.5 m 이하의 위치에 설치하고, 보호판 등에 의한 보호장치를 설치
④ 기동장치에는 가깝고 보기 쉬운 곳에 **"청정소화약제 소화설비 기동장치"** 라는 표지를 설치
⑤ 기동장치에는 **전원표시등**을 설치
⑥ 방출용 스위치는 **음향경보장치**와 연동하여 조작될 수 있도록 설치
⑦ 5 kg 이하의 힘을 가하여 기동할 수 있는 구조로 설치할 것

※ 음향장치
경종, 사이렌 등을 말한다.

2 자동식 기동장치의 기준

① 자동식 기동장치에는 **수동식 기동장치**를 함께 설치
② 기계적·전기적 또는 가스압에 의한 방법으로 기동하는 구조로 설치

※ 청정소화약제 소화설비가 설치된 구역의 출입구에는 소화약제가 방출되고 있음을 나타내는 **표시등**을 설치할 것

※ 자동식 기동장치
자동화재탐지설비의 감지기의 작동과 연동하여야 한다.

※ 자동식 기동장치의 기동방법
① 기계적방법
② 전기적방법
③ 가스압에 의한 방법

Key Point

5 저장용기 등(NFSC 107A⑥)

(a) NAF S-Ⅲ

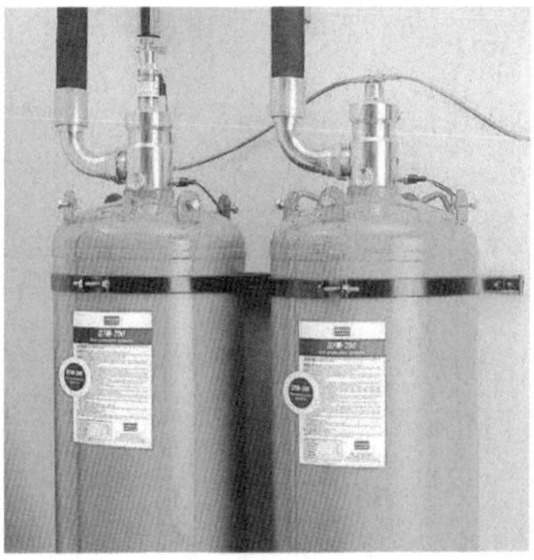

(b) FM-200

┃저장용기┃

1 저장용기의 적합 장소

① **방호구역 외**의 장소에 설치할 것
② 온도가 55℃ 이하이고 온도의 변화가 작은 곳에 설치할 것
③ 방호구역 내에 설치할 경우에는 피난 및 조작이 용이하도록 **피난구 부근**에 설치할 것
④ **방화문**으로 구획된 실에 설치할 것
⑤ 용기간의 간격은 점검에 지장이 없도록 3cm 이상의 간격을 유지할 것

2 저장용기의 기준

① 저장용기에는 **약제명** · 저장용기의 **자체중량**과 **총중량** · **충전일시** · **충전압력** 및 **약제의 체적**을 표시할 것
② 집합관에 접속되는 저장용기는 동일한 내용적을 가진 것으로 충전량 및 **충전압력**이 같도록 할 것
③ 저장용기는 충전량 및 충전압력을 확인할 수 있는 구조로 할 것
④ 저장용기의 **약제량 손실**이 5%를 초과하거나 **압력손실**이 10%를 초과할 경우에는 재충전하거나 저장용기를 교체하여야 한다.

※ 하나의 방호구역을 담당하는 저장용기의 소화약제의 체적합계보다 소화약제의 방출시 방출경로가 되는 배관(집합관 포함)의 내용적의 비율이 청정소화약제 제조업체의 설계기준에서 정한 값 이상일 경우에는 당해 방호구역에 대한 설비는 **별도독립방식**으로 하여야 한다.

※ 저장용기의 표시사항
① 약제명
② 약제의 체적
③ 충전일시
④ 충전압력
⑤ 저장용기의 자체중량과 총중량

Key Point

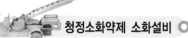

6 선택밸브(NFSC 107A⑫)

하나의 소방대상물 또는 그 부분에 2 이상의 방호구역이 있어 소화약제의 저장용기를 공용하는 경우에 있어서 방호구역마다 선택밸브를 설치하고 선택밸브에는 각각의 방호구역을 표시하여야 한다.

※ 선택밸브
방호구역을 여러 개로 분기하기 위한 밸브로서, 방호구역마다 1개씩 설치된다.

7 소화약제량의 산정(NFSC 107A⑦)

1 할로겐화합물 청정소화약제

$$W = \frac{V}{S} \times \left(\frac{C}{100 - C} \right)$$

여기서, W : 소화약제의 무게〔kg〕
V : 방호구역의 체적〔m^3〕
S : 소화약제별 선형상수($K_1 + K_2 t$)
C : 체적에 따른 소화약제의 설계농도〔%〕
t : 방호구역의 최소 예상 온도〔℃〕

※ 할로겐화합물 청정소화약제
★꼭 기억하세요★

소화약제	K_1	K_2
FK-5-1-12	0.0664	0.0002741
FC-3-1-10	0.094104	0.00034455
HCFC BLEND A	0.2413	0.00088
HCFC-124	0.1575	0.0006
HFC-125	0.1825	0.0007
HFC-227ea	0.1269	0.0005
HFC-23	0.3164	0.0012
HFC-236fa	0.1413	0.0006
FIC-1311	0.1138	0.0005

2 불활성가스 청정소화약제

$$X = 2.303\left(\frac{V_s}{S}\right) \times \log_{10}\left[\frac{100}{100-C}\right]$$

여기서, X : 공간체적에 더해진 소화약제의 부피[m^3]

S : 소화약제별 선형상수($K_1 + K_2 t$)

C : 체적에 따른 소화약제의 설계농도[%]

V_s : 20℃에서 소화약제의 비체적[m^3/kg]

t : 방호구역의 최소예상온도[℃]

소화약제	K_1	K_2
IG-01	0.5685	0.00208
IG-100	0.7997	0.00293
IG-541	0.65799	0.00239
IG-55	0.6598	0.00242

설계농도[%]=소화농도[%]×안전계수(AC급 1.2, B급 1.3)

‖ 청정소화약제 최대허용설계농도 ‖

소화약제	최대허용 설계농도(%)
FK-5-1-12	10
FC-3-1-10	40
HCFC BLEND A	10
HCFC-124	1.0
HFC-125	11.5
HFC-227ea	10.5
HFC-23	50
HFC-236fa	12.5
FIC-1311	0.3
IG-01	43
IG-100	
IG-541	
IG-55	

3 방호구역이 둘 이상인 경우

방호구역이 둘 이상인 경우에 있어서는 가장 큰 방호구역에 대하여 기준에 의해 산출한 양 이상이 되도록 하여야 한다.

Key Point

* 방호구역
화재로부터 보호하기 위한 구역

* 설계농도
화재발생시 소화가 가능한 방호구역의 부피에 대한 소화약제의 비율

Key Point

※ 제3류 위험물
금수성물질 또는 자연발화성물질이다.

※ 제5류 위험물
자기반응성물질이다.

※ 오리피스
유체를 분출시키는 구멍으로 적은 양의 유량측정에 사용된다.

8 청정소화약제의 설치제외장소(NFSC 107A⑤)

① 사람이 상주하는 곳으로써 최대허용설계농도를 초과하는 장소
② **제3류 위험물** 및 **제5류 위험물**을 사용하는 장소

9 분사헤드(NFSC 107A⑪)

1 분사헤드의 기준

① 분사헤드의 설치 높이는 방호구역의 바닥으로부터 최소 **0.2 m** 이상 최대 **3.7 m** 이하로 하여야 하며 천장높이가 3.7 m를 초과할 경우에는 추가로 다른 열의 분사헤드를 설치할 것
② 분사헤드의 개수는 방호구역에 청정소화약제가 **10초**(불활성가스 청정소화약제는 **1분**) 이내에 **95%** 이상 방출되도록 설치할 것
③ 분사헤드에는 **부식방지조치**를 하여야 하며 **오리피스**의 **크기**, **제조일자**, **제조업체**가 표시되도록 할 것

2 분사헤드의 방출압력

분사헤드의 방출압력은 제조업체의 설계기준에서 정한 값 이상으로 하여야 한다.

3 분사헤드의 오리피스 면적

분사헤드의 오리피스의 면적은 분사헤드가 연결되는 배관 구경면적의 **70%**를 초과하여서는 아니된다.

연습문제

문제 01

할로겐화합물 대체 소화약제 중 현재 국가화재안전기준에 의하여 고시된 약제를 2가지만 기술하시오.

해답 ① HFC-227ea
② HCFC-BLEND A

문제 02

청정소화약제의 종류를 6가지만 기술하시오.

해답 ① 퍼플루오로부탄(FC-3-1-10)
② 트리플루오로메탄(HFC-23)
③ 펜타플루오로에탄(HFC-125)
④ 헵타플루오로프로판(HFC-227ea)
⑤ 클로로테트라플루오로에탄(HCFC-124)
⑥ 불연성·불활성 기체 혼합가스(IG-541)

문제 03

다음에 주어지는 청정소화약제의 Freon NO와 화학식을 쓰시오.

(가) FM-200 (나) NAF S-Ⅲ (다) Inergen

해답 (가) HFC-227ea (나) HCFC BLEND A (다) IG-541

문제 04

청정소화약제 소화설비의 배관과 배관, 배관과 배관부속 및 밸브류의 접속방법을 3가지만 쓰시오.

해답 ① 나사접합 ② 용접접합 ③ 압축접합

문제 05

청정소화약제 소화설비의 수동식 기동장치의 기준 5가지를 쓰시오.

해답 ① 방호구역마다 설치
② 당해 방호구역의 출입구부근 등 조작 및 피난이 용이한 곳에 설치
③ 조작부는 바닥으로부터 0.8~1.5m 이하의 위치에 설치하고, 보호판 등에 의한 보호장치를 설치
④ 기동장치에는 전원표시등을 설치
⑤ 5kg 이하의 힘을 가하여 기동할 수 있는 구조로 설치

문제 06

100m^{3}의 방호구역에 청정소화약제 소화설비를 설치하고자 한다. 청정소화약제로는 HCFC-124를 사용한다고 할 때 청정소화약제의 무게〔kg〕는? (단, 방호구역의 온도는 20℃이다.)

표 1 K_1과 K_2의 값

소화약제	K_1	K_2
FK-5-1-12	0.0664	0.0002741
FC-3-1-10	0.094104	0.00034455
HCFC BLEND A	0.2413	0.00088
HCFC-124	0.1575	0.0006
HFC-125	0.1825	0.0007
HFC-227ea	0.1269	0.0005
HFC-23	0.3164	0.0012
HFC-236fa	0.1413	0.0006
FIC-1311	0.1138	0.0005

표 2 최대허용 설계농도

소화약제의 종류	최대허용 설계농도〔%〕
FC-3-1-10	40
HFC-23	50
HFC-125	11.5
HFC-227ea	10.5
HCFC-124	1
HCFC BLEND A	10
IG-541	43

해답 ○ 계산과정 : $S = 0.1575 + 0.0006 \times 20 = 0.1695$

$$W = \frac{100}{0.1695} \times \left(\frac{1}{100-1}\right) = 5.959 \fallingdotseq 5.96\text{kg}$$

○ 답 : 5.96kg

문제 07

청정소화약제 소화설비의 분사헤드의 기준 3가지를 쓰시오.

해답 ① 분사헤드의 설치높이는 방호구역의 바닥으로부터 0.2~3.7m 이하로 할 것
(단, 3.7m 초과시 추가로 다른 열의 분사헤드 설치)
② 분사헤드의 개수는 방호구역에 청정소화약제가 10초(불활성가스 청정소화약제는 1분) 이내에 95% 이상 방출되도록 설치할 것
③ 분사헤드에는 부식방지조치를 하여야 하며 오리피스의 크기, 제조일자, 제조업체가 표시되도록 할 것

분말소화설비

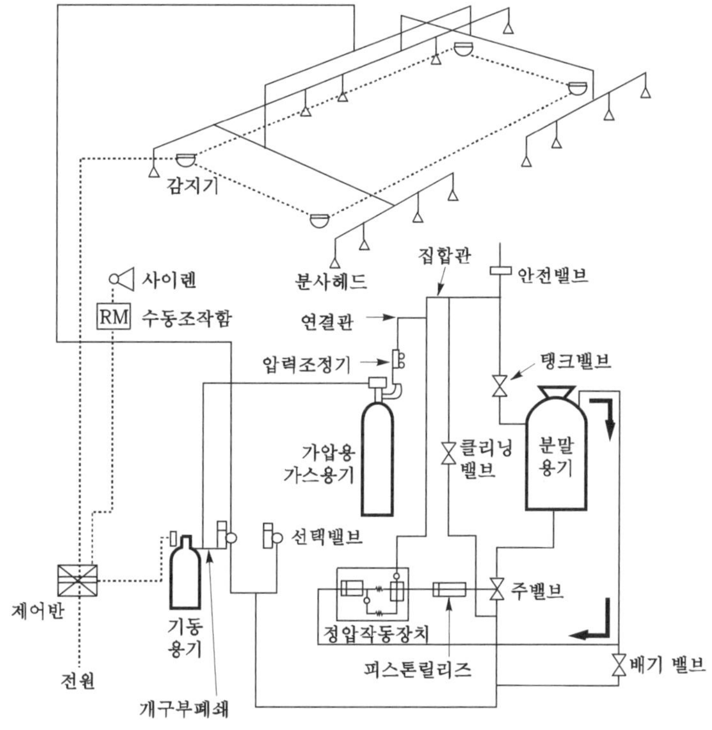

분말소화설비의 계통도

1 주요구성

① 배관
② 제어반
③ 비상전원
④ 기동장치
⑤ 자동폐쇄장치
⑥ 저장용기
⑦ 가압용 가스용기
⑧ 선택밸브
⑨ 분말소화약제

Key Point

✻ 클리닝밸브
소화약제의 방출 후 송출배관내에 잔존하는 분말약제를 배출시키는 배관청소용으로 사용

✻ 배기밸브
약제방출 후 약제 저장용기내의 잔압을 배출시키기 위한 것

✻ 정압작동장치
약제를 적절히 내보내기 위해 다음의 기능이 있다.
① 기동장치가 작동한 뒤에 저장용기의 압력이 설정압력 이상이 될 때 방출면을 개방시키는 장치
② 탱크의 압력을 일정하게 해주는 장치
③ 저장용기마다 설치

✻ 분말소화설비
알칼리금속화재에 부적합하다.

Key Point

⑩ 감지기
⑪ 분사헤드

중요 분말소화설비의 장단점

장점	단점
① 소화성능이 우수하고 인체에 무해하다. ② 전기절연성이 우수하여 전기화재에도 적합하다. ③ 소화약제의 수명이 반영구적이어서 경제성이 높다. ④ 타소화약제와 병용사용이 가능하다. ⑤ 표면화재 및 심부화재에 모두 적합하다.	① 별도의 가압원이 필요하다. ② 소화 후 잔유물이 남는다.

2 배관(NFSC 108⑨)

※ 분말설비의 충전용 가스
질소(N_2)

※ 토너먼트방식
가스계 소화설비에 적용하는 방식으로 용기로부터 노즐까지의 마찰손실을 일정하게 유지하기 위한 방식

※ 토너먼트방식 적용설비
① 분말소화설비
② 할로겐화합물 소화설비
③ 이산화탄소 소화설비
④ 청정소화약제 소화설비

① 전용
② 강관 : 아연도금에 의한 배관용 탄소강관(단, 축압식 중 20℃에서 압력 2.5~4.2MPa 이하인 것은 압력배관용 탄소강관 중 이음이 없는 스케줄 40 이상 또는 아연도금으로 방식처리된 것)
③ 동관 : 고정압력 또는 최고사용압력의 1.5배 이상의 압력에 견딜 것
④ 밸브류 : **개폐위치** 또는 **개폐방향**을 표시한 것
⑤ 배관부속 및 밸브류 : 배관과 동등 이상의 강도 및 내식성이 있는 것
⑥ 주밸브~헤드까지의 배관의 분기 : **토너먼트방식**

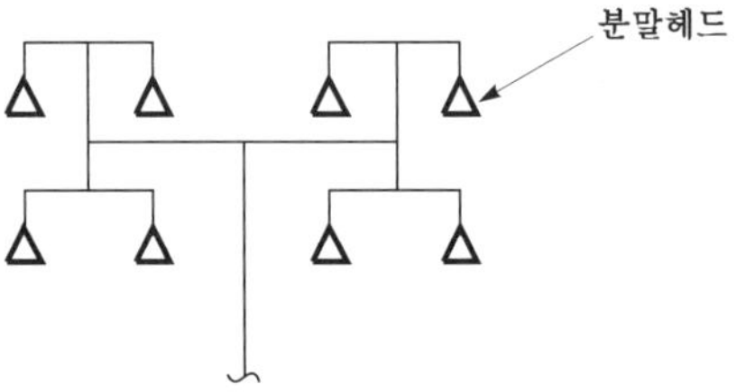

▮토너먼트방식▮

⑦ 저장용기 등~배관의 굴절부까지의 거리 : 배관 내경의 20배 이상

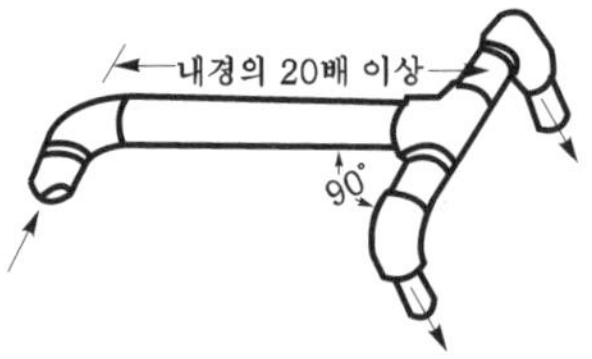

▮배관의 이격거리▮

Key Point

3 저장용기(NFSC 108④)

▌저장용기의 충전비▌

약제 종별	충전비(l/kg)
제1종 분말	0.8
제2ㆍ3종 분말	1
제4종 분말	1.25

① 안전밸브
- 가압식 : **최고사용압력**의 **1.8배** 이하
- 축압식 : **내압시험압력**의 **0.8배** 이하

② 충전비 : 0.8 이상

③ 축압식 : 지시압력계 설치

④ 정압작동장치 설치

> **중요** 정압작동장치의 종류
> - 봉판식
> - 기계식
> - 스프링식
> - 압력스위치식
> - 시한릴레이식

⑤ 청소장치 설치

> **중요** 약제방출후 배관을 청소하는 이유
> 배관내의 잔류약제가 수분을 흡수하여 굳어져서 배관이 막히므로

4 가압용 가스용기(NFSC 108⑤)

① 분말소화약제의 **저장용기**에 접속하여 설치한다.

② 가압용 가스용기를 **3병** 이상 설치시 **2병** 이상의 용기에 **전자개방밸브**(solenoid valve)를 부착한다.

※ 지시압력계
분말소화설비의 사용압력의 범위를 표시한다.

※ 정압작동장치
저장용기의 내부압력이 설정압력이 되었을 때 주밸브를 개방하는 장치

※ 청소장치
저장용기 및 배관의 잔류 소화약제를 처리하기 위한 장치

※ 분말소화약제의 주성분
① 제1종 : 탄산수소나트륨
② 제2종 : 탄산수소칼륨
③ 제3종 : 인산암모늄
④ 제4종 : 탄산수소칼륨+요소

Key Point

| 전자개방밸브(solenoid valve) |

③ 2.5MPa 이하의 **압력조정기**를 설치한다.

중요 압력조정기의 조정범위

할로겐화합물 소화설비	분말소화설비
2.0 MPa 이하	2.5 MPa 이하

* 압력조정기
분말용기에 도입되는 압력을 감압시키기 위해 사용

| 가압식과 축압식의 설치기준 |

구분 / 사용가스	가압식	축압식
N_2	40 l/kg 이상	10 l/kg 이상
CO_2	20 g/kg+배관청소 필요량 이상	20g/kg+배관청소 필요량 이상
※ 배관청소용 가스는 별도의 용기에 저장한다.		

* 용기유니트의 설치밸브
① 배기밸브
② 안전밸브
③ 세척밸브(클리닝밸브)

5 분말소화약제(NFSC 108⑥)

* 세척밸브(클리닝밸브)
소화약제 탱크의 내부를 청소하여 약제를 충전하기 위한 것

중요 분말소화약제의 일반적인 성질

- 겉보기비중이 0.82 이상일 것
- 분말의 미세도는 20~25μm 이하일 것
- **유동성**이 좋을 것
- **흡습률**이 낮을 것
- **고화현상**이 잘 일어나지 않을 것
- **발수성**이 좋을 것

종류	주성분	착색	적응화재	충전비 (l/kg)	저장량	순도 (함량)
제1종	탄산수소나트륨 ($NaHCO_3$)	백색	BC급	0.8	50 kg	90% 이상

제2종	탄산수소 칼륨 ($KHCO_3$)	담자색 (담회색)	BC급	1.0	30 kg	92% 이상
제3종	인산암모늄 ($NH_4H_2PO_4$)	담홍색	ABC급	1.0	30 kg	75% 이상
제4종	탄산수소칼륨+요소 ($KHCO_3+(NH_2)_2CO$)	회(백)색	BC급	1.25	20 kg	-

Key Point

✽ 제3종 분말
차고 · 주차장

✽ 제1종 분말
식당

✽ 분말소화설비의 방식
① 전역방출방식
② 국소방출방식
③ 호스릴(이동식)방식

1 전역방출방식

분말저장량〔kg〕= 방호구역체적〔m^3〕× 약제량〔kg/m^3〕+ 개구부면적〔m^2〕× 개구부 가산량〔kg/m^2〕

예제 위험물을 저장하는 옥내저장소에 전역방출방식의 분말소화설비를 설치하고자 한다. 방호대상이 되는 옥내저장소의 용적은 3000m^3이며, 갑종방화문이 설치되지 않은 개구부의 면적은 20m^2이고 방호구역내에 설치되어 있는 불연성 물체의 용적은 500m^3이다. 이때 다음 식을 이용하여 분말약제소요량을 구하시오. (단, C는 0.7로 계산한다.)

$$W = C(V - U) + 2.4A$$

○ 계산과정 :

○ 답 :

해답 ○ 계산과정 : $0.7(3000-500)+2.4\times 20 = 1798$kg

○ 답 : 1798kg

해설

$$W = C(V - U) + 2.4A$$

여기서, W : 약제소요량〔kg〕

C : 계수

V : 방호구역용적〔m^3〕

U : 방호구역내의 불연성물체의 용적〔m^3〕

A : 개구부면적〔m^2〕

분말약제소요량 W 는

$W = C(V-U)+2.4A = 0.7(3000-500)+2.4\times 20 = 1798$kg

참고

분말약제 저장량 (전역방출방식)

위의 식을 우리가 이미 알고 있는 식으로 표현하면 다음과 같다.

분말저장량〔kg〕= 방호구역체적〔m^3〕× 약제량〔kg/m^3〕+ 개구부면적〔m^2〕× 개구부가산량〔kg/m^2〕

$W = C(V - U) + 2.4A$

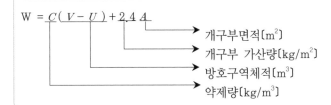

- A → 개구부면적〔m^2〕
- 2.4 → 개구부 가산량〔kg/m^2〕
- $(V - U)$ → 방호구역체적〔m^3〕
- C → 약제량〔kg/m^3〕

Key Point

※ 방호공간과 관포체적
1. 방호공간
방호대상물의 각 부분으로부터 0.6m의 거리에 의하여 둘러싸인 공간
2. 관포체적
당해 바닥면으로부터 방호대상물의 높이보다 0.5m 높은 위치까지의 체적

※ 호스릴방식
분사헤드가 배관에 고정되어 있지 않고 소화약제 저장용기에 호스를 연결하여 사람이 직접 화점에 소화약제를 방출하는 이동식 소화설비

‖전역방출방식의 약제량 및 개구부 가산량‖

약제종별	약제량	개구부 가산량(자동폐쇄장치 미설치시)
제1종 분말	0.6kg/m^3	4.5kg/m^2
제2ㆍ3종 분말	0.36kg/m^3	2.7kg/m^2
제4종 분말	0.24kg/m^3	1.8kg/m^2

2 국소방출방식

$$Q = \left(X - Y\frac{a}{A}\right) \times 1.1$$

여기서, Q : 방호공간 1m^{3}에 대한 분말소화약제의 양〔kg/m^3〕
a : 방호대상물의 주변에 설치된 벽면적의 합계〔m^2〕
A : 방호공간의 벽면적의 합계〔m^2〕
X, Y : 다음 표의 수치

‖수치‖

약제종별	X의 수치	Y의 수치
제1종 분말	5.2	3.9
제2ㆍ3종 분말	3.2	2.4
제4종 분말	2.0	1.5

3 호스릴방식

‖하나의 노즐에 대한 약제량‖

약제 종별	저장량
제1종 분말	50kg
제2ㆍ3종 분말	30kg
제4종 분말	20kg

Key Point

6 분사헤드(NFSC 108⑪)

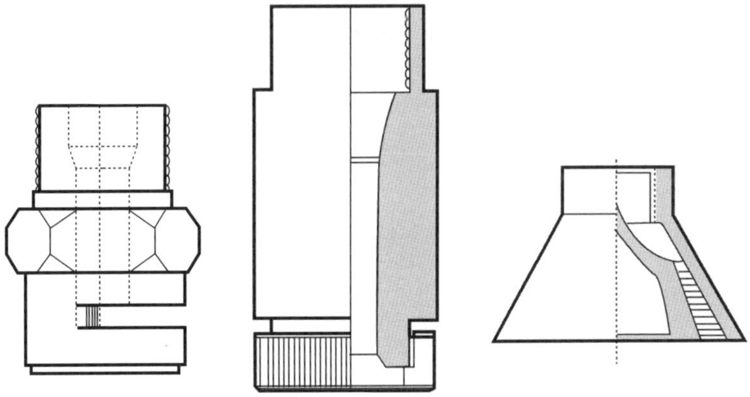

(a) 편형헤드 (b) 직사헤드 (c) 광각헤드

| 분사헤드의 종류 |

1 전역 · 국소방출방식

① **전역방출방식**은 소화약제가 방호구역의 전역에 신속하고 균일하게 확산되도록 한다.
② **국소방출방식**은 소화약제 방사시 가연물이 비산되지 않도록 한다.
③ 소화약제를 **30초** 이내에 방사할 수 있어야 한다.

2 호스릴방식

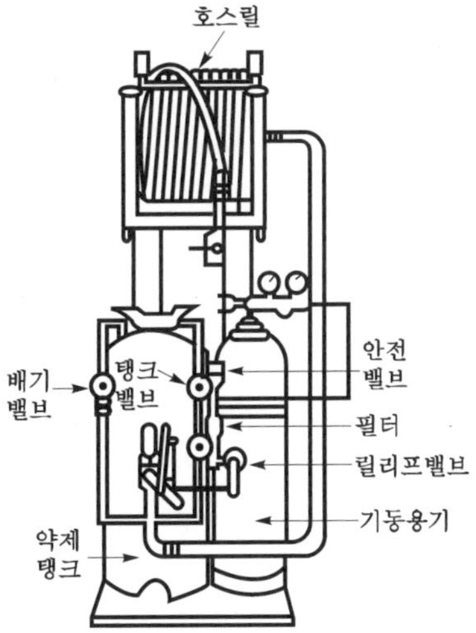

| 호스릴방식 |

* 분사헤드의 종류
① 편형헤드
② 직사헤드
③ 광각헤드

* 국소방출방식
고정식 분말소화약제 공급장치에 배관 및 분사헤드를 설치하여 직접 화점에 분말소화약제를 방출하는 설비로 화재발생 부분에만 집중적으로 소화약제를 방출하도록 설치하는 방식

* 가연물
불에 탈 수 있는 물질

* 수원의 저수량
20분 이상(최대 20m^3)

* 호스릴방식
① 분말설비 : 수평거리 15m 이하
② CO_2 설비 : 수평거리 15m 이하
③ 할로겐화합물설비 : 수평거리 20m 이하
④ 옥내소화전설비 : 수평거리 25m 이하

Key Point

하나의 노즐에 대한 약제의 방사량

약제 종별	약제의 방사량
제1종 분말	45kg/min
제2 · 3종 분말	27kg/min
제4종 분말	18kg/min

① 방호대상물의 각 부분으로부터 하나의 호스 접결구까지의 수평거리가 15m 이하가 되도록 한다.

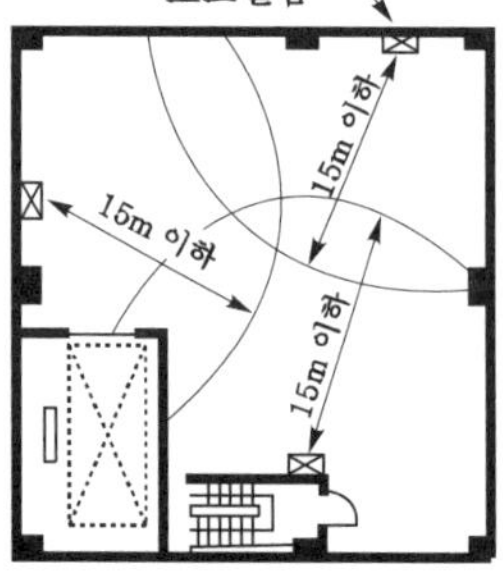

호스릴함의 설치거리

② 소화약제 저장용기의 개방밸브는 호스릴의 설치장소에서 **수동**으로 **개폐**할 수 있는 것으로 하여야 한다.

③ 소화약제의 저장용기는 **호스릴**을 설치하는 장소마다 설치한다.

④ 저장용기에는 가까운 곳의 보기 쉬운 곳에 **적색 표시등**을 설치하고, 이동식 분말소화설비가 있다는 뜻을 표시한 표지를 한다.

* 물분무 설비의 설치대상
① 차고 · 주차장 : $200m^2$ 이상
② 전기실 : $300m^2$ 이상
③ 주차용건축물 : $800m^2$ 이상
④ 기계식 주창장치 : 20대 이상
⑤ 항공기격납고

7 분말소화설비의 설치대상(설치유지령 [별표 4])

물분무소화설비와 동일하다.

설치대상	조 건
① 차고 · 주차장	• 바닥면적 합계 $200m^2$ 이상
② 전기실 · 발전실 · 변전실 ③ 축전지실 · 통신기기실 · 전산실	• 바닥면적 $300m^2$ 이상
④ 주차용 건축물	• 연면적 $800m^2$ 이상
⑤ 기계식 주차장치	• 20대 이상
⑥ 항공기격납고	• 전부

연습문제

문제 01

분말소화설비의 장점을 5가지만 기술하시오.

해답
① 소화성능이 우수하고 인체에 무해하다.
② 전기절연성이 우수하여 전기화재에도 적합하다.
③ 소화약제의 수명이 반영구적이어서 경제성이 높다.
④ 타 소화약제와 병용사용이 가능하다.
⑤ 표면화재 및 심부화재에 모두 적합하다.

문제 02

분말소화설비에서 사용되는 약제가 갖추어야 할 일반적인 성질(물리적인 성질)을 4가지만 쓰시오.

해답
① 겉보기 비중이 0.82 이상일 것
② 분말의 미세도는 20~25μm 이하일 것
③ 유동성이 좋을 것
④ 흡습률이 낮을 것

문제 03

분말소화설비에 사용되는 소화약제의 종류를 쓰고 약제의 주성분을 기술하시오. (단, 종별로 구분하시오.)

해답

소화약제의 종류	주 성 분
제1종	탄산수소나트륨
제2종	탄산수소칼륨
제3종	인산암모늄
제4종	탄산수소칼륨+요소

문제 04

다음은 분말소화설비에 관한 표이다. 빈칸을 완성하시오.

종 류	주성분	착색	적응화재	충전비[l/kg]	저장량
제1종	탄산수소나트륨		BC급		50 kg
제2종	탄산수소칼륨	담자색(담회색)	BC급	1.0	
제3종		담홍색		1.0	30 kg
제4종	탄산수소칼륨+요소	회(백)색			

해답

종류	주 성 분	착색	적응화재	충전비[l/kg]	저장량
제1종	탄산수소나트륨	백색	BC급	0.8	50 kg
제2종	탄산수소칼륨	담자색(담회색)	BC급	1.0	30 kg
제3종	인산암모늄	담홍색	ABC급	1.0	30 kg
제4종	탄산수소칼륨+요소	회(백)색	BC급	1.25	20 kg

문제 05

주방의 식용유 화재에는 분말소화약제 중 중탄산나트륨계의 분말약제가 유효한데 그것은 이 약제의 어떤 특성(현상) 때문인가?

해답 비누화현상

문제 06

그림과 같은 분말헤드를 설치하려고 한다. 정상적으로 소화약제가 방출되도록 알맞게 연결하시오.

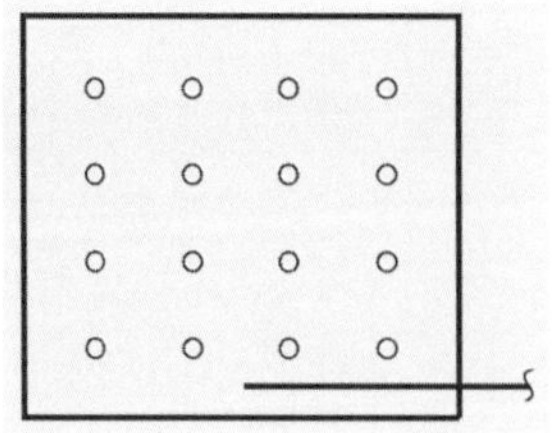

해답

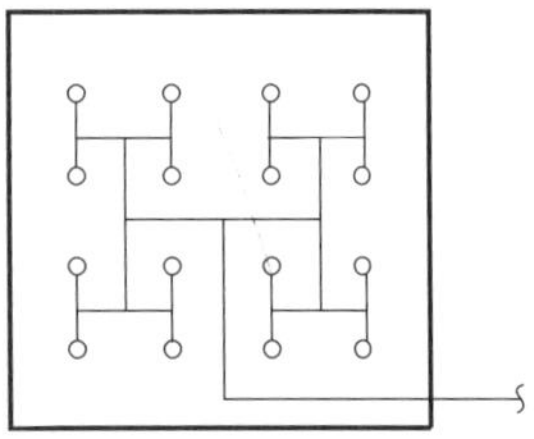

문제 07

분말소화설비에서 분말약제 저장용기와 연결 설치되는 정압작동장치의 기능은 무엇인가?

해답 저장용기의 내부압력이 설정압력이 되었을 때 주밸브를 개방한다.

문제 08

분말소화설비에 대한 다음 물음에 답하시오.

(가) (①)는 소화약제의 방출 후 송출배관내에 잔존하는 분말약제를 배출시키는 배관청소용으로 사용되며, (②)는 약제방출 후 약제 저장용기 내의 잔압을 배출시키기 위한 것이다. (　) 안에 알맞은 용어를 써 넣으시오.

(나) 정압작동장치의 종류 3가지를 쓰시오.

해답 (가) ① 클리닝밸브
② 배기밸브
(나) ① 봉판식
② 기계식
③ 스프링식

문제 09

옥내주차장 부분에 설치할 수 있는 고정식 소화설비 중 5가지만 기술하시오. (단, 주차장은 상시 난방이 되지 않는다.)

해답 ① 제3종 분말소화설비
② 포소화설비
③ 할로겐화합물 소화설비
④ 이산화탄소 소화설비
⑤ 물분무소화설비

MEMO

찾아보기

ㅇ

ㅈ

ㅎ